알고리즘 전쟁

AI가 바꾸는 미래 전쟁의 판도

ALGORITHMS OF ARMAGEDDON:
THE IMPACT OF ARTIFICIAL INTELLIGENCE ON FUTURE WARS

George Galdorisi · Sam J. Tangredi 지음
김성훈 옮김

박영사

역자 서문

2022년 2월 24일, 러시아가 우크라이나를 침공하면서 세계는 새로운 전쟁의 시대를 목격하게 되었다. 이 전쟁은 단순한 지정학적 갈등을 넘어서 AI와 자율 무기체계가 주도하는 '알고리즘 전쟁'의 서막을 알렸다. 우크라이나 전장에서는 매일 수백 대의 드론이 하늘을 가득 메우고, AI가 탑재된 자율 무기체계들이 실시간으로 적을 탐지하고 공격한다. 우크라이나군이 FPV(First-Person View, 1인칭 시점) 드론으로 러시아 T-72 탱크를 정밀타격하고, 러시아가 샤헤드-136(Shahed-136) 자폭드론으로 우크라이나 전력 인프라를 체계적으로 공격하는 현실은 드론 전쟁이 더 이상 미래의 상상이 아님을 보여준다.

2025년 현재 AI 기술의 발전 속도는 그 어느 때보다 빠르다. 오픈AI의 GPT-4o, 구글의 제미나이(Gemini), 메타의 라마(Llama) 등 대형 언어모델(LLM, Large Language Model)들이 인간 수준의 추론능력을 보이기 시작했고, 엔비디아의 H100, H200 GPU 칩들이 AI 훈련의 새로운 표준을 제시하고 있다. 특히 멀티모달 AI(Multimodal AI)의 등장으로 텍스트, 이미지, 음성, 동영상을 통합 처리하는 AI체계들이 실용화되면서 군사 분야 응용 가능성이 급격히 확대되고 있다. 더 나아가 피지컬 AI(Physical AI)의 발전으로 AI가 디지털 세계를 넘어 물리적 환경에서 직접 행동하고 학습하는 시대가 열리고 있다.

엔비디아의 아이작 플랫폼(Isaac Platform)과 같은 로보틱스 시뮬레이션 기술, 보스턴 다이내믹스의 아틀라스(Atlas) 로봇 등은 AI가 현실 세계의 복잡한 물리적 상황을 이해하고 대응할 수 있음을 보여준다. 이러한 기술들은 자율 군사로봇과 무인 전투체계의 핵심 기반기술로 주목받고 있으며, 실제 전장에서의 활용도 급속히 확산되고 있다. 테슬라의 옵티머스(Optimus) 휴머노이드 로봇이나 중국의 군용 로봇개 개발 사례처럼, 피지컬 AI는 이미 군사 영역에서 현실화되고 있는 기술이다. 이는 단순한 원격 조종을 넘어선 진정한 자율 판단과 행동이 가능한 AI 전사(戰士)의 탄생을 예고한다.

우크라이나 전쟁에서 나타난 AI 무기의 실전 성과는 충격적이다. 우크라이나는 2024년 130만 대의 드론을 실전에 투입했으며, 이는 EU가 제공한 포탄 수의 두 배에 해당한다. 영국 왕립합동군사연구소(RUSI)에 따르면 우크라이나가 사용하는 드론은 매월 1만 대가 격추되고 있지만, AI 도입으로 살상용 드론의 정확도는 지난해 50%에서 올해 80%까지 향상되었다. 수십 개의 AI 증강 시스템을 드론에 적용해 인간의 조종 없이도 목표물에 도달할 수 있게 되었으며, 실제로 통신이 끊긴 드론이 자체 AI 판단을 통해 러시아군 전차를 타격하는 모습이 공개되기도 했다. 이는 AI가 단순한 보조 도구가 아닌 독립적 전투 주체로 진화하고 있음을 보여준다.

2023년 10월 시작된 이스라엘-하마스 전쟁은 도시 전투에서의 AI 활용과 그 한계를 동시에 보여주었다. 이스라엘 국방군(IDF)은 AI 기반 타격 목표 식별 시스템 '가스펠(Gospel)'을 통해 하루 평균 100개 이상의 목표물을 자동으로 생성하고 있으며, 하마스 역시 AI가 탑재된 자폭 드론과 스마트 로켓을 활용해 정밀타격 능력을 보여주었다. 하지만 도시 전투 환경에서 민간인과 전투원을 구분하는 AI 알고리즘의 한계가 드러나면서, 전장에서의 AI 윤리와 오판 위험성이 현실적 쟁점으로 부상했다. 가자지구의 좁은 공간에서 벌어지는 비대칭 전쟁은 AI 기술이 도시 게릴라전에서 어떻게 활용되고 오남용될 수 있는지를 생생하게 보여주는 실험장이 되었다.

이러한 급변하는 안보환경 속에서 『알고리즘 전쟁: AI가 바꾸는 미래 전쟁의 판도(Algorithms of Armageddon)』는 AI 시대 군사전략의 핵심 쟁점들을 종합적으로 다룬 필독서다. 본서의 저자들인 조지 갈도리시(George Galdorisi)와 샘 J. 탕그레디(Sam J. Tangredi) 박사는 30년 이상의 해군 경력을 바탕으로 군사전략 분야의 최고 전문가들이다. 갈도리시는 현재 태평양 해군정보전센터(NIWC Pacific) 전략평가담당 국장으로 AI 군사 활용 분야의 최전선에서 활동하고 있으며, 탕그레디 박사는 해군대학(NWC) 미래전연구센터 석좌교수로 해군 전략과 AI 융합 분야의 권위자다. 두 저자 모두 실제 AI 무기 개발과 전략 수립에 직접 관여하고 있어, 이론과 실무를 겸비한 독보적 전문성을 갖추고 있다.

본서는 두 저자가 2021년 공동 집필한 전작 『전쟁의 게임체인저, AI(AI AT WAR: How Big Data, Artificial Intelligence, and Machine Learning Are Changing Naval Warfare)』의 심화된 후속작이다. 전작이 AI의 군사적 활용 가능성을 폭넓게 조망했다면, 신작은 'AI가 실제로 전쟁을 어떻게 시작하고 끝낼 것인지', '인간이 AI를 통제할 수 있을 것인지', '제3차 세계대전은 어떤 모습일 것인지'라는 더욱 근본적인 질문들을 정면으로 다룬다. 특히 '인간-기계 협업(Human-Machine

Teaming)'의 구체적 구현 방안, AI 자율 무기체계의 윤리적·법적 딜레마, 그리고 중국과 러시아의 AI 군비경쟁 실태에 대해 전작보다 훨씬 상세한 분석을 제공한다. 우크라이나 전쟁과 이스라엘-하마스 전쟁 등 최신 사례를 바탕으로 한 현실적 시나리오 분석이 특히 주목할 만하다.

책의 핵심 메시지는 분명하다. 진정한 위험은 AI가 인간을 지배하는 것이 아니라, 권위주의 세력이 AI를 무기로 삼아 자유민주주의를 위협한다는 점이다. 블라디미르 푸틴(Vladimir Putin)이 "AI를 지배하는 자가 세계를 지배할 것"이라고 선언한 것은 단순한 정치적 발언이 아니다. 중국공산당(CCP, Chinese Communist Party)의 14억 인구 감시체계, 러시아의 AI 기반 핵무기체계, 그리고 권위주의 국가들의 완전자율 살상무기체계 개발은 이미 현실이 되었다. 이들 국가는 AI를 국민 통제와 대외 팽창의 핵심 도구로 활용하고 있으며, 민주주의 진영의 윤리적 제약을 오히려 전략적 기회로 인식하고 있다.

미국과 서방 민주주의 국가들이 "인간이 치명적 무력 사용의 최종 결정권을 가져야 한다"는 윤리적 원칙을 고수하는 동안, 중국과 러시아는 그러한 제약 없이 AI 무기 개발에 매진하고 있다. 저자들은 이를 '아마겟돈 알고리즘(Algorithms of Armageddon)'이라 명명하며, 민주주의 진영이 AI 군비경쟁에서 뒤처질 경우 자유민주주의 체제 자체가 위험에 처할 수 있다고 경고한다. 이는 단순한 기술 격차를 넘어선 문명 충돌의 양상을 띠고 있으며, 21세기 냉전의 핵심 전장이 AI 영역이 될 것임을 시사한다. 민주주의 진영은 윤리적 원칙을 포기하지 않으면서도 기술적 우위를 확보할 수 있는 새로운 전략이 절실히 필요한 상황이다.

북한의 AI 무기 개발도 구체적 위협으로 부상하고 있다. 2023년 3월 북한은 전술핵탄두 '화산-31' 공개에 이어, 2024년 8월 자폭형 무인기, 2025년 9월에는 '금' 계열 전술무인공격기를 연이어 공개했다. 김정은은 "무인무장 장비 체계들의 인공지능 및 작전 능력 고도화를 최우선적인 중요 과제"라고 강조했으며, 이는 북한이 AI를 체제 생존의 핵심 수단으로 인식하고 있음을 보여준다. 전문가들은 북한이 러시아의 기술 이전과 우크라이나 전쟁 파병 경험을 활용해 AI 드론 기술력을 강화하고 있다고 분석한다. 특히 북한의 사이버 부대가 축적한 해킹 기술과 AI 기술이 결합될 경우, 한반도는 물론 동북아 전체의 안보에 심각한 위협이 될 수 있다.

한반도 안보 환경과 우리 군에게 이 책이 주는 함의는 직접적이고 절실하다. 우크라이나 전쟁에서 보듯이 대규모 드론 떼 공격이 실전에서 사용되고 있으며, 기존의 인간 중심 방어체계로는 대응이 불가능하다. OODA 루프(OODA Loop, Observe-Orient-Decide-Act, 관찰-판단-결심-행동)를 인간의 반응속도에서 기계 수준으로 단축하지 않으면 생존 자체가 어려워진다. 북한이 개발 중인 AI 드론들이 휴전선을 넘어 수도권을 타격할 경우, 현재의 방어체계로는 효과적 대응이 어려울 것으로 예상된다. 더욱이 북한의 AI 드론이 핵탄두를 탑재할 가능성까지 고려하면, 이는 한반도 안보의 게임체인저가 될 수 있는 심각한 위협이다.

현재 전 세계 군용 드론 시장 규모는 2023년 기준 약 146억 달러에 달하며, 2032년까지 연평균 13.5% 성장할 것으로 예측된다. 이러한 급성장은 우크라이나 전쟁에서 드론의 군사적 효용성이 명확히 입증되었기 때문이다. 문제는 이 시장을 중국과 미국이 양분하고 있다는 점이며, 우리의 기술 주권 확보가 시급한 상황이다. AI 기술의 발전 속도가 기하급수적으로 빨라지면서 지금 대응하지 않으면 영원히 따라잡기 어려운 격차가 벌어지고 있다. 우크라이나 전쟁에서 보듯이 현대전은 이미 '드론 전쟁'으로 불릴 만큼 무인화되고 있으며, 저비용 고효율의 드론들이 기존 고가 무기체계들을 무력화시키고 있다. 지금 대응하지 않으면 우리는 영원히 AI 무기 경쟁에서 뒤처지게 될 것이다.

이러한 위협에 대응하기 위해 우리 군은 무엇보다 AI 방어체계의 조속한 구축이 필요하다. 특히 대공방어 분야에서 AI 기반 C-RAM(Counter Rocket, Artillery, and Mortar, 대포병레이더) 및 아이언돔(Iron Dome) 방식의 요격체계를 도입하여 북한의 드론 떼 공격과 단거리 미사일에 대응해야 한다. 현재 우리가 보유한 천궁, 패트리어트(Patriot) 등의 요격 미사일은 비용 대비 효과 면에서 한계가 있으므로, AI가 통제하는 근거리 방어무기체계(CIWS, Close-In Weapons System) 네트워크를 전국적으로 배치해야 한다. 또한 저자들이 강조하는 '충성스러운 윙맨(Loyal Wingman)' 개념을 우리 실정에 맞게 적용한 인간-기계 협업 체계를 구축해야 한다. 이는 AI가 탑재된 무인체계가 유인전력과 협력하여 위험한 임무를 수행하고, 인간은 AI의 판단을 검증하고 최종 결정을 내리는 역할 분담을 의미한다.

무엇보다 중요한 것은 사이버 보안 및 AI 보안체계 강화다. AI체계는 사이버 공격에 취약하며, 적이 우리의 AI 무기를 해킹하여 아군을 공격하는 '부메랑 효과(Boomerang Effect)'를 방지해야 한다. 이는 적이 우리의 무기체계를 사이버 공격을 통해 장악한 후, 원래 의도와 반대로 아군을 향해 되돌려 공격하는 현상을 의미한다. 실제로 2007년 남아프리카공화국에서 발생한 자동화 대공포 오작동 사건처럼, AI 무기가 해킹당하거나 오작동할 경우 아군에게 치명적 피해를 입힐 수 있다. 북한의 강력한 사이버 능력을 고려할 때, 우리의 AI 무기체계가 해킹당해 서울을 향해 되돌아올 가능성도 배제할 수 없다. 따라서 AI 무기체계 개발과 동시에 사이버 방어 능력을 대폭 강화해야 한다.

AI의 핵심은 정확하고 풍부한 빅데이터이므로 한반도 지형정보, 북한군 동향, 기상 정보 등을 통합하는 '한반도 전장정보 빅데이터 플랫폼'을 구축해야 한다. 이와 함께 국방 AI 생태계 조성과 국제협력 체계 구축이 병행되어야 한다. 저자들이 제안하는 '국가 AI 프로그램(National AI Program)' 개념을 참고하여, 정부 차원에서 국방 AI 기술 개발을 주도해야 한다. 이는 1960년대 미국이 추진했던 '아폴로 계획(Apollo Program)'과 유사한 범국가적 AI 개발 프로젝트로, 정부가 주도하고 민간이 참여하는 거버넌스 구조를 갖춘다. 삼성, LG, 네이버, 카카오 등 우리나라의 AI 기술력을 국방 분야에 집중시키는 전략적 접근이 필요하다.

한미동맹을 바탕으로 미군의 AI 전력과 상호운용성을 확보하고, 일본, 호주 등 역내 동맹국들과 AI 방어 네트워크를 구축해야 한다. 특히 미국의 '모자이크 전쟁(Mosaic Warfare)' 개념에 우리의 AI 전력을 통합하는 방안을 모색해야 한다. 우리 군도 AI 무기 사용에 대한 명확한 윤리 및 법적 기준을 마련해야 한다. 치명적 완전자율 무기체계에 대한 국제 논의에 적극 참여하되, 우리의 안보 현실을 반영한 실용적 접근이 필요하다. 아울러 AI 시대에 맞는 군사교육 혁신을 통해 장교와 부사관들이 AI체계와 효과적으로 협업할 수 있도록 교육과정을 전면 개편해야 한다. 우리 군은 전통적인 지상·해상·공중 영역에 더해 우주·사이버·전자기 영역을 포함하는 다영역 작전(Multi-Domain Operations) 능력을 갖추어 나가고 있으며, 이러한 통합 전력 구조에서 AI의 역할이 핵심이 될 것이다.

이 모든 것은 국민적 공감대와 지지가 있어야 가능하다. AI 군비경쟁은 이미 시작되었고, 승자와 패자가 갈릴 시점이 다가오고 있다. 1960년대 미국이 소련과의 우주경쟁에서 승리할 수 있었던 것은 국민 전체가 하나의 목표를 향해 매진했기 때문이다. 지금 우리에게도 그런 결단과 의지가 필요한 시점이다. AI 시대의 안보는 더 이상 군인들만의 문제가 아니다. 모든 국민이 함께 만들어가야 할 국가적 과제다. 특히 우리나라의 강점인 IT 인프라와 디지털 네이티브 세대의 역량을 국방 AI 발전에 적극 활용해야 한다. 게임 산업에서 축적된 실시간 전략 시뮬레이션 기술, 반도체 산업의 첨단 칩 설계 능력 등은 모두 AI 무기 개발에 직접 응용 가능한 핵심기술들이다.

이 책은 단순한 기술서나 미래 예측서가 아니다. AI 시대 군사전략의 철학적 기반을 제시하고, 구체적인 실행방안을 제시하는 종합적 가이드북이다. 특히 "제3차 세계대전은 어떻게 시작되고 끝날 것인가"라는 시나리오 분석은 독자들로 하여금 미래 전쟁의 실상을 생생하게 상상케 한다. 저자들의 결론은 명확하다. AI 알고리즘이 아마겟돈을 불러올 것인가, 아니면 평화를 지키는 도구가 될 것인가의 여부는 전적으로 우리가 AI를 어떻게 개발하고 활용하느냐에 달려 있다는 것이다. 권위주의 국가들이 AI를 억압과 정복의 도구로 사용하려 하는 상황에서, 민주주의 진영은 AI를 자유와 평화 수호의 방패로 활용해야 한다. 이는 기술 개발뿐만 아니라 국제규범 형성, 동맹국 간 협력, 그리고 무엇보다 국민적 합의를 통한 지속가능한 전략 수립을 요구하는 복합적 과제다.

한반도의 분단 현실과 북한의 지속적인 위협에 직면한 우리에게 이 책의 메시지는 더욱 절실하다. AI 시대의 안보 딜레마를 정확히 이해하고, 우리만의 해법을 찾아야 할 때다. 그리고 그 시간은 지금이다. 더 늦기 전에 우리 모두가 나서야 한다. 이 책을 통해 국방 관계자들은 물론 안보에 관심 있는 모든 독자들이 AI 시대 한반도 안보의 미래에 대해 진지하게 성찰하고, 함께 행동해 나가기를 바란다. 역사는 준비된 자에게 기회를 주고, 준비하지 못한 자에게는 재앙을 안겨준다. AI 시대의 한반도 안보, 바로 우리 세대가 풀어야 할 숙제다.

2026년 1월

김 성 훈

서문

알고리즘 전쟁(ALGORITHMIC WARFARE)은 인공지능 수단을 통해 수행되는 전쟁으로 소프트웨어 우위가 군사·기술적 우위의 핵심 요소가 되는 전쟁 형태다. 우리는 알고리즘 전쟁으로 가는 길에 상당히 다가가 있다. 합동군(joint force)은 본질적으로 완전 디지털화된 군대가 되었다.

이미 우리는 인공지능(AI, Artificial Intelligence)을 단순히 도입하는 수준을 넘어서, 모든 출처 정보(all-source intelligence information)를 분석하는 데 AI를 사용하고 있으며, 작전계획 수립과 워게임 그리고 인간의 의사결정을 가속화하는 도구로 AI를 활용하고 있고, 나아가 일정 수준의 자율성을 갖춘 무기체계에 AI를 통합하는 등 AI를 본격적으로 활용하고 있는 상황이다.

어느 정도까지는 우리가 준비되었든 그렇지 않든 알고리즘 전쟁이 우리에게 강제되어 온 측면이 있다. 기술은 지속적으로 변화하고 그 위력이 증가하고 있으며, 동시에 지식 또한 끊임없이 확장되고 있다. 우리의 잠재적 적국인 공격적인 권위주의 국가들이 우리의 기존 군사적 우위를 따라잡은 상황이다. 이러한 우위는 정밀유도무기의 개발과 이를 극도의 정밀성으로 운용하는 '전투네트워크(battle networks)'로 특징지어진다. 이제 이들 국가들은 자체적인 군사 AI 적용기술 개발에 착수하여 미국의 군사·기술적 우위를 위협하고 있다.

우리는 이런 상황을 이전에도 경험한 바 있다. 1940년대 후반과 1950년대에 서유럽은 강력한 소련군의 침공 위협에 직면했었다. 소련군은 유럽이라는 잠재적 전장에서 NATO 군대에 비해 현저한 병력의 수적 우위를 보유하고 있었다. 미국과 NATO는 소련의 이러한 우위를 상쇄하기 위해 전술핵무기(battlefield nuclear weapons)를 개발했는데, 이것을 흔히 제1차 상쇄전략(first offset)이라고 한다.

소련이 1960년대와 1970년대에 강력한 자체 핵능력을 개발하는 동시에 재래식 군사적 우위까지 확장하자, 미국은 제2차 상쇄전략(second offset)에 돌입했다. 이는 소련군을 이전보다 훨씬 더 큰 정밀도와 효과로 타격할 수 있는 비핵 정밀유도무기(nonnuclear guided weapons)의 개발이었다.

극히 다행스럽게도 냉전은 직접적인 무력충돌 없이 종료되었다. 하지만 정밀유도무기 전투네트워크 전쟁—중국이 '정보화 전쟁(informatized warfare)'이라고 칭하는—의 효과는 걸프전(Operation Desert Storm)에서 완전히 입증되었다. 이 전쟁에서 단 42일간의 집중적인 공중작전과 3일간의 고강도 지상전투만으로 쿠웨이트가 해방되고 이라크 내 상당한 영토가 점령되었다.

걸프전은 미국의 경쟁국들로 하여금 이 새로운 전쟁 방식에서 대등한 수준에 도달하려는 노력을 촉발시켰다. 그 결과, 우리는 이제 제3차 상쇄전략(third offset)이 필요한 상황에 직면하게 되었다. 이 전략은 잠재적 적국들의 정찰-타격 네트워크(reconnaissance strike networks), 정밀유도무기, 그리고 전략적 거점 배치상의 우위(positional advantages)를 무력화하고 전 지구적 억제력을 유지하기 위한 것이다. 제3차 상쇄전략은 AI 기반 자율성(AI enabled autonomy)을 중심으로 구축된다—정보·계획·의사결정 시스템에서의 정적 적용과 모든 작전영역 내 무인체계에서의 동적 적용 모두를 포괄한다.

미국의 국방혁신 기반(defense innovation base)의 기술적 혁신 역량과 창의적 문제 해결 능력을 활용하는 알고리즘 전쟁이야말로 제3차 상쇄전략의 핵심을 규정하게 될 것이다. 우리의 현재 우위는 미국과 동맹국들이 AI의 상업적 응용기술 개발 분야에서 선도적 위치를 차지하고 있다는 점에서 비롯된다. 국방부의 책임은 이러한 상업적 성과를 책임감 있는 방식으로 군사적 우위로 전환하는 것이다.

바로 그것이 내가 국방부 부장관으로 재직했던 기간 동안 우리가 추구했던 목표였다. 우리는 알고리즘 전쟁이 도래하고 있음을 알고 있었고, 민주주의 체제와 경제적 번영이 함께 지속적으로 발전할 수 있는 지구적 환경을 보존하고자 한다면 우리가 반드시 적응해야 한다는 점을 인식하고 있었다.

군사작전에서의 AI의 미래 활용에 대해 심각하게 우려하는 이들을 고려하여, 국방부는 의도적이고 안전한 방식으로 AI를 적용하기 위해 최선의 노력을 기울이고 있다. 국방부는 우리 정보 네트워크가 수집한 빅데이터 분석에 AI를 사용하고, 인간-기계 협업(human-machine teaming)을 위해 AI를 활용하는 데 전념하고 있다. 이러한 노력의 일환으로 국방부는 책임감 있는 AI를 위한 원칙들을 개발하고 공포했다. 또한 무기체계의 자율성에 관한 정책을 가지고 있으며, 이는 치명적 무력을 사용하고자 할 때, 최종 결정에서 인간의 판단과 승인을 반드시 거치도록 하는 정책이다. 바로 이것이 우리가 알고리즘 전쟁에서 인간-기계 협업을 강조해 온 이유다.

알파벳/구글(Alphabet/Google)의 전 최고경영자(CEO) 에릭 슈미트(Eric Schmidt)와 함께 인공지능국가안보위원회(National Security Commission on Artificial Intelligence)의 공동위원장으로 재직하는 동안, 나는 전쟁을 변혁시키는 AI의 역량과 우리가 AI 응용기술을 채택하는 속도와 잠재적 적국들의 노력 간에 존재하는 우려스러운 격차에 대해 더욱 예민하게 인식하게 되었다. 우리는 분명히 오랫동안 당연시해 왔던 초기 기술적 우위를 상실하고 있다. 에릭이 공개적으로 언급했듯이, 우리는 일부가 추정하는 것처럼 잠재적 적국들보다 10년 앞서 있지 않다. 우리의 우위는 기껏해야 2-3년 정도에 불과하다. 하지만 우리가 알고리즘 전쟁 능력을 개발하는 속도를 가속화하지 않으면 머지않아 뒤처질 것이다. 뒤처지는 것은 억제력을 유지하는 데 있어서 바람직하지 않은 상황이다.

그것이 바로 내가 이 중대한 상황에 대중의 관심을 불러일으키는 모든 노력을 지지하는 이유이며, 이는 단지 공식 보고서나 학술 연구를 통해서만이 아니다. 지난 몇 년간 이 주제에 관한 서적들이 거의 하나의 소규모 산업을 이룰 정도로 쏟아져 나왔으며, 그중 일부는 군사 무기체계에서의 AI 사용의 특정 측면들을 다뤄왔다. 이러한 저작물들의 대부분은 두 범주 중 하나에 속한다. 극소수의 정책 및 국방 전문가들을 대상으로 한 고도로 기술적인 방대한 저작들, 또는 AI가 전장을 지배하고 인간은 기껏해야 부차적 존재에 불과한 미래 전쟁을 허구적으로 묘사한 작품들이다.

부족했던 것은 일반 독자들이 쉽게 이해할 수 있는 방식으로 AI를 설명하면서, 동시에 미국 국가안보에 미치는 AI의 영향을 파악할 수 있도록 돕는 사실 중심의 서적들이었다.

이 책 『알고리즘 전쟁: AI가 바꾸는 미래 전쟁의 판도(Algorithms of Armageddon)』가 바로 그런 책이며, 전략과 군사기술 분야의 두 전문가가 집필한 저작이다. 조지 갈도리시(George Galdorisi)와 샘 J. 탕그레디(Sam J. Tangredi)는 AI를 기술적 차원과 정책적 차원 모두에서 연구하고 실무에 적용해온 국가안보 전문가들이다. 이들은 명확하고 설득력 있는 문체로 저술한다. 나는 이들의 이전 공동 저서 『전쟁의 게임체인저, AI(AI at War)』에 참여한 바 있다.

물론 그렇다고 해서 내가 이들의 모든 결론에 동의한다는 뜻은 아니다. 하지만 진정한 위험은 AI가 인간을 지배하는 것이 아니라, 인간이 AI를 도구로 활용해 다른 인간들을 지배하는 데 있다는 이들의 핵심 주장에는 전적으로 공감한다. 바로 이러한 인식이 이들의 저술 동기가 되었다. 이들과 마찬가지로, 나 역시 미국이 적대국의 알고리즘 역량에 의해 지배당하는 상황은 절대 용납할 수 없다.

이 책은 군사 전략·작전·전술에서 AI의 중요성을 이해하고자 하는 모든 이들이 반드시 읽어야 할 필독서다. 나아가 이 책은 미국 시민들이 관련된 정책적·법적·윤리적 쟁점들에 대해 논의를 통해 이해하는 것에 그치지 않고, 막연한 추측이 아닌 구체적 증거와 체계적 분석에 근거하여 이러한 문제들에 대응해야 하는 이유를 명확히 제시한다. 이 책의 궁극적 목적은 현명한 정책 결정과 효과적인 실행이 가능하도록 신중하면서도 지속가능한 방식으로 중대한 국가적 논의를 심화·발전시키는 데 있다.

알고리즘 전쟁은 이미 현실이 되었으며, 토론과 실행 모두를 위한 시간은 바로 지금이다.

로버트 O. 워크(Robert O. Work)

미국 해병대 장교로 복무하며 훈장을 수여받은 경력을 거친 로버트 O. 워크(Robert O. Work)는 2009년부터 2013년까지 해군차관(Undersecretary of the Navy)으로, 2014년부터 2017년까지 국방부 부장관(Deputy Secretary of Defense)으로 재직했다. 국방부 부장관 재임 중 그는 국방부의 국방혁신구상(Defense Innovation Initiative)과 제3차 상쇄전략(Third Offset Strategy)의 수석 설계자 역할을 담당했다. 이 전략은 미군이 합동군의 군사-기술적 우위를 달성하고 지속시킬 수 있도록 첨단 기술 분야에 대한 투자 확대를 목표로 설계되었다. 2019년부터 2021년까지는 구글(Google) 전 최고경영자(CEO) 에릭 슈미트(Eric Schmidt)와 공동으로 인공지능국가안보위원회(National Security Commission on Artificial Intelligence)의 위원장직을 수행했다.

목차

서 론

“세계의 지배자”

서 론

"세계의 지배자"

2017년, 두 번째 우크라이나 침공을 감행하기 4년 전, 블라디미르 푸틴 대통령은 러시아의 젊은이들에게 미래에 관한 메시지를 전하고자 했다.

모스크바에서 북동쪽으로 260km 떨어진 역사적인 도시 야로슬라블에서 학생들과 만난 자리에서, 푸틴은 그의 트레이드마크가 된 경직된 자세로 차분하게 서 있었다. 이러한 특유의 자세가 나타나는 원인은 아직도 명확히 밝혀지지 않았다. 심각한 질병 때문일 수도 있고, 유도로 인한 부상의 후유증일 수도 있으며, 한 연구자의 분석대로 경미한 자폐 증상 때문일 수도 있다. 또 다른 분석에 따르면, KGB(현재의 FSB[연방보안청], 러시아의 모든 독재 정권을 떠받치는 비밀경찰) 시절 초기에 언제든 총을 빠르게 꺼낼 수 있도록 벨트 근처에 손을 두는 습관이 몸에 배었을 가능성도 있다.

당시 푸틴이 실제로 총을 소지하지 않았을 수 있다. 그러나 이 정치적 연출은 그에게 또 다른 잠재적 무기를 언급할 기회를 제공했다. "인공지능은 러시아뿐만 아니라 전 인류의 미래다"라고 그는 단호하게 선언했다. "그것은 엄청난 기회를 제공하지만, 예측하기 어려운 위협도 함께 가져온다." 그리고 불길한 어조로 덧붙였다. "이 분야를 선도하는 자가 세계의 지배자가 될 것이다."[1)]

예측, 약속, 그리고 위협

푸틴의 예측이 항상 정확하다고 보기는 어렵다. 예를 들어 2022년 키이우를 신속히 점령할 것이라는 그의 기대는 명백히 빗나갔다. 그러나 "세계를 지배한다"는 수사를 제외하면, 인공지능(AI)에 대한 그의 견해는 열정적인 기술자들, 낙관적인 투자자들, 그리고 더 냉철한 분석가들의 관점과 일맥상통한다.

첫 두 집단은 이해관계자로 볼 수 있다. 그들의 경력과 경제적 성공은 지적 자극과 수익을 제공하는 새로운 기술 개발에 달려 있기 때문이다. 그들은 AI가 우리 경제의 원동력에 가져올 잠재력에 주목한다. AI의 비즈니스 적용을 통해 과학 및 공학 분야의 새로운 경력이 만들어지고, 이미 거대한 부가 창출되었다. 일부는 AI가 노동의 본질을 완전히 변화시킬 것이라고 주장한다. 가장 낙관적인 이들은 AI가 기본적 필요를 충족시키는 노동에서 인간을 해방시켜 더 많은 여가를 제공할 것이라고 전망한다.

그러나 세 번째 그룹인 분석가들 중 일부는 AI의 잠재력을 평가할 때 신중과 주의가 필요하다고 공개적으로 조언한다. AI가 현재의 일부 산업을 혁신하고 새로운 산업을 창출할 수 있지만, 그 광범위한 도입의 궁극적인 결과는 여전히 불확실하다. 우리의 삶을 더 편리하게 만들 수는 있겠지만, 반드시 더 나아지게 하는 것은 아니다.

AI와 그 개발자들이 제시하는 약속 이면에는 아마도 매우 유해한 사용의 위험과 위협이 잠재해 있다. 이러한 사용 중 일부는 예상치 못한 - 어쩌면 전혀 예측할 수 없는 - 결과를 낳을 것이며, 일부는 단순히 의도치 않은 것으로 가능성이 낮거나 초기에는 중요하지 않다고 여겨진 알려진 위험의 결과일 것이다. 그러나 또 다른 일부는 인간 억압과 전쟁을 초래할 가능성이 가장 높은 이들에 의한 의도된 사용일 것이다. 심지어 테슬라의 창업자 일론 머스크(Elon Musk) - 그의 회사는 자율주행차 개발에 AI를 활용하고 있다 - 조차도 AI가 '문명의 존재에 대한 근본적이고 실존적인 위협'을 제기하며 '선제적인' 정부 규제가 필요하다고 강력히 주장한다.[2)]

우리는 우려를 표하는 분석가로서 세 번째 그룹에 속한다. 이 책은 단순히 공포를 조장하기 위한 논쟁이나 추측을 제시하려는 것이 아니다. 만약 우리가 제시할 사실들을 읽고 나서 독자 여러분이 실제로 두려움을 느낀다면, 그것은 아마도 여러분이 신중하게 사고하고 있기 때문일 것이다. 어느 정도, 우리 모두는 AI의 이러한 의도치 않은 - 그리고 일부 의도된 - 사용에 대해 경계심을 가져야 한다.

그러나 우리의 목적은 AI의 군사적 적용의 현재 상태와 잠재적 진화에 대한 상세하고 공정한 그림을 제공하는 것이다. 모든 기술은 불가피하게 전쟁에 활용된다. 이러한 활용에는 의도된 용도, 고려되지 않은 용도, 그리고 피할 수 없는 용도가 포함된다. '진화'라는 용어를 의도적으로 사용했는데, 군사 AI에 대한 포괄적인 이해를 제공하기 위해 우리는 일상 민간 생활에서의 AI 역사도 함께 살펴볼 것이다. 우리의 결론을 읽고 난 후, 여러분은 스스로 어느 그룹에 속하는지 판단할 수 있을 것이다.

힘이 지배하고, AI가 이를 강화한다

정당성과 관계없이 역사적으로 군사력은 국가의 운명을 결정짓는 요소였다. 지난 30년만 보더라도 군사력은 아프가니스탄, 아르메니아, 아제르바이잔, 보스니아/구 유고슬라비아, 체첸, 콜롬비아, 콩고민주공화국, 조지아, 이라크, 이스라엘/서안지구/가자지구, 리비아, 나이지리아, 르완다, 수단, 시리아, 예멘, 우크라이나의 상황을 좌우했다. 중화인민공화국(PRC)과 대만, 북한과 남한, 인도와 파키스탄, 그리스와 터키(키프로스 문제), 인도와 PRC(히말라야 지역), 이란과 아랍 국가들(및 이스라엘) 간, 그리고 기타 지역에서 군사적 대치 상태가 지속되고 있다.

지금까지 언급한 전쟁들에서는 무기체계 통제, 정보 분석, 작전적 의사결정 지원, 공격 계획 수립에 AI가 크게 활용되지 않았다. 하지만 그것이 변화하고 있다. 우크라이나 전쟁에서는 드론 공격을 조율하는 데 AI가 제한적으로 사용되었다. 현재의 군사적 대치 상황에서 비롯될 수 있는 미래의 전쟁에서는 의심할 여지없이 AI가 광범위하게 활용될 것이다. 이는 단순히 정보 분석과 지원 기능에 국한되지 않고, 실제 전

투의 모든 측면에 걸쳐 이루어질 것이다.[3)]

앞으로 우리가 검토하고 답할 질문은 다음과 같다. 이런 변화가 미국인의 삶, 번영, 특히 안보에 어떤 전면적인 영향을 미칠 것인가? 결국, 이 질문의 후반부가 가장 중요하다. 정교한 외교, 도덕, 윤리 체계에도 불구하고 힘이 지배하는 세상에서 안보와 번영 없이는 삶 자체가 불확실하기 때문이다. 그리고 국제법, 규범, 조약, 인도주의적 감정, 약속, 항의에도 불구하고, '지배'는 궁극적으로 군사력의 위협이나 사용을 수반한다. 이상주의자들이 이 현실을 받아들이기 어렵다면, 앞서 나열한 전쟁 목록을 살펴보거나 현재의 위태로운 대치 상황 중 하나에서 발생한 분쟁이 불가피하게 미국을 연루시킬 수 있음을 고려해보면 된다.

힘과 연관된 또 다른 측면은 국내 사회 통제다. 미국은 부당하다고 여겨진 영국의 식민지 사회 통제를 타파하기 위해 무력을 사용하면서 탄생했다. 다른 민족들도 유사한 행동을 취했다. 동시에 대부분의 정부는 그들의 통치 범위 내에서 무력을 독점하여, 정당성과 관계없이 그들의 지속을 보장한다. AI를 통해 대중의 반란을 억압하는 것이 더 용이해졌다. 만약 영국이 AI를 보유했다면, 미국은 독립할 수 있었을까?

중국공산당이나 푸틴의 러시아와 같은 권위주의 정부들은 잠재적 반대 세력에 맞서 국내 사회를 통제하기 위해 무력 독점을 허위정보, 선전, 그리고 다른 형태의 정보전과 적극적으로 결합한다. AI는 이미 그들의 통제를 용이하게 하는 감시와 정보 처리를 지원하고 있다. 더 나아가 AI는 그들의 정보전 형태를 우리나라를 포함한 다른 국가들에 투사하는 데 일조하고 있다.

상업용 AI와 군사용 AI의 상호 연관성

국내 통제에 활용되는 대부분의 AI체계는 현대전에서 사용될 수 있는 시스템과 유사하다. 많은 시스템이 상업용 AI 응용프로그램에서 개발되었다. 알고리즘 개발의 특성상, 인터넷 쇼핑 선택을 추적하고 사실상 당신의 의사결정을 감시하여 미래 구매를 예측하는 데 사용되는 방법이 당신의 다른 물리적 행동에 대한 정보를 평가하는 데 사용될 수 있다는 것이다. 국가 통제하의 CCTV와 생체인식 장치와 결합하면, 공공장소(그리고 많은 사적 공간)에서의 거의 모든 행동을 모니터링할 수 있다.

프라이버시와 인권 옹호자들, 그리고 AI 비판자들은 이미 이러한 위협을 지적했다. 이는 미국 의회와 다른 민주주의 국가의 입법부가 고심하고 있는 문제다. 중국에서는 이미 일상적 현실이 되었다.

대중적으로 덜 인식되고 있는 것은 상업용 국내 보안 시스템과 잠재적 군사 AI체계가 얼마나 밀접하게 연관되어 있는가 하는 점이다. 하나가 다른 것 없이는 존재할 수 없을 뿐만 아니라, 한 분야의 발전이 일반적으로 모든 분야의 발전으로 이어진다. 장차 상업용 자율주행차를 제어할 AI체계는 주력 전차도 제어할 수 있을 것이다.

물론 당신의 미래 자동차가 적에게 폭발성 텅스텐이나 열화우라늄 포탄을 발사하지는 않을 것이다. 그러나 인간이 실제로 방아쇠를 당기지 않고도 표적을 조준하고 무기체계를 발사하도록 설계된 시스템은 이미 존재하며, 주로 고정식 방어 무기로 사용된다. 이러한 무기체계가 현재 개발 중인 자율주행 기능과 결합된다면, 높은 기동성을 갖추게 될 것이다. 미 육군은 아직 AI를 자율전차 제어에 적용하려고 시도하지 않았지만, 이미 경량 전투차량의 자율성을 연구하고 있다.[4] 반면 러시아군은 AI 제어 전차 개발을 시도한 바 있다.[5]

미국에서는 많은 이들이 법률과 윤리 규범을 통해 상업용과 군사용 AI 개발을 분리할 수 있다고 믿는다. 미국 국방부는 '윤리적' AI를 위한 여러 지침을 만들어 시행 중이다(이에 대해서는 후에 논의할 것이다). 그러나 다른 국가들이 이를 분리하길 원치 않는다는 사실은 푸틴의 예측 두 달 전인 2017년 7월 8일에 발표된 중국 국무원(PRC State Council)의 차세대 인공지능 개발 계획에서 명확히 드러난다.

우선 이 계획은 국내 통제를 위한 AI의 힘을 인정하며 다음과 같이 명시한다. "인공지능 기술은 인프라와 사회 안보 운영에 대한 위협을 정확하게 감지, 예측하고 조기 경보할 수 있다... 이는 사회 안정의 효과적 유지에 필수적이다." 다음으로 중국 국무원은 그들의 목표를 이렇게 밝힌다. "다원적이고 다분야적이며 고효율적인 AI의 군민 통합 패턴 형성을 촉진한다... 지휘 결심, 군사 추론, 국방 장비, 강력한 지원 분야에서 차세대 AI 기술을 강화하고, 국방 기술 분야의 AI를 민간 활용으로 유도한다."[6]

중국의 계획은 분명히 상업용과 군사용 AI를 구분하지 않는다. 민간 AI 발전이 군사작전에 적용되는 대신, 군사 AI 개발이 상업용 AI를 이끄는 원동력이 될 것이다. 이러한 개발 방향은 또한 사회 통제를 용이하게 한다. 중국 국무원의 구성원들 - 모두 신망 있는 중국공산당원이어야 함 - 은 아마도 국방과학연구소 간 통신 수단으로 만들어진 인터넷이 현재 필수적인 민간 인프라로 발전한 과정을 염두에 두고 있었을 것이다. 더 가능성 높은 것은, 그들이 힘이 지배한다는 원칙을 확고히 하며 AI를 권력 수단에 적용하는 것이 최우선 과제임을 확인하고 있다는 점이다. 마오쩌둥이 말했듯이, "정치권력은 총구에서 나온다." 아마도 그 이후에 상업적으로 유용하게 활용될 수 있을 것이다.

군사 AI의 가장 우려스럽고 주목할만한 측면들

미군이 빅데이터, 인공지능, 기계학습을 선제적으로 활용하여 무기체계의 효과를 높여야 하는 이유는 다양하다. 아마도 가장 설득력 있는 이유는 우리의 잠재적 적국들, 특히 동급 경쟁국들이 이를 적극적으로 추진하고 있다는 점일 것이다. "적도 한 표를 행사한다"는 오래된 군사 격언이 있다. 이 경우 러시아는 루블화로 중국은 위안화로 표를 던지고 있다.

이 국가들은 AI 기술에 막대한 투자를 하고 있다. 미국 AI 기업들의 주식 가치가 중국의 두 배 이상이지만, 중국은 미국보다 더 많은 정부 자금을 AI에 투입하고 있으며 어떤 상업 기업이 성공하거나 실패할지 결정할 수 있다. 이는 AI를 군사 부문으로 유도하고 군사 AI 개발을 우선시하는 데 핵심적인 역할을 한다. 미국과 달리, 중국의 상업용 AI 개발자들은 인민해방군(PLA, People's Liberation Army)에 자신들의 프로그램 제공을 거부할 수 없다.

세계화의 전성기에 AI가 수익성 높은 제품 개발을 위한 상업적 경쟁으로 여겨졌던 반면, 중국에서는 더 이상 AI체계의 시장 지배가 주요 목표라는 가식이 없다. 중국은 분명 민간 시장을 장악하고 수익을 창출하고 싶어 한다. 그러나 AI는 주로 군사 도구로 인식되며 단순한 비즈니스 시도가 아니다.

많은 분석가들은 이미 이러한 방식을 통해 중국이 곧 AI 초강대국으로서 미국을 앞지를 것이라고 예측한다.[7)] 한편 푸틴도 뒤처지기를 원치 않는다. 정부가 통제하는 러시아 직접투자기금(Russian Direct Investment Fund)은 2019년 한 해에만 외국 투자자들로부터 20억 달러를 유치했다. 분명히 우크라이나 침공과 그에 따른 제재로 인해 대부분의 투자자들이 약속을 철회하도록 강요받았다. 그럼에도 불구하고, 러시아는 초기 자금(이는 의심할 여지없이 석유 자금으로 보강될 것이다)과 일부 상업적 통찰력을 확보하여 그들의 군산복합체에 남아있는 상당한 공학적 능력을 보완했다.

러시아의 군산복합체는 소련 시대만큼 규모가 크지 않다. 당시에는 소련 국민총생산의 15% 이상이 군사비로 쓰였다. 그러나 러시아는 여전히 세계적 수준의 군사 기술을 생산할 능력이 있다. 잠수함과 방공 시스템에서 볼 수 있듯이 비록 소량이지만 그 실력을 입증하고 있다. AI 개발은 하드웨어보다는 소프트웨어 중심이며, 러시아는 여전히 세계 최고의 해커들을 포함한 전문 기술자들로 구성된 핵심 그룹을 보유하고 있다.

러시아와 중국이 국내외적 이유, 특히 자국민 통제를 위해 이러한 투자를 하고 있지만, 그들은 의도적이고 체계적으로 AI를 최대한 빠르게 군사 시스템에 도입하여 미군에 대한 비대칭적 우위를 확보하려 한다. 러시아와 중국의 비밀주의 성향을 고려하면 의외로 보일 수 있지만, 두 나라 모두 이러한 목표를 숨기려 하지 않았다. 솔직히 말해 그들은 서방과 'AI 군비경쟁'을 하고 있다고 본다.

서방 국가들에서는 군비통제 협정을 통해 AI 군비경쟁을 저지하려는 제안이 있었다. 후반부에서 논의하겠지만, 우리는 AI의 특성상 의미 있는 군비통제 협정은 사실상 불가능하다고 본다. 핵탄두나 1920년대 군축 노력 때의 전함처럼 AI를 계량화하는 것은 불가능하다. AI는 '물건'이 아니다. 실제로 일부 기술자들은 AI를 '이념'으로 묘사한다.[8)]

이념을 통제하는 조약을 어떻게 만들 수 있을까? 선언된 AI 무기체계는 어느 정도 파악할 수 있을지 모른다. 하지만 어떤 시스템이 AI에 의해 제어되는지 어떻게 확신할 수 있을까? 또한 정보 분석, 지휘통제, 작전적 의사결정, 또는 전쟁 계획에서 AI 활용을 어떻게 검증할 수 있을까?

미국의 의사결정자들이 우리의 의지와 무관하게 이미 권위주의 국가들과의 AI 경쟁에 돌입했다는 사실을 완전히 인식하고 있는지는 불분명하다. 잠재적 군사 적대국들의 행보를 고려할 때, 아마도 미국과 그 동맹국들은 군사 AI 개발에 전력을 다할 수밖에 없을 것이다. 우리는 이 책 전반에 걸쳐 이 딜레마를 다룰 것이다.

앞으로의 여정

이 책은 가변저항기처럼 점진적으로 강도를 높이는 구조를 가진다. 각 장은 이전 장의 내용을 바탕으로 하며 다루는 주제의 강도가 점차 증가한다. 이러한 접근 방식을 통해 AI를 이용한 전쟁에 대한 논의로 바로 들어가기보다, AI 발전이 어떻게 그리고 왜 이러한 위험한 상황으로 이어지는지를 먼저 설명하고자 한다.

책의 첫 3개 장은 AI의 기본 개념과 그를 둘러싼 국제 환경을 다룬다. 1장은 빅데이터, 인공지능, 기계학습에 대한 지속적인 논쟁을 간단히 정리한다. 2장은 AI가 다른 기술들과 융합되어 자율 시스템으로 발전하는 과정과 이러한 시스템이 인간과 상호작용하는 방식을 AI 발전의 역사와 함께 설명한다. 3장은 민주주의 국가와 권위주의 국가들이 AI와 자율성 개발을 추진하는 동기를 탐구하고, 러시아와 중국의 AI 개발 및 활용 사례를 심층적으로 분석한다.

다음 부분은 AI의 무기화와 통제에 초점을 맞춘다. 4장은 AI가 다른 기술들과 결합하여 무기화되는 과정을 논의한다. 5장은 '인간-기계 협업'을 통한 AI 무기 통제 방식을 설명한다.

6장은 자율 무기체계의 임무 수행 중 인간의 통제 범위를 검토하며, 특히 치명적 무력 사용에 대한 통제 문제를 다룬다. 7장은 AI 무기의 통제 가능성과 현재 진행 중인 AI 군비경쟁을 정치적, 외교적 노력으로 억제할 수 있는지에 대해 논의한다. 8장은 AI와 자율체계가 현행 전쟁법에 미치는 영향과 그로 인한 위협을 분석한다.

9장부터는 '제3차 세계대전' - AI가 지원하거나 주도하는 전쟁 - 의 양상을 검토한다. AI를 대규모로 개발하는 주요 국가들이 자국을 글로벌 강대국으로 인식하고 있어, 이러한 전쟁은 전 세계적 규모로 확대될 가능성이 높다. 전쟁이 어떻게 시작되고(9장) 끝나는지(10장), 그리고 그 사이의 과정을 다루면서, 인간이 통제할 수 없는 사건들이 벌어지는 세계를 그려본다.

이러한 세계와 전쟁을 피할 수 있을까? 군사 AI가 아마겟돈으로 이어질 것인가? 마지막 부분에서 이러한 난제들을 다룬다. 11장에서는 기본적인 AI, AI의 군사적 활용, 그리고 미국 국민들이 국가안보에서 AI의 역할을 결정하기 위해 논의해야 할 위험과 중요 쟁점들을 정리한다. 이를 통해 국가적 대화를 촉진하고, 미국과 동맹국, 우방국의 미래 안보를 위한 권고사항을 제시한다. 마지막으로 결론을 통해 책을 마무리한다.

이 책은 AI에 반대하는 것이 아니다. 또한 AI가 - 좋든 나쁘든 - 인간의 세계 통제권을 대체할 것이라는 공상과학적 추측도 아니다. 우리는 사실과 가능성을 검토한 결과, AI가 인간을 통제하는 것이 아니라 인간이 AI를 이용해 다른 인간을 통제하는 모습을 보게 될 것이라 예상한다.

우리는 AI로 무장한 다른 세력에 의해 우리나라가 통제되는 것을 원하지 않는다. 이러한 우려가 이 책을 집필하게 된 동기이다.

CHAPTER

01

AI란 무엇이며, 왜 중요한가?

전기가 100년 전 거의 모든 것을 변화시켰듯이,

오늘날 나는 AI가 앞으로 몇 년 안에

변화시키지 않을 산업을 생각하기 어렵다.

앤드류 응(Andrew Ng)

바이두(Baidu, 중국의 구글 격) 전 최고과학책임자[1)]

CHAPTER 01

AI란 무엇이며, 왜 중요한가?

AI와 그것이 우리 삶에 미치는 진화하는 영향을 이해하기 위해서는 훨씬 오래된 기술과 비교하고, 세상을 변화시킨 한 인물에 대해 알아볼 필요가 있다.

그는 우리가 떠올리는 '영웅적' 발명가의 전형이었다. 평범한 출신이지만 성공에 대한 강한 열정을 가졌고, 어려운 기술을 마스터했으며, 새로운 기술을 개선하기 위해 수많은 좌절에도 불구하고 순수한 천재성을 지치지 않고 발휘한 인물이었다.

그의 삶은 오늘날의 유명 기술 기업가들과 비슷한 면모도 보여주었다. 투자자를 끌어들이는 데 필요한 쇼맨십, 당시 언론에서 경쟁자들을 비난하는 행위, 빈번한 특허 소송, 수십억 달러에 해당하는 순자산, 그리고 가장 아이러니한 점은 자신이 설립한 공개 기업의 이사회에 의해 쫓겨났다는 것이다.

그가 바로 토마스 에디슨이었다.

에디슨의 역할을 고려하면, 1901년 그에게 전기가 인류에 미칠 영향을 예측해달라고 요청한 것은 당연했다. 전구 개발 20년 후 그는 무한한 가능성을 가진 범용 기술을 예견했다. "전기는 모든 분야의 핵심이다." 그는 말했다. "전기는 세계의 삶을 재편할 비밀을 품고 있다."[2)]

자신의 평생 작업에 기반한 예측은 종종 편향될 수 있다. 특히 발명가이자 홍보자의 삶에서는 더욱 그렇다. 하지만 에디슨은 옳았다. 한 세대 만에 거의 모든 미국의 가정, 공장, 정부 기관, 기업이 전기화되었고, 미국의 국내총생산(GDP) - 국가의 경제 발전을 종합적으로 평가하는 지표 - 은 두 배 이상 증가했다. 전기는 진정한 범용 기술이다. 오늘날 전 세계 경제는 전기로 움직이며, 누구도 전기 없는 세상을 상상할 수 없다. 아침에 냉장고를 여는 순간부터 밤에 불을 켜는 순간까지, 우리의 일상 활동 대부분이 전기 사용과 밀접하게 연결되어 있다. 모든 기술과 마찬가지로 전기에도 부정적인 측면과 예상치 못한 부작용이 존재한다. 그러나 전기의 경우 그 이점이 부정적인 측면을 압도적으로 능가했다.[3)] 심지어 최악의 상황에 대비하는 생존주의자들조차 디젤 발전기를 구비할 정도로 전기는 필수적인 요소가 되었다.

범용 기술로서의 AI

인공지능은 또 다른 형태의 범용 기술이다. 우리는 지금 전기의 도입 시기와 유사한 역사적 전환점에 서 있으며, 이미 AI가 가져오는 광범위한 영향을 목격하고 있다. 서두에서 바이두(Baidu)의 전 최고과학 책임자(Chief Scientist)인 앤드류 응(Andrew Ng)은 AI가 우리의 일상 활동에서 점점 더 중요한 분석력의 원천이 되고 있음을 강조한다. 구글(Google)이 우리의 웹사이트 클릭을 분석하고 그 데이터를 마케팅 목적으로 판매하는 관행은 어떤 면에서 은밀하게 기만적일 수 있지만, 이미 현실이 되었다. 궁극적으로 컴퓨터가 다른 컴퓨터의 출력을 분석하는 것은 논리적인 발전 과정으로 볼 수 있다.

그러나 '스마트' 가전제품, 나아가 일부 사람들이 구축한 완전한 '스마트홈' 환경에서의 AI 활용은 훨씬 덜 직관적이다. 이는 과거에 많은 기능들이 인간의 활동을 보조하면서도 어떤 방식으로든 인간의 직접적인 개입을 필요로 했던 아날로그 기계장치에 의해 수행되었기 때문이다. 예를 들어 우리는 더 이상 성냥으로 가스레인지에 불을 붙일 필요는 없지만, 여전히 가스를 점화하고 온도를 조절하기 위해 직접 손잡이를 돌려야 한다. 반면 AI 제어 시스템은 사용자의 일상적인 행동 패턴을 분석하여 언제 켜고 끌지 '스스로 결정하고' 자체적으로 모니터링하도록 설계되어 있다. 설령 AI에게 일상 루틴에 대한 완전한 통제권을 부여하지 않더라도 현재 시장에 나와 있는 전자제품들 - 냉장고, 진공청소기, 텔레비전 등 - 은 점점 더 인간의 의사결정 과정을 모방하는 내장된 지능형 시스템에 의해 제어되고 있다.

만약 다른 인간들, 특히 가전제품을 제조하는 기업들이 우리 일상 속 의사결정에 통제력을 행사한다면 어떻게 될까? 편의성을 얻기 위해 우리는 타인이 우리의 활동을 은밀히 제어할 수 있는 잠재적 취약점을 감수해야 할 수도 있다. 예를 들어 전력 회사가 임의로 당신의 집 전원을 차단한다면, 의존하던 모든 기기들이 작동을 멈추면서 당신의 일상은 확실히 혼란에 빠질 것이다. AI가 '전기처럼' 보편화되면서 산업은 변화할 것이다 - 아마도 더 효율적으로 발전할 것이다 - 하지만 우리의 일상생활 역시 그에 맞춰 변화할 것이다. 이것이 바로 범용 기술의 본질이다. 편의성, 효율성, 그리고 통제가 서로 불가분하게 연결되는 것이다.

바이두는 AI를 활용해 시민들을 감시하고 통제하는 국가에서 운영되고 있으며, 바이두의 AI 발전은 필연적으로 중국공산당(Chinese Communist Party)의 이익에 부합하는 방향으로 이루어진다. 그러나 2017년 스탠퍼드 대학교(Stanford University)로 돌아와 교육 관련 AI 스타트업을 이끌고 있는 미국 시민 앤드류 응은 사실 그의 예측에서 충분히 멀리 내다보지 못했다. 산업뿐만 아니라 앞으로 몇 년 안에 AI에 의해 어느 정도 변화되지 않을 정부 기관을 상상하기 어렵다. 물론 이는 정부가 통제하는 군사력과 국방 시스템도 포함한다.

범용 기술로 인한 혼란

많은 이들이 AI의 출현을 전기의 발명 및 보급과 비교하며 인류와 전쟁에 미치는 영향을 설명하려 하지만, 이러한 비유는 일부 혼란을 초래한다. 전기가 기본적으로 하나의 '물리적 동력원'이라는 점에서 단일한 '실체'인 반면, AI는 그러한 단일성을 가지고 있지 않다.

결과적으로 주류 미디어는 AI를 빅데이터, 인공지능, 기계학습은 물론 AI와 실질적으로 관련이 거의 없는 컴퓨터 분야의 다양한 발전까지 포함하는 포괄적 용어로 사용해 왔다. 대부분의 기술 전문가들조차 이러한 모호한 정의를 수용해왔다. 한 분석가가 지적했듯이 AI는 종종 '컴퓨터로 아직 구현되지 않은 모든 것'을 지칭하는 데 사용된다.[4] 한편 일반 대중은 AI를 이처럼 불분명하면서도 불필요하게 복잡한 용어로 설명하는 기사들에 지속적으로 노출되어 왔다.

더욱 우려되는 점은 AI 지지자와 반대자 모두가 이 용어를 자의적으로 활용한다는 사실이다. 지지자들은 벤처 자본을 유치하기 위해 이 용어를 느슨하게, 때로는 노골적으로 오용한다. 파이낸셜 타임스(Financial Times)에 게재된 보고서에 따르면, '인공지능 스타트업'이라고 주장하는 기업의 최대 40%가 실제로는 소프트웨어 개발에 AI 기술을 전혀 활용하지 않고 있다. 이러한 기만적 관행은 "AI 기업으로 브랜딩된 회사들이 역사적으로 더 많은 자금을 유치했다"는 사실, 즉 '인공지능'이라는 용어를 사용하지 않는 기업들보다 최대 15% 더 많은 투자금을 확보했다는 현실에서 비롯된다.[5]

반면 '킬러 로봇'에 반대하는 진영은 인공지능을 자율 무기체계 및 '무장 드론'과 동일시하는데, 이는 자율 무기체계가 반드시 AI 기술을 필요로 하지 않으며 미군이 운용하는 무장 드론이 완전한 자율성을 갖추지 않았다는 현실에도 불구하고 계속되고 있다. AI라는 용어의 사용은 미래 전쟁에 관한 논의에서 더 큰 공포감을 조성하는 효과가 있으며, 이는 휴먼 라이츠 워치(Human Rights Watch)와 같은 규제 옹호 단체들의 전략적 목표이기도 하다.

그렇다면, AI란 무엇인가?

AI는 과장과 오정보로 둘러싸여 있지만, 실제로는 그리 신비로운 대상이 아니다. 인공지능에 대해서는 두 가지 실용적인 정의가 존재하는데, 하나는 포괄적이고 다른 하나는 더 구체적이다.

넓은 의미에서 AI는 '기계가 인간의 행동을 모방하는 능력'으로 정의될 수 있다. 이것이 1950년대에 AI 연구를 시작한 과학자들과 엔지니어들의 근본적인 목표였다. 1955년 'AI'라는 용어를 최초로 제안한 스탠퍼드 대학의 존 매카시(John McCarthy) 교수는 AI를 '지능형 기계를 만드는 과학과 공학'이라는 연구 분야로 명확히 정의했다.

그러나 특정 작업과 대체로 반복적인 작업에서 인간을 모방하는 것처럼 보이는 다양한 아날로그 기계들이 존재해왔다. 이러한 기계들은 디지털 컴퓨터가 아닌 기계적 프로세스를 통해 작동한다. 예를 들어 불도저는 인간이 삽으로 하는 작업을 더 빠르고 효율적으로 수행한다는 점에서 인간의 능력을 확장하고 모방한다고 볼 수 있다. 불도저는 외형적으로 인간과 닮지 않았고 흙을 이동시키는 단일 기능만 수행할 수 있으며, 인간의 직접적인 조작이 필요하다. 그러나 불도저가 발명되기 전에는 인간이 손으로 삽질을 해서 큰 구덩이를 파야 했다. 따라서 불도저는 대규모 굴착이라는 특정 작업에서 인간의 기능을 모방하고 증강한다고 이해할 수 있다.

아날로그 시스템과 디지털 시스템을 명확히 구분하기 위해 인간 모방에 관한 설명은 컴퓨팅 능력에 초점을 맞추도록 정교화되었다. AI 분야는 '시각적 인식, 음성 인식, 의사 결정, 언어 간 번역과 같이 일반적으로 인간의 지능을 필요로 하는 작업을 수행할 수 있는 컴퓨터 시스템'을 개발하는 것이라는 보다 구체적인 합의가 이루어졌다.[6] 이 정의에 따르면 인공지능 능력은 본질적으로 컴퓨터 소프트웨어 개발에서 파생된다. 실제로 매카시는 AI 연구를 촉진하기 위해 세계에서 두 번째로 '리스트 프로세서' 또는 LISP(List Processor)라는 컴퓨터 프로그래밍 언어를 개발했다.[7]

디지털 컴퓨터 기능으로서의 AI는 분명히 아날로그 불도저와는 근본적으로 다르다. 그러나 '일반적으로 인간의 지능을 필요로 하는 작업을 수행할 수 있는' 컴퓨터 시스템의 정확한 정의에 대해서는 여전히 상당한 논쟁이 존재한다. 현재의 AI체계는 주로 '좁은'(narrow) 또는 때로는 '약한'(weak) AI(미 해군은 '작은'(small) AI라는 용어를 도입했다)로 분류되며, 지금까지는 매우 특정한 단일 기능에 대해서만 인간과 유사한 수행 능력을 갖도록 설계되어 있다.

예를 들어 시각적 인식 작업을 수행하는 AI체계는 음성 인식 기능을 수행하지 못한다. 이러한 개별 기능들은 두 개의 서로 다른 AI체계를 통합하여 동시에 결과를 제공하는 것이 가능하다. 그러나 단일 AI체계는 초기에 프로그래밍되지 않은 다양한 기능을 자체적으로 수행할 수 없다. 시각적 인식과 음성 인식을 위한 프로그래밍 요구사항은 각각 다른 알고리즘(기능을 구동하는 수학적 공식)을 필요로 할 만큼 상이하여 별도의 AI체계로 개발되어야 한다. 중국공산당이 중국에서 실행하는 사회 통제 시스템(예: 위구르족 소수민족의 행동 추적)의 경우, 여러 AI체계를 종합적으로 연결하여 당 보안 기관이 활용할 수 있는 통합된 분석 결과를 제공한다.

간단히 말해 현존하는 AI체계는 독자적으로 멀티태스킹을 수행하는 능력이 없다. '좁은 AI'라는 표현은 시스템이 단 하나의 인간과 유사한 작업만 수행할 수 있음을 의미한다. 비평가들은 AI체계가 멀티태스킹을 수행하지 못하고 한 기능에서 다른 무관한 기능으로 자연스럽게 전환하지 못한다는 점을 들어 이들이 진정한 인간의 행동을 모방하지 못한다고 지적한다. 이들은 정교한 불도저와 유사하지만 자동조종 방식으로 작동한다는 점에서 차별화된다.

그러나 AI를 정의하는 핵심적 차이점은 이러한 시스템이 본질적으로 자체 프로그래밍 능력을 갖추고 있다는 것이다. 이는 시스템이 자체 데이터 라이브러리를 구축하도록 '훈련'시킴으로써 이루어진다. 시각적 인식 시스템은 두 개의 서로 다른 이미지를 구분하는 방법을 학습할 수 있어, 이전에 접하지 않은 세 번째 이미지를 감지했을 때 적절한 범주로 분류할 수 있다. 이것이 항상 완벽하게 작동하는 것은 아니다. 실제로 AI체계가 거북이를 총기로 오인한 사례도 존재한다. 그러나 수천 개의 카테고리로 충분히 학습된 시각 인식 시스템은 푸들 사진을 '개' 카테고리로 정확히 분류하거나 위구르족과 한족을 인종적으로 구분하여 식별할 수 있을 것으로 예상된다.

이는 우리를 AI에 대한 보다 정밀한 정의로 안내한다. 이 정의는 디지털 시스템 기업 오라클(Oracle)의 부사장인 클라이브 스완(Clive Swan)이 제안한 것이다. 그는 AI를 '과거 데이터를 기반으로 소프트웨어가 결정을 내리도록 훈련시키는 일련의 통계적 기법'으로 규정한다.[8)]

이 정의는 AI라는 용어의 범위를 좁혀 인간이 과거 경험을 토대로 판단하는 것과 유사한 방식으로 '결정'을 내리는 시스템에 초점을 맞추도록 한다. 이러한 관점에서 AI체계는 미래에 마주하게 될 (빅)데이터를 처리하고 분석하는 방법을 학습했기 때문에 인간과 유사한 작업을 수행할 수 있는 것이다. 이러한 학습 과정을 '기계학습'이라고 부른다. 빅데이터와 기계학습이라는 자주 언급되는 개념에 대해서는 곧 자세히 살펴볼 것이다. 이 두 개념을 제대로 파악하는 것은 AI의 본질을 이해하는 데 필수적이다. 현 시점에서 AI가 한 개인이 분석하기에는 너무 방대한 양의 데이터(빅데이터)를 처리하고, 그 안에서 패턴과 상관관계를 발견하기 위해 통계적 방법론(예: 알고리즘)을 활용한다는 사실을 인식하는 것이 중요하다.

알고리즘이란 무엇인가?

알고리즘은 AI 논의에서 마치 종교적 주문처럼 자주 언급되는 또 다른 핵심 용어다. 이는 본질적으로 계산이나 다른 문제 해결 과정에서 따라야 할 일련의 절차나 규칙들을 의미하며, 특히 컴퓨터가 이를 수행하는 경우를 가리킨다.

인간 역시 결정을 내리기 위해 두뇌의 규칙 집합과 처리 과정을 사용하는데, 이는 일종의 통계적 분석으로 볼 수 있다. 이 중 상당 부분은 순수하게 본능적으로 작동한다. 우리가 거북이나 총과 같은 생물체나 물체를 인식할 때, 보통 우리는 의식적으로 통계적 분석을 수행한다고 생각하지 않는다.

따라서 알고리즘은 데이터를 체계적으로 처리하여 결론을 도출하는 단계별 공식이라고 할 수 있다. 이를 통해 상황을 추론하거나 결과를 예측하는 것이 가능해진다. 예를 들어 시스템이 어떤 물체를 거북이로 인식했다면(특히 작은 거북이의 경우) 해당 상황이 안전하며 생명에 위협이 되지 않을 것으로 판단할 수 있다. 반면, 동일한 물체를 총으로 인식했다면 생명을 위협할 수 있는 잠재적 위험 상황으로 간주하여 즉각적인 주의가 필요하다고 결정할 것이다.

기본적인 수학 공식도 사실상 알고리즘의 일종이지만, 일상적으로는 이를 알고리즘이라고 부르지 않는다. 예를 들어 2×2와 같은 간단한 곱셈도 특정한 계산 규칙을 따르는 학습된 과정이다. 우리는 학교에서 구구단을 암기했기 때문에 12×12까지의 곱셈이 거의 자동적으로 이루어진다. 따라서 12개의 물건을 12번 반복해서 세는 번거로운 과정을 상상할 필요가 없는 것이다.

컴퓨터는 인간과 마찬가지로 알고리즘에 따라 작동한다. AI는 방대한 양의 데이터를 처리함으로써 특정 작업 영역에서 인간과 유사한 의사결정을 수행할 수 있게 한다. AI 알고리즘의 결과물은 특정 행동에 따른 잠재적 결과를 예측할 수 있는 수치화된 결론이다. 예를 들어 12개의 물건을 12번 반복하면 144개의 집합이 형성되는 것과 같이 AI도 이와 같은 계산적 접근 방식을 취한다. AI를 단순한 통계적 기법의 집합체로 이해하면, 그 실체가 더욱 명확해지며 인공지능을 불필요하게 의인화하는 경향을 줄일 수 있다.

신비 벗기기

통계적 관점에서 보면 이러한 AI 기술이 현재 우리의 일상생활을 어떻게 변화시키고 있는지, 그리고 20세기 중반 핵무기가 전쟁을 변화시켰듯이 미래의 전쟁 양상을 어떻게 근본적으로 재편할 것인지를 파악하기 위해서는 더욱 심층적인 분석이 필요하다. 다른 전문 분야와 마찬가지로 AI 분야의 전문가들도 자신들의 영역을 다소 신비화하는 경향이 있으며, 이는 외부인들에게 특별한 관심과 호기심을 불러일으킨다.

AI 기술을 올바르게 이해하기 위한 첫 단계는 인공지능이 프로그래머들이 창조한 마법 같은 기술이 아니라는 사실을 인식하는 것이다. 프로그래밍을 하는 인간도 인공지능과 동일한 작업을 수행할 수 있다. 다만, 이는 개인의 인지적 한계에 도달하거나 처리해야 할 데이터의 양이 인간의 기억 용량을 초과하기 전까지만 가능하다.

앞서 설명한 것처럼 대부분의 사람들은 한 자리 숫자의 곱셈을 암산할 수 있고, 일부는 두 자리 숫자까지도 계산할 수 있다. 그러나 수학적 재능이 뛰어난 사람조차도 더 큰 숫자의 곱셈에서는 한계를 드러낸다. 종이에 계산 과정을 써내려갈 수는 있지만 즉각적인 계산은 어렵다. 반면 컴퓨터는 이러한 계산을 순식간에 처리할 수 있다. 결국 인간이 AI를 개발하기 위해 한 일은 컴퓨터 하드웨어에 소프트웨어를 프로그래밍한 것뿐이며, 이 알고리즘은 데이터를 수집, 분석, 정제하여 원하는 결과물을 도출한다. 이러한 과정은 본질적으로 논리적 절차에 불과하지만, 텍사스 홀덤 포커와 같은 복잡한 게임에서 컴퓨터가 인간을 이길 때는 마치 마법처럼 느껴지곤 한다.

한편 컴퓨터의 핵심 역량이 인간의 기억 한계를 훨씬 초과하는 방대한 데이터를 저장하고 처리하는 것임을 이해하면, AI는 더 이상 신비로운 존재가 아니다. 불도저가 인간보다 무거운 물체를 들어올릴 수 있는 것처럼 컴퓨터는 더 많은 데이터를 저장소에서 검색하고 이를 복잡한 수식에 신속하고 정확하게 적용할 수 있는 것이다.

AI에 대한 오해를 해소하려면 과장된 환상을 걷어내는 것이 필요하다. 흥미롭게도 현대인들은 GPS 내비게이션, 스마트폰, 이메일 자동 응답 추천, 시리(Siri), 알렉사(Alexa), 스마트 가전제품 등 AI 기술을 일상적으로 활용하면서도 이것이 실제로 AI 기술이라는 사실을 제대로 인식하지 못하고 있다.

이러한 AI에 대한 인식 차이가 발생하는 원인은 명백하다. AI가 체스, 바둑, 텍사스 홀덤에서 인간 챔피언들을 이긴 사건이 대대적인 주목을 받은 것은 컴퓨터가 인간보다 훨씬 빠르게 더 방대한 데이터를 처리하고 기억할 수 있는 능력 때문이다.[9] 이러한 화제성으로 인해 대중들은 일상에서 사용하는 AI 기술에는 무감각해진 반면, 이와 같은 '획기적인 AI 승리'에만 관심을 집중하게 되었다. 결과적으로 사람들은 AI를 프로그래머들이 창조한 이해하기 어려운 신비로운 장치로 여기게 되면서, AI가 우리의 일상생활에 실제로 미치는 광범위한 영향을 제대로 인식하지 못하게 된다.

AI가 일상적인 도구로 자리잡은 배경에는 컴퓨터 기반 인프라의 급속한 성장과 함께 데이터의 수집, 처리, 저장, 전송 비용이 획기적으로 감소한 점이 있다. 이러한 기술적 발전은 소프트웨어 개발 방식과 자동화 구현 방식을 근본적으로 변화시켰다. 즉 우리는 인간이 직접 프로그래밍하는 전통적 방식에서 기계가 스스로 학습하는 방식으로 패러다임을 전환했다. 이는 엄청난 가능성을 제공하지만, 동시에 기계가 자체적으로 프로그래밍을 수행한다는 사실에서 비롯되는 중대한 위험성도 내포하고 있다.[10)]

이제 빅데이터, 인공지능, 기계학습이라는 세 가지 핵심 개념을 체계적으로 분석하여 각각의 정확한 의미와 상호 연관성을 파악할 필요가 있다. 이 세 요소는 서로 불가분하게 연결되어 있다. 프랭크 시나트라(Frank Sinatra)의 노래 가사처럼 '하나가 없으면 다른 것도 존재할 수 없는' 공생 관계이기 때문이다. 이 세 가지 AI 구성 요소는 일반적으로 유기적으로 작동하지만, 각각을 개별적으로 세밀하게 분석하면 AI의 실제 능력과 한계를 신비화하지 않고 더욱 명확하게 이해할 수 있다.

빅데이터 분석

간단히 말해 빅데이터(더 정확히는 빅데이터 분석)는 디지털화된 대규모 정보 집합을 체계적으로 처리하여 그 의미를 파악하고 내재된 가치를 추출하는 과정이다. 초기 개발자들의 정의에 따르면 인공지능은 컴퓨터 시스템이 일반적으로 인간의 지능을 필요로 하는 작업을 수행할 수 있는 능력이다. 기계학습은 컴퓨터가 새로운 데이터를 학습하면서 스스로 의사결정 알고리즘을 지속적으로 개선하는 능력이다.

빅데이터는 AI의 핵심 동력원이자 필수 요소이다. AI는 데이터 없이는 제대로 기능할 수 없으며, 이는 빅데이터가 AI체계의 가장 근본적인 구성 요소임을 의미한다. 비유하자면 빅데이터는 AI라는 수레를 끌고가는 원동력인 말과 같다.

빅데이터라는 용어는 그 의미가 직관적으로 이해하기 쉬워 널리 사용하게 되었다. 빅데이터는 일반적으로 통계 분석에 활용되는 수십만 개 이상의 데이터 포인트로 구성된다. 인간은 개인용 컴퓨터, 계산기, 스프레드시트와 같은 기본적인 도구를 사용하여 제한된 규모의 데이터는 충분히 처리할 수 있으며, 이 경우에는 AI의 복잡한 알고리즘이 불필요하다. 그러나 데이터의 규모와 상관관계 분석의 복잡도가 기존의 전통적 처리 방식을 현저히 초과하여 고도화된 자율체계를 필요로 할 때 이를 빅데이터라고 하며, 이는 말(즉 컴퓨터 과학자들이 정의한 인공지능)이 필요한 대형 수레에 비유할 수 있다.

충분한 양의 '정제된' 데이터(수집, 분류, 관계 분석, 정제 과정을 거쳐 가공된 데이터)가 확보되면, AI는 이를 심층적으로 분석하여 의미 있는 가치와 통찰을 도출하고, 인간보다 훨씬 더 신속하고 효율적으로 결과를 산출할 수 있다. 미 국방부(DoD, Department of Defense)의 프로젝트 메이븐(Project Maven)이 명확히 보여주듯이 AI는 본질적으로 기계가 인간의 사고 과정을 모방하는 것이다. 즉 기계를 통해 인간의 지적 처리 과정을 시뮬레이션하는 것이지만, 이는 빅데이터의 지속적이고 안정적인 공급 없이는 실현 불가능하다.

군사 분석에서의 빅데이터

미 국방부 고위 의사결정자들이 가장 빈번히 공개적으로 논의하는 주요 군사 AI 프로그램은 논란이 많았던 프로젝트 메이븐이다. 이 프로젝트는 2017년부터 2020년까지 밥 워크(Bob Work) 국방부 부장관의 지휘하에 진행되었다. 전쟁의 정당성 여부와 무관하게 군사적 목적에 자신들의 기술이 활용되는 것을 거부한 구글 프로그래머들의 조직적 항의로 인해 (적어도 부분적으로) 중단된 것으로 알려졌다. 이 사건은 결과적으로 해당 프로젝트에 대한 상당한 대중적 관심을 촉발했다.

2022년 4월, 국가지리정보국(NGA, National Geospatial-Intelligence Agency, 과거 국방지도국(DMA, Defense Mapping Agency)에서 발전)은 프로젝트 메이븐을 통해 개발된 분석 엔진(알고리즘과 컴퓨팅 시스템)과 무인항공기(UAV, Unmanned Aerial Vehicle)를 도입하여 지형 지물과 인간 활동 패턴을 정밀하게 매핑하는 데 활용하기로 결정했다고 공식 발표했다.[11]

프로젝트 메이븐은 본질적으로 이라크, 아프가니스탄, 그리고 테러 위협이 존재하는 여러 지역에서 군사용 무인기가 수집한 방대한 영상 데이터를 효율적으로 분류하기 위해 개발된 첨단 시각 인식 시스템이다(일부 지역에서는 현재도 운용 중). 이러한 대규모 데이터 분석은 해당 지역에 대한 미국의 군사 개입에 관한 개인적 견해와 상관없이 AI체계가 수행하기에 가장 적합한 임무 유형이다. 아무리 뛰어난 훈련을 받고 헌신적인 군인이라 할지라도 테러리스트의 과거 은신 가능성이 있는 장소를 파악하기 위해 수개월 분량의 드론 감시 영상을 지속적이고 체계적으로 분석하는 것은 인간의 인지적 한계로 인해 현실적으로 불가능하기 때문이다.

프로젝트 메이븐은 지상에서 포착된 인물들의 특징적 요소를 테러리스트 용의자 데이터베이스와 정확히 대조하여 이들의 과거 위치 패턴과 향후 예상 이동 경로를 종합적으로 분석할 수 있다. 이러한 과정을 통해 특정 인물과 그들의 활동 구역이 명확히 파악되면, 드론 작전 시 테러리스트의 출현 가능성이 낮은 지역을 효과적으로 배제하고 주요 의심 지역에 집중적으로 투입할 수 있다. 다만 메이븐이 드론의 실시간 작전 수행을 위해 테러리스트를 즉각적으로 식별할 수 있었는지는 공식적으로 확인된 바 없다. 현재까지 공개된 정보에 따르면 프로젝트 메이븐은 주로 드론 임무 수행 중 수집된 과거 영상 데이터를 체계적으로 분류하는 작업에 중점을 두었다는 점이다. 이러한 영상 자료는 원래 드론 조종사들의 지상 충돌 방지를 위해 기본적으로 촬영되고 있었던 부산물적 데이터였다.

이 사례에서 특히 주목해야 할 핵심은 구글을 비롯한 여러 첨단 기업들이 개발한 AI 알고리즘이 충분한 수의 드론으로부터 분석 가능한 양질의 영상 데이터를 확보하지 못하면 그 잠재적 가치를 제대로 발휘할 수 없다는 사실이다.[12] 프로젝트 메이븐의 근본적 목적은 이전까지 인간 고유의 영역으로 여겨졌던 복잡한 시각 인식 능력을 컴퓨터가 효과적으로 구현하여, 수천 시간 분량의 UAV 감시 영상을 신속하고 정확하게 분류하고 테러리스트 관련 행동 패턴을 체계적으로 도출하는 데 있었다. 실제로 분석할 수 있는 고품질 영상 데이터가 없다면 AI체계는 본연의 기능을 수행할 수 없다. 드론이 촬영한 방대한 영상 속 수백만 픽셀에 달하는 정보량은 이론적으로도 인간의 인지 처리 능력으로는 완전한 분석이 불가능한 수준으로 이는 군사 분야에서의 전형적인 빅데이터 활용 사례라 할 수 있다.

기계학습

AI체계는 지속적으로 업데이트되는 데이터를 학습하고, 이를 심층적으로 분석하여 추론하며, 의사결정 과정을 자체적으로 개선해 나간다. 기존의 전통적 컴퓨터 소프트웨어가 효과적으로 처리하기 어려워 고도화된 알고리즘이 필수적으로 요구되었던 두 가지 인간의 고유 능력은 시각 인식(프로젝트 메이븐 사례에서 확인)과 자연어 처리(시리 사례에서 구현)였다.

기계학습은 컴퓨터가 명시적인 프로그래밍 없이도 독자적으로 학습할 수 있게 하는 인공지능의 핵심기술 분야로 정의된다. 일반적인 AI에서 기계학습으로의 발전적 전환 과정에서는 먼저 기계학습 알고리즘에 기초 학습 데이터를 입력한다. 이후 컴퓨터는 새로운 데이터가 지속적으로 추가될 때마다 스스로 의사결정 방식을 최적화하여 수정할 수 있게 된다. 개별 데이터 포인트는 그 자체로는 큰 의미가 없을 수 있으나, 전체적인 데이터 패턴을 종합적으로 분석하면 통계적 경향성을 파악하여 미래 상황을 정확하게 예측하는 데 활용할 수 있다.

앞서 언급했듯이 기계학습은 본질적으로 시행착오 방식을 기반으로 동작한다. 처음에 기계에는 예측, 판단, 응답을 생성할 수 있는 초기 데이터셋과 기본 알고리즘이 주어진다. 기계는 판단을 내린 후 해당 결과의 정확성을 '학습'하는 과정을 거친다. 만약 정확한 판단이었다면 기존의 프로그래밍된 방식을 그대로 유지하고, 부정확했다면 결과를 면밀히 분석하여 다음 판단에서는 더 효과적인 방식을 선택하도록 자체 알고리즘을 체계적으로 조정한다.

기계는 초기 데이터(메모리)를 토대로 판단하고 행동한 후, 그 결과로부터 획득한 새로운 정보를 기존 시스템에 통합하는 순환적 과정을 거친다. 이러한 메커니즘은 컴퓨터 프로그래밍의 기본 원리인 'if-then-else'(조건-실행-대안) 구문의 작동 방식과 근본적으로 유사하다.[13)] 기계학습의 핵심적 특징은 초기 if-then 조건문에 기존 지식 기반과 새롭게 얻은 '경험' 결과를 유기적으로 결합하여 행동 방식을 지속적으로 개선한다는 점이다. 결과적으로 기계학습은 개념적으로는 단순하면서도 실행 측면에서는 매우 정교한 방식으로 경험을 통한 학습 과정을 컴퓨터 시스템에서 구현한다.

기계학습은 점차 더 큰 규모와 다양성을 갖춘 데이터셋을 활용하여 판단하고 행동하도록 프로그래밍됨에 따라 점진적으로 정교해지고 실용적 가치가 증대된다. 이를 잘 보여주는 대표적인 사례로 얼굴 인식 기술을 들 수 있는데, 이는 수십만 개의 복잡한 'if-then-else' 조건문을 사용하여 철저히 정제된 대규모 데이터셋을 효율적으로 처리한다. 이러한 조건문을 실행하는 프로그램 코드는 다층적 계층 구조로 체계적으로 구성되어 있어 하위 계층의 알고리즘이 처리한 중간 결과물이 상위 계층으로 순차적이고 체계적으로 전달되는 구조를 가진다.

겉보기에 신비로운 이러한 복잡한 진행 과정의 특성을 명확히 이해하는 한 가지 효과적인 방법은 컴퓨터 기반 교육(CBT, Computer Based

Training)에서의 인간 학습 과정을 사고 모델로 활용해 보는 것이다. 이 교육 방법론에서는 학습자가 먼저 교육 내용을 체계적으로 학습한 후 객관적인 평가를 받게 된다. 학생이 정답을 맞히면 다음 단계의 심화 교육으로 자연스럽게 진행한다. 그러나 오답인 경우에는 추가적이고 보다 상세한 보충 교육이 제공되는 대안적 경로로 안내된다. 그 후에는 개념 이해도를 확인하기 위한 재평가 과정을 거친다.

기계학습의 각 단계는 이전 계층에서 얻어진 다양한 중간 결과물을 새로운 알고리즘에 체계적으로 통합하면서 점진적으로 복잡도가 높아진다. 이러한 발전적 과정은 현재 기계학습 분야에서 핵심적인 역할을 담당하는 딥러닝(Deep Learning) 기술로 진화했다.[14] 딥러닝은 1960년대 후반에 최초로 이론적 개념이 제시되고 1980년대 후반에 기계학습 연구 커뮤니티에 본격적으로 도입되었으며, 서로 유기적으로 연결된 여러 복잡한 알고리즘의 계층적 집합을 의미한다. 이러한 알고리즘 중 일부는 시스템 운영자가 직접 그 작동 원리를 추적하거나 확인할 수 없을 만큼 복잡한 구조를 가진다. 즉 딥러닝은 기계학습을 한 단계 더 고도화하고 정교화한 첨단 기술이라고 할 수 있다.

본문에서는 '딥러닝'이라는 용어를 앞으로 의도적으로 사용하지 않을 것인데, 이는 이 용어가 실제 기술적 의미와 다르게 오해와 과장된 기대를 불러일으킬 수 있기 때문이다. 일반적인 신화나 문화적 맥락에서 '깊은 사고'는 철학적 통찰력을 가진 지혜로운 존재의 본질적 특성으로 묘사된다.[15] 그러나 컴퓨터 과학에서는 단순히 두 개 이상의 정보 처리 계층을 가진 알고리즘 시스템을 딥러닝이라고 기술적으로 정의한다. 현대 AI체계가 수행할 수 있는 수많은 복잡한 계산 과정을 고려하면, 단지 두세 개의 처리 계층만 갖추었다는 것은 오히려 기술적으로 표면적인 수준에 불과하다. 더욱이 현재와 가까운 미래에 개발되는 첨단 군사용 AI체계가 반드시 이러한 다층 처리 구조를 필요로 하는 것도 아니다.

다층 구조를 가진 딥러닝 시스템은 기술 문헌에서 종종 심층 신경망(Deep Neural Networks)이라고도 불린다. 이 용어의 사용 빈도가 학계와 산업계에서 급속히 늘어나고 있지만, 이는 AI 분야에서 상당한 개념적 혼란과 오해를 초래하고 있다. '신경'(Neural)이라는 용어는 본래 인간 두뇌의 생화학적 작동 방식과 구조를 의미하지만, 앞서 설명한 컴퓨터의 기능은 실제로는 단순히 전기 신호를 통한 'if-then-else' 논리 연산으로 처리되는 것에 불과하다. 따라서 컴퓨터가 다층적 처리 구조를 가지고 있고 때로는 인간과 유사하거나 동일한 결과를 도출하더라도 그 근본적인 데이터 처리 메커니즘은 인간의 두뇌와 본질적으로 완전히 다른 방식으로 작동한다.

지도 학습과 비지도 학습

기계를 학습시키는 데에는 두 가지 주요 방법론이 활용된다. 바로 지도 학습과 비지도 (심층) 학습이다.

지도 학습에서는 인간 프로그래머, 데이터 과학자, 또는 엔지니어가 데이터 라벨링을 지원하기 위해 전체 과정에 지속적으로 개입한다. 기본 알고리즘을 개발하고 초기 데이터셋을 제공한 후, 인간은 기계의 데이터 조직화 및 연관성 파악 능력을 정기적으로 평가하고 잘못된 라벨링을 식별하여 수정한다.[16] 인간은 데이터를 '정제'하고 알고리즘이 의도한 기능을 정확히 수행하는지 검증한다. 결국 이러한 반복적인 수정 과정이 축적되어 기계는 새로운 데이터 입력을 효과적으로 처리할 수 있는 견고한 프레임워크를 갖추게 된다. 지도 학습은 또한 AI체계를 정답이 미리 알려진 통제된 시뮬레이션 환경에 투입하여 그 출력 결과를 체계적으로 평가하는 방식을 포함할 수 있다.

비지도 학습에서는 기계가 외부 개입 없이 스스로 시행착오를 통해 데이터 간 연관성을 발견하고 자체적인 판단 지침을 수립하도록 허용된다. 초기 알고리즘과 프로그래밍이 개발되고 기본적인 라벨링 방법론이 구현되지만, 초기 시험 단계 이후에는 컴퓨터 처리 과정에 대한 인간의 지속적인 개입이 최소화된다. 대신, 시스템의 성능과 무결성은 최종 결과물을 평가함으로써 판단된다. 결과가 유용하고 목적에 부합한다면 - 예를 들어 차량의 정확하고 안전한 자율 주행을 제공한다면 - 시스템이 '올바르게 작동하고 있다'고 간주한다. 반면 결과가 유용하지 않거나 원하는 기능을 충분히 보장하지 못한다면, 알고리즘과 데이터 라벨링 방법론을 근본적으로 재구축해야 할 시점이다. 대학 교육 환경에 비유하자면, 비지도 학습은 학생의 전체 성적을 단일 기말고사 하나의 결과만으로 결정하는 것과 유사하다.

기계의 자율적 시행착오를 통한 비지도 학습에 더 큰 불확실성과 위험이 내재되어 있음에도 불구하고, 왜 일부 기업과 연구자들은 지도 학습 방법보다 이를 선호할까? 그 핵심 이유는 경제적 비용이다. 지도 학습은 인간 전문가의 지속적인 개입이 필요하기 때문에 AI체계가 자체적으로 시행착오 학습을 진행하고 나중에 인간이 최종 결과만 평가하는 방식보다 훨씬 더 많은 비용(인간 노동의 집약도가 현저히 높기 때문에)이 소요된다.[17] 테슬라(Tesla), 웨이모(Waymo), 우버(Uber) 등 기업들이 완전자율 주행차를 개발하기 위한 치열한 경쟁에서 개발 비용은 결정적으로 중요한 요소이다. 이는 장기적인 수익성과 투자 수익률에 직접적인 영향을 미치기 때문이다. 가장 비용 효율적인 센서 기술과 최소한의 인간 엔지니어 투입으로도 목표한 결과를 달성할 수 있는 회사가 투자자들에게 더 매력적인 투자 대상으로 평가된다. 불행히도 비지도 학습 접근법은 실제 도로 테스트 중 몇몇 비극적인 사고를 초래하기도 했다.[18] 논리적으로 볼 때 학습 과정이 더 철저하게 감독되고 통제될수록 그러한 예측 불가능한 사고가 발생할 가능성은 현저히 감소한다.

그러나 이 논쟁은 단순히 비용 문제에만 국한되지 않는다. 인간과 같은 사고 과정과 다중 작업 수행이 가능한 '강인공지능'(strong artificial intelligence) 개발을 지지하는 과학자들은 - 아마도 궁극적으로 인간의 능력을 능가하는 - 지도 학습 방식의 AI가 '진정한 AI'가 아니며, AI체계가 인간의 간섭 없이 '새로운 지식의 경로'를 자유롭게 탐색할 수 있어야 한다고 주장한다. 강인공지능에 대해서는 이후 더 자세히 설명하겠다. 현 시점에서는 비지도 학습의 일부 특성이 일부 과학자들에게 심각한 우려를 주는 반면, 다른 이들에게는 큰 매력으로 다가온다는 점을 인정할 필요가 있다. 인간의 감독 없이 작동할 경우 AI체계가 특정 문제를 어떻게 "추론했는지" 정확히 파악하기 어려우며, 따라서 기계의 의사결정 논리와 과정을 정확하게 재현하거나 검증하기 어렵다는 문제가 발생한다.

비지도 학습에서는 실제 AI의 내부 처리 과정이 여전히 불투명한 블랙박스로 남아 있어, (인간의 합리성 기준으로 판단했을 때) 잠재적으로 비합리적이거나 예측 불가능한 결과를 초래할 수 있다는 우려를 낳는다. 이러한 현상은 연구자들 사이에서 'AI의 핵심에 있는 어두운 비밀'로 자주 언급되었으며, 특히 비지도 학습 AI가 자체적으로 생성한 예술 작품들을 통해 명확하게 관찰되었다.[19] 우주의 복잡한 물리적 모델을 구축하기 위해 AI를 활용하는 과학자들조차 AI체계가 실제로 어떤 과정을 통해 데이터를 처리하여 최종 모델을 생성했는지 완전히 이해하지 못한다고 솔직히 인정한다.[20] 반면, 다른 과학자들은 인간의 사고 방식과는 근본적으로 다른 독특한 AI만의 사고 방식이 존재할 수 있으며, 이러한 차별화된 접근법이 기존 인간의 지식 체계로는 도달하기 어려운 혁신적인 발견으로 이어질 수 있다는 가능성에 깊은 흥미를 느낀다.

군사 분야에서 비지도 학습의 적용은 민간 영역보다 상당히 높은 추가적 위험을 초래할 것으로 명백히 예상된다. 비지도 학습이 초기 인식의 오류로부터 점진적으로 학습하는 과정을 필연적으로 포함하기 때문에, 이를 실제 전투 시스템에 적용하면 돌이킬 수 없는 치명적 결과를 초래할 수 있다. 구체적인 예로 미국과 동맹국 해군 함정에서 대함 순항 미사일에 대한 최종 방어 수단으로 사용되는 40년 된 팔랑스(Phalanx) 근접방어무기체계(CIWS)는 인간의 직접적 개입 없이도 접근하는 위협을 자동으로 탐지, 식별, 추적하고 - 완전 자동 모드로 설정된 경우 - 교전할 수 있기 때문에 '단순한' AI체계(또는 고도로 자동화된 프로세스)로 간주될 수 있다(이 시스템이 현대적 의미의 기계학습으로 설계되지 않았기 때문에 일부 전문가들은 이를 진정한 AI로 분류하는 것에 기술적 의문을 제기할 수 있다). 그러나 이러한 방어 시스템은 자신이 보호하려는 함정이 파괴되는 위험을 감수하지 않고서는 '시행착오를 통해 학습'할 수 없다는 근본적인 한계가 있다. 결론적으로 군사 AI체계에 비지도 학습을 적용하는 데는 분명하고 엄격한 실질적 한계가 존재한다.

범용인공지능: AI는 "사고"하는가?

이제 우리는 극단적인 AI 지지자들이 사용하는 용어들을 살펴보겠다. 이들은 AI가 언젠가 다중 작업을 수행하여 마치 사람처럼 움직이고, 행동하고, 사고하고, 말할 수 있을 것이라고 진심으로 믿는다. 이는 물론 100년 동안 공상과학 소설, 이야기, 영화의 단골 소재였다.

종종 과장되긴 하지만 인공지능이 인간의 정신 과정을 모방하면서 가지는 우위성은 더 빠른 계산 능력과 인간이 겪는 현실적 한계를 피할 수 있다는 점이다. 사람들이 인간과 기계의 대결을 고려할 때 - 체스, 바둑, 텍사스 홀덤 포커, 그리고 아마도 미래에는 경쟁적 역도의 전략까지 - 흔히 간과하는 것은 인간의 본질적 특성이다. 사람은 피로를 느끼고, 지루해하며, 짜증을 내고, 감정적이 되는데, 이러한 모든 요소들이 시간이 흐를수록 기계와 대적하는 인간 경쟁자의 효율성을 저하시킨다. 게다가 인공지능은 24시간 가동이 가능하고 노조 결성, 파업, 임금 인상 요구, 휴가나 병가 사용과 같은 일을 하지 않는다.

AI체계는 2023년 현재 이러한 수준에 도달하지 않았으나 일부에서는 궁극적으로 그러한 단계에 이를 것으로 전망한다. 일부 AI 옹호자들은 범용인공지능(AGI, Artificial General Intelligence)이 대부분의 작업에서 인간과 동등하거나 더 뛰어난 효과를 보일 날을 기대하며, 이를 위해서는 추가적인 용어 정의가 필요하다.

이러한 다중 작업 수행 능력을 갖춘 시스템은 일반인공지능(General AI), 강인공지능(Strong AI), 그리고 학술적으로는 범용인공지능으로 불린다.

기술의 급속한 발전으로 이러한 용어들에 대한 혼란이 있을 수 있다. 미군이 AI를 도입하여 플랫폼, 시스템, 센서, 무기의 효율성을 높이고자 하는 상황에서 이는 특정 작업을 위한 좁은 AI(Narrow AI)를 의미하는 것이지, 기계를 통해 다양한 일반적 지능 활동을 수행하는 AGI를 의미하는 것이 아님을 이해하는 것이 중요하다.

학계에서 AGI라는 용어는 의식적 경험이 가능한 기계를 지칭하는데 한정되어 사용된다. 이는 현재의 기술 수준인 특정 개별 작업 수행용 AI와는 본질적으로 다르다. 체스, 바둑, 또는 포커에서 승리하는 AI도 여전히 좁은 AI의 범주에 속한다. 이러한 AI체계는 인간이 재프로그래밍하거나 자체 재학습하지 않는 한 모노폴리, 크로스워드 퍼즐, 백가몬에서 승리할 수 없다. 프로그래밍된 알고리즘은 지정된 특정 작업 외에는 어떤 작업도 독자적으로 수행할 수 없으며 여기에는 의식이 관여하지 않는다.

AGI는 실현 가능할까? 이는 AI 옹호자들이 인식하는 것보다 훨씬 복잡한 문제다. 그들과 다른 사람들이 AI를 '생각하는 기계'라고 부를 때, 이런 모호한 표현은 컴퓨터 프로그래머가 최종 사용자의 요구에 맞춰 AI를 프로그래밍해야 한다는 근본적 사실을 흐린다. 더 정확히 말하면, 기계는 생각하는 것이 아니라 단순히 지시에 반응할 뿐이다. 이는 중요한 구분점이다. 모든 '생각하는 기계'는 실제로는 원하는 기능을 수행하도록 구성된 하드웨어와 소프트웨어의 조합에 불과하기 때문이다.

첫 단계에서 컴퓨터 프로그래머는 기계를 위한 기초 지시사항을 설계한다. 다음 단계에서는 기계의 내부 프로그래밍 기능(프로그래머가 설계한 '자체 학습' 능력)이 작동을 시작한다. 실제로 기계는 자체적인 재프로그래밍 대신 시행착오 학습을 통해 추가적인 프로그래밍 라인을 축적한다. 즉 초기 프로그래밍 기능이 예상 결과를 예측하고, 실제 결과가 예상과 다를 경우 그 차이가 프로그램에 추가되어 향후 동일한 오류를 방지하는 방식이다.

AI가 기계로 하여금 독자적으로 사고하게 하고 가장 뛰어난 인간보다 '더 나은' 결과를 도출한다는 대중의 믿음을 이해하기는 어렵지 않다. 이러한 인상에 더해 프로그래밍 계층을 '신경망'이라고 부르는 것은 마치 이것이 인간 두뇌의 신경층처럼 작동하는 듯한 착각을 준다. AI 기계는 엄청난 양의 데이터를 번개같은 속도로 처리할 수 있다. AI가 이미 이러한 마법 같은 특성을 보여주는 것처럼 보인다면, 기계학습은 그 신비로움을 한층 더 강화한다. 하지만 기계학습이 아무리 마법처럼 보일지라도 이는 진정한 의미의 '사고' 과정이 아니다.

생각하는 기계와 AGI의 실현 가능성에 관한 논쟁은 AI 논의에서 불안을 야기했으며, 기계가 인간을 지배할 것이라는 공포를 불러일으켰다. 이어지는 장에서는 이러한 (대체로 비합리적인) 두려움이 어떻게 군사 분야에서 빅데이터, 인공지능, 기계학습의 완전한 활용을 방해할 수 있는지 살펴볼 것이다. '딥'(Deep)이라는 용어는 단순히 세 개 이상의 계산 층을 의미함에도 불구하고 이러한 불안을 가중시킨다.

그래서, 핵심 쟁점은 무엇인가?

AI의 구성 요소들에 대한 이해를 기반으로 우리는 정의를 넘어서 이러한 기술들의 미래 발전 방향, 특히 전쟁에 미치는 영향을 파악할 수 있다. 인공지능국가안보위원회(National Security Commission on Artificial Intelligence)의 최종 보고서는 다음과 같이 지적한다. "미국인들은 아직 AI 혁명이 우리의 경제와 국가안보에 미칠 근본적인 영향을 충분히 인식하지 못하고 있다. AI 기술의 잠재력과 한계에 대해 우리가 배워야 할 것이 여전히 많다."

AI의 군사적 활용을 고찰하면서 이러한 기술들이 국가안보에 미치는 심대한 영향에 관한 보고서의 다음 내용을 직접 인용할 필요가 있다.

> AI체계는 권력 추구의 도구로도 활용될 것이다. 우리는 AI 도구가 미래 분쟁에서 선호되는 무기가 될 것을 우려한다. AI는 더 이상 초강대국이나 공상과학의 영역에만 국한되지 않을 것이다. AI는 이중용도 기술이며, 대부분 오픈소스로 제공되어 급속히 확산되고 있다. 적대국들은 이미 AI 기반 허위정보 캠페인을 통해 민주주의 국가들의 분열을 조장하고 현실 인식을 왜곡하고 있다. 국가, 범죄자, 테러리스트들은 AI 기반 사이버 공격을 감행하고, AI 소프트웨어를 상용 드론과 결합하여 '스마트 무기'를 제작할 것이다. 미국의 군사적 경쟁자들이 미국의 수십 년간의 기술적 우위에 도전하기 위해 AI 개념과 플랫폼을 통합하고 있다는 사실은 이미 널리 알려져 있다. 우리는 포괄적인 AI 역량

> 과 새로운 전쟁 패러다임 없이는 AI 기반 위협에 효과적으로 대응할 수 없을 것이다.[21)]

이 보고서는 AI의 '무엇'에 대한 포괄적 배경과 함께 '왜'에 대한 부분적 설명을 제공하는데, 특히 주목할 만한 것은 빅데이터, 인공지능, 기계학습을 활용하여 군사 플랫폼, 시스템, 센서, 무기를 지속적 감독이 필요한 인간 조작 시스템보다 더 효율적으로 만들고자 하는 현재의 동향이다. 이것이 첫 번째 쟁점인데 이는 현재의 전쟁 수행 방식과는 차이가 있기 때문이다. 이러한 변화는 국방부 일부에서는 인지하고 있으나 일반 대중은 그렇지 않을 수 있다.

두 번째 쟁점은 AI 도구가 '선호되는 공격 수단이 될 것'이라는 우려에서 비롯된다. 이것이 현실화된다면 미국과 동맹국들은 자국 방어를 위해 독자적인 AI 무기체계를 필연적으로 개발해야 할 것이다.

셋째, AI체계가 '이중용도'이며 '대부분 오픈소스'라는 점은 정확하면서도 우려스러운 함의를 지닌다. 중국의 AI 전략이 공개적으로 밝히듯이 중화인민공화국(PRC)이 국방용으로 설계한 동일 시스템이 인구 통제와 반체제 인사 탄압에 사용될 것이다. 동시에 중국 기업들의 수익을 위한 AI 발전은 군사적 진보와 긴밀히 연계될 것이다. 이 전략은 AI의 군사적 발전이 민간 부문으로 파생될 수 있음을 암시하지만, 현재는 그 반대 방향 - 민간 기술의 군사적 전용 - 으로 진행되고 있다. 이는 많은 AI 알고리즘이 오픈소스이기에 상업용 기술이 군사 기술로 더 쉽게 전환될 수 있기 때문이다.

마지막으로 '급속한 확산'이라는 표현은 세계화 시대에 미국과 서방 기업들이 판매한 상용 AI 기술에서 중국의 상당한 AI 역량이 파생되었다는 점을 암시한다. 우리는 중국에 단순한 산업 장비 이상의 것을 판매했다. 우리는 그들에게 전기만큼이나 혁명적인 기술을 제공한 것이다.

우리는 이 세 가지 도전 과제를 더 심도 있게 다룰 것이다. 하지만 먼저 2023년 현재의 AI 기술 수준에 이르게 된 사건들과 기술 융합 과정을 이해하는 것이 중요하다. 이것이 다음 장에서 다룰 주제이다.

CHAPTER

02

어떻게 여기까지 왔는가?

인간 마음과 융합하는 기술들

인공지능은 하나의 기술이 아니라는 점을 이해하는 것이 중요하다.
이는 우주경쟁이 단일 기술이 아닌 것과 같은 맥락이다.

캐슬린 월치(Kathleen Walch)
코그닐리티카(Cognilytica) 매니징 파트너[1)]

카네기 공대의 컴퓨터 프로그램이 카스파로프를 이길 수 있다는 사실은,
불도저가 역도 선수보다 더 무거운 것을 들어 올릴 수 있다는
사실만큼이나 당연한 일이다.

노암 촘스키(Noam Chomsky)
언어학 교수, 당시 예정되었던 체스에서의 AI 시험에 대해[2)]

CHAPTER 02

어떻게 여기까지 왔는가?

인간 마음과 융합하는 기술들

바티칸 사도궁의 라파엘 방(Stanze di Raffaello)에 들어서면 르네상스 전성기의 가장 화려한 16점의 프레스코화와 그 찬란한 색채에 압도된다. 이는 화가 라파엘과 그의 제자들의 작품으로 비록 그 명성이 종종 시스티나 예배당의 미켈란젤로 프레스코화에 가려지곤 하지만 이 또한 역사상 가장 위대한 예술적 보물 중 하나로 꼽힌다.

라파엘의 거대한 프레스코화들은 교회의 천장이 아닌 교황의 세속적 기능을 위한 방들의 벽을 장식한다. 이 작품들은 성경 이야기나 예수의 행적 대신 대부분 기독교의 역사적 발전을 묘사한다. 그러나 그 중 한 작품인 1509년에서 1511년 사이에 그려진 '아테네 학당'은 율리우스 2세 교황의 개인 도서관을 위해 제작되었으며, 흔히 라파엘의 최고 걸작으로 여겨진다.

이 그림은 고대 아테네의 한 중정에서 철학을 공부하는 학생들이 모인 상상의 장면을 담고 있다. 일부 학생들은 열정적으로 논쟁하고 일부는 빈둥거린다. 중앙에는 당대 최고의 철학자인 플라톤과 아리스토텔레스가 깊이 있는 대화를 나누며 함께 걸어가고 있다. 그들의 상반된 사상을 대비시키기 위해 붉은 옷을 입은 플라톤은 하늘을 가리키며 고귀한 정신의 상상력의 영역을 나타내고, 푸른 옷을 입은 아리스토텔레스는 땅을 가리키며 실제적인 인간 경험의 세계를 상징한다.

의외로 들릴 수도 있지만 많은 AI 과학자들과 엔지니어들은 이 500년 된 그림이 인공지능 창조를 향한 탐구와 개발 방식의 근본적인 분열을 상징한다고 생각한다.

합리주의 대 경험주의

그림을 해석하면 플라톤은 합리주의 개념을 가리키고 있다. 합리주의는 인간의 지식이 모든 개인에게 선천적으로 내재되어 있으며, 인간 정신의 자연스러운 논리적 사고에서 비롯된다는 믿음이다. 특정 대상이나 사건을 경험하지 않았더라도 플라톤이 말한 '형상'(또는 본질에 대한 인식)과 물리적 관찰을 결합한 논리적 사고를 통해 그 특성을 파악할 수 있다. 예를 들어 무언가 아름답다면 그것은 일종의 '예술'이어야 한다는 식이다.

기초 교육인 언어와 수학은 이러한 논리 과정의 발달에 도움이 된다. 그러나 지혜를 구성하는 것은 학습된 사실이 아니라 정신 자체의 작용이다. 우리의 경험은 우리의 이해에 의해 결정된다. 누군가가 형상과 논리에 대한 지식을 바탕으로 성공적인 행동 방침을 선택할 때 우리는 그를 '합리적'이라고 부른다. 합리주의는 '설명의 근거를 물질적 구조에서 정신적 구조로 옮긴다.'[3] 이러한 논리 과정은 종종 연역적 추론(셜록 홈즈의 추리에서 사용된 것과 같은)이라고 불리지만, 이는 플라톤의 개념 전체를 포괄하지는 않는다.

반면 아리스토텔레스는 경험주의의 수호자이다. 경험주의는 모든 지식이 경험에 근거한다는 믿음이다. 우리의 정신은 백지상태(타불라 라사, tabula rasa)로 시작한다. 누군가가 어떤 것이 아름답다고 말해주기 전까지는 '아름다움'이라는 '형상'을 인식하지 못한다. 이러한 인식이 만들어진 이후에 우리는 유사한 대상들도 아름답다고 인식하게 된다. 대부분의 사람들이 정교하게 그려진 초상화를 아름답다고 보는 이유는 그렇게 배웠기 때문이다. 대부분의 사람들이 총기를 아름답다고 보지 않는 이유는 그렇지 않다고 배웠기 때문이다. 어떤 이들은 거북이를 아름답다고 보지만, 어떤 이들은 그렇지 않다. 이러한 인식은 모두 무엇을 배웠는지에 달려 있다.

개인적 경험 또한 교사 역할을 한다. 불 가까이에 서거나 난로에 손을 데어보기 전까지는 진정으로 '뜨거움'이 무엇인지 알지 못한다. 그때까지 배운 '뜨거움'의 개념은 개인적으로 이해할 수 없다. 이처럼 학습 형태가 경험에 기반한다. 화상을 경험하고 그로 인해 뜨거움이 해로울 수 있다는 것을 안다. 17세기 철학자이자 의사인 존 로크(John Locke)는 성 토마스 아퀴나스(Saint Thomas Aquinas, 1225-74)의 더 오래된 격언을 인용했다. "감각에 먼저 존재하지 않은 것은 지성에 없다(nihil est in intellectu, quod non prius fuerit in sensu)."[4]

다른 지적 논쟁에서와 마찬가지로 합리주의자들도 반론을 제기했다. 미적분학 분야의 선구자 중 한 명인 독일의 수학자 고트프리트 라이프니츠(Gottfried Leibniz)는 로크의 주장에 '지성 그 자체를 제외하고'라고 반박했다.[5] 그럼에도 불구하고 경험주의는 현대 과학의 지배적인 방법론이 되었다. 경험적 관찰은 귀납적 추론으로 이어져 특정 현상을 검토하여 일반 원리를 도출한다.

인공지능에 적용하면 이러한 경험주의 개념은 AI 개발이 외부 데이터와 독립적으로 인간의 두뇌가 구상한 직관적 알고리즘보다는 실제 경험에서 '채굴된' 데이터를 어떻게 가장 효과적으로 처리할 수 있는지에 초점을 맞춰야 한다고 제안한다. 그러나 1950년대에 인공지능 개념을 발전시키면서 관련 과학자들은 두 진영으로 나뉘기 시작했다.

에이다 러브레이스(Ada Lovelace)와 AI 개발을 둘러싼 논쟁

21세기 기술에 관한 책에서 르네상스 미술을 논하는 이유는 무엇일까? 그것은 합리주의와 경험주의 사이의 분열이 AI의 발전 방식, AI에 대한 대중적 과대 광고의 실용성 부족, 그리고 1970년대와 같은 'AI의 겨울'(AI 연구개발에 대한 대중과 기업의 관심이 줄어든 시기)의 원인을 설명해주기 때문이다.

앞서 우리는 AI를 정의하는 두 가지 주요 방식을 살펴보았다. 인간 활동의 복제, 또는 기계의 통계적 분석을 기반으로 한 예측이다. 이 정의들은 합리주의와 경험주의의 대립에서 비롯된 두 가지 관점을 대변

한다. 우리는 AI 커뮤니티가 이 두 접근법을 의도적으로 결합하기 시작했을 때 비로소 AI의 실용적 활용에 상당한 진전이 이루어졌다고 주장한다. 군사 용어로 이러한 결합은 '인간-기계 협업'으로 불리며 이는 후에 자세히 살펴볼 것이다.

인공지능 개발의 초기 접근법은 합리주의적이었다. 목표는 사고하는 기계를 만드는 것이었고, 그 기계가 정확히 무엇을 '생각'할지는 주된 관심사가 아니었다.

컴퓨터의 발전은 인공지능 실현을 위한 여정에서 필수불가결한 요소로 필요조건이지만 충분조건은 아니다.[6] 따라서 우리는 아마도 오거스타 에이다 킹(Augusta Ada King) 즉 러브레이스 백작부인, 흔히 에이다 러브레이스(Ada Lovelace)로 알려진 인물로부터 이야기를 시작해야 할 것이다. 19세기 유명 시인 바이런 경(Lord Byron)과 부인의 유일한 자녀로 1815년에 태어난 그녀는 불행한 어린 시절과 격동적이고 비교적 짧은 삶을 살았다.[7] 그러나 그녀는 수학의 천재였다.

18세기와 19세기의 가장 유명한 영국 시인 중 한 명인 바이런 경은 에이다가 5주 된 시점에 가족을 떠났으며 그 후로 딸을 다시 보지 않았다. 사실상 어머니에게도 방치된 에이다는 자애로운 할머니 손에서 자랐고, 할머니는 그녀가 예술과 과학 분야에서 우수한 교육을 받도록 했다. 일시적 마비로 1년간 침대에 누워있어야 하는 등 여러 가지 심각한 질병을 앓았던 에이다는 수학에 몰두했다.

가정교사를 통해 에이다는 찰스 배비지(Charles Babbage, 1791-1871)를 만났다. 배비지는 19세기의 과학계 유명 인사이자 발명가였지만, 재정 문제나 조수들과의 갈등으로 인해 자신의 설계를 거의 완성하지 못했다. 배비지를 변덕스럽다고 말하는 것은 절제된 표현이다. 그의 활동 영역은 매우 다양했으며 항해용 천문학적 계산 수행(왕립천문학회(Royal Astronomical Society) 설립에 기여), 케임브리지 대학교에서의 평범한 강의, 새로운 데이터 수집 방법 제안, 단일 우편 요금제 고안, 그리고 길거리 오르간 연주자와 같은 '공공 소음'에 대항하는 정치 운동 주도 등이 이에 포함되었다. 이러한 다양한 활동을 하는 동안 배비지는 두 대의 계산기를 설계했는데, 그중 하나는 천공 카드를 사용하여 '프로그래밍'이 가능했다. 천공 카드 방식은 본래 직물 직조기의 디자인 변경을 위해 개발된 기술이었다. 많은 사람들이 그를 '컴퓨터의 아버지'라고 부르지만, 사실 그의 미완성 설계는 1991년에 이르러서야 완전히 작동하게 되었는데, 이는 역사 프로젝트의 일환으로 프로토타입 부품과 그의 상세한 노트를 바탕으로 정교하게 재구성된 결과였다.

러브레이스의 가장 큰 공헌은 최초의 컴퓨터 알고리즘을 개발한 것이었다. 그녀는 배비지의 해석 엔진(analytical engine) 설계를 활용하여 베르누이 수열(양의 정수들과 그 제곱 및 세제곱의 합)을 계산하는 수학적 공식을 만들었다. 이 업적으로 그녀는 최초의 '컴퓨터 프로그래머'라는 칭호를 얻었지만, 역사적 명칭이 흔히 그렇듯이 역사학자들은 여전히 어떤 아이디어가 러브레이스의 것이고 어떤 것이 배비지의 것인지를 두고 논쟁하고 있다.

그럼에도 불구하고 러브레이스의 알고리즘은 현대 컴퓨팅의 시작점이 되었으며, AI 발전에 영감을 준 것으로도 인식되고 있다. 합리주의적 접근법과의 연관성은 배비지가 데이터나 계산의 목적과 무관하게 '생각'(계산)할 수 있는 기계를 만들고자 했다는 점에 있다. 다시 말해 수행할 구체적 작업('실제 경험')보다는 기계의 내부 작동('마음')이 개발의 초점이었다. 반면 러브레이스의 공헌은 특정 작업을 정의하고 기계가 그 작업을 완수할 수 있도록 프로그래밍하는 방법을 발명한 것이었다. 이는 컴퓨터를 '훈련'시키는 것으로 볼 수 있으며 이것이 AI에 필수적인 과정이다.

아이러니하게도 러브레이스 자신은 기계가 생각할 수 있다는 개념을 받아들이지 않았다. 그녀는 다음과 같이 썼다. "배비지의 해석 엔진은 무언가를 독창적으로 만들어낼 어떠한 주장도 하지 않는다... 그것은 우리가 수행하도록 명령하는 것만을 할 수 있다. 그것은 분석을 할 순 있지만 어떤 분석적 관계나 진리를 예측할 능력은 없다."[8)] 그녀에게 있어 단순한 계산 능력은 지능을 의미하지 않았다.

튜링의 혁신

지난 세기 동안 컴퓨터를 훈련시켜 점점 더 많은 유용한 작업을 수행하게 하는 개념이 서서히 발전해 왔다. 그러나 빅데이터, 인공지능, 기계학습 분야의 대다수 전문가들은 이러한 분야들을 현재의 수준으로 가속화시킨 변곡점을 한 핵심 인물, 앨런 튜링(Alan Turing)에게 돌린다.

제1차 세계대전 발발 2년 전에 태어난 튜링은 이론적 컴퓨터 과학의 발전에 기여한 것으로 널리 인정받는 영국의 수학자이다. 영국 케임브리지 대학교(Cambridge University) 졸업생인 튜링은 프린스턴 대학교(Princeton University)에서 박사 학위를 받아 과학 연구에 대한 대서양 양안의 시각을 갖게 되었다.

제2차 세계대전 중 튜링은 독일의 암호화된 메시지를 해독할 수 있는 울트라(Ultra) 기계를 만들어낸 영국의 암호해독 조직의 성공에 중추적인 역할을 했다.[9] 그는 대영제국 훈장(Order of the British Empire)을 받았고 왕립학회(Royal Society) 회원으로 선출되었다. 그러나 공식비밀법(Official Secrets Act)으로 인해 울트라 프로젝트는 1970년대까지 완전히 공개되지 않았으며, 암호해독의 통계적 방법에 관한 논문들은 2012년까지 기밀 해제되지 않았다. 튜링 자신은 1954년 42세의 나이에 동성애 행위로 기소되어 호르몬 치료를 받도록 강요당한 후 자살로 생을 마감했다. 2009년 영국의 고든 브라운(Gordon Brown) 총리는 튜링에 대한 처우에 대해 공식 사과를 발표했고, 엘리자베스 2세 여왕은 사후 사면을 내렸다.

1936년 튜링은 '튜링 기계'(Turing machine)를 개발했다. 이 발명품은 우리가 현재 범용 컴퓨터라고 부르는 것의 최초 모델이었으며, 이로 인해 튜링은 이론적 컴퓨터 과학과 인공지능의 아버지로 인정받게 되었다. 튜링 기계 자체는 고급 계산을 수행할 수 없는 기본적인 장치였다. 비록 이 기계 자체가 획기적인 돌파구였던 것은 아니지만, 인공지능의 본질에 관한 튜링의 가설은 현재 튜링 테스트(Turing test)로 널리 알려진 평가 기준으로 발전했다.

전후 튜링은 영국 국립물리연구소(National Physical Laboratory)에서 근무하며 초기 저장 프로그램 컴퓨터 설계 중 하나인 자동 컴퓨팅 엔진을 설계했다. 이후 그는 컴퓨팅 기계 연구소(Computing Machine

Laboratory)에 합류하여 일련의 컴퓨터 설계에 기여했다.

1950년 튜링은 당시로서는 획기적인 질문을 제기했다. “기계가 생각할 수 있는가?” 이 독특하고 심오한 질문은 영국을 비롯한 여러 국가에서 연구와 관심이 폭발적으로 증가하는 계기가 되었다. 튜링은 기계의 ‘지능’ 여부에 대해 오늘날까지 회자되는 독특한 방식으로 답변을 제시했다. “만약 기계가 인간을 속여 자신이 인간이라고 믿게 할 수 있다면, 그 기계는 지능을 가진 것이다.”[10] 이것이 바로 튜링 테스트의 핵심이다.[11] 이는 또한 우리가 AI를 마법처럼 인식하게 되는 지점이기도 하다.

튜링 테스트는 평가 기준을 제공하고 과학자들로부터 심오하다는 찬사를 받았음에도 불구하고, 실제로 기계가 인간과 유사한 방식으로 ‘생각’할 수 있는지에 대한 근본적인 질문에 답하지는 않는다. 튜링의 접근법은 범용인공지능(artificial general intelligence)을 창조적 혁신으로 환영하는 사람들이나 미래의 ‘터미네이터’ 시나리오를 두려워하는 사람들 모두를 만족시키지 못한다. 오히려 튜링의 관점은 마키아벨리적인 시각에서 이해할 수 있다. 르네상스 시대의 전략가 니콜로 마키아벨리(Niccolò Machiavelli, 1459-1527)는 그의 유명한 통치론 『군주론』에서 군주가 신하들이나 다른 국가들과의 관계에서 실제로 진실한지 여부는 중요하지 않다고 지적했다. 중요한 것은 그가 진실해 보이는 것뿐이다.

튜링은 본질적으로 기계가 실제로 어떻게 작동하는지는 중요하지 않다고 주장했다. 중요한 것은 사람들이 그 기계가 생각한다고 믿고 그 결과를 유효하다고 받아들이는 것뿐이라는 것이다. 그는 다소 냉소적인 태도로 프로그래밍된 기계는 정의상 '어떤 것도 독창적으로 만들어낼 수 없다'는 러브레이스의 주장을 '러브레이스 부인의 반론'이라고 일축했다. 튜링의 이러한 관점은 1939년 케임브리지에서 열린 오스트리아 과학철학자 루트비히 비트겐슈타인(Ludwig Wittgenstein)의 강연 중 벌어진 토론에서 영향을 받았을 가능성이 있다.[12)]

비트겐슈타인은 수학이 진리를 발견하는 것이 아니라 오히려 그것을 발명한다고 주장했다. 따라서 과학은 진리를 밝히는 것이 아니라 인간이 진실이라고 믿는 것을 창조하는 활동이라는 것이다. 튜링이 이 주장에 동의했는지 여부와 관계없이 AI체계가 실제로 인간의 추론을 시뮬레이션하는 것인지 아니면 단순히 우리가 인간과 유사한 특성을 부여한 더 정교한 수학적 공식에 불과한 것인지에 대한 질문은 오늘날까지도 범용인공지능에 관한 논의의 핵심 쟁점으로 남아있다.

협력의 힘: 매카시와 여름 연구

1950년 튜링의 도발적인 질문 이후 인공지능 창조를 향한 여정의 다음 돌파구는 대서양 건너편에서 일어났다. 1955년 당시 다트머스 대학(Dartmouth College) 수학과 조교수였던 존 매카시(John McCarthy)는 사고하는 기계에 대한 아이디어를 명확히 하고 발전시키기 위해 뜻을 같이하는 동료들을 모았다. 그가 이 새로운 분야에 '인공지능'이라는 이름을 붙였다.

매카시와 그의 동료들(후에 컴퓨터 과학과 관련 분야의 거장이 된 마빈 민스키(Marvin Minsky), 줄리안 비겔로(Julian Bigelow), 레이 솔로모노프(Ray

Solomonoff) 등을 포함)은 신중하게 접근했다. 그들은 다트머스의 빡빡한 학사 일정 속에 이러한 연구를 추진하는 것의 어려움을 인식하고, 1955년 9월에 여름 연구 제안서를 제출했다. 이 제안서는 학습(또는 지능의 다른 특징)이 기계가 시뮬레이션할 수 있을 만큼 정확하게 설명될 수 있는지를 탐구하기 위한 것이었다.

오늘날 매카시와 그의 동료들이 적절한 시기에 적절한 방식으로 올바른 질문을 제기했다는 점은 널리 인정받고 있다. 그들의 요청은 겸손했다. 수년간 수십 명의 연구자를 지원하기 위한 막대한 자금을 요청하는 대신, 그들은 한 학기 사이의 여름 동안 연구를 수행할 소수의 과학자들(12명 미만)을 지원해 줄 것을 요청했다. 인공지능의 역사에서 이 제안서가 차지하는 상징적 위치를 고려할 때, 그 시작 부분을 여기에 인용하는 것이 의미 있다.

> 우리는 1956년 여름 뉴햄프셔 주 하노버의 다트머스 대학에서 10명의 연구자가 참여하는 2개월간의 인공지능 연구를 제안한다. 이 연구는 학습의 모든 측면이나 지능의 다른 특징들이 원칙적으로 기계가 시뮬레이션할 수 있을 정도로 정확하게 기술될 수 있다는 가설에 기초할 것이다. 우리는 기계가 언어를 사용하고, 추상적 개념을 형성하며, 현재는 인간만이 해결할 수 있는 문제들을 다루고, 스스로를 개선하는 방법을 모색할 것이다. 우리는 신중하게 선발된 과학자 그룹이 여름 동안 함께 연구한다면 이러한 과제들 중 최소한 하나 이상에서 의미 있는 진전을 이룰 수 있을 것이라 확신한다.[13)]

매카시가 주도한 제안서가 채택되어 1956년 여름 다트머스 인공지능 여름 연구 프로젝트(Dartmouth Summer Research Project on

Artificial Intelligence)가 시작되었다. 이 여름 연구는 인공지능 분야의 창립 행사로 널리 인정받고 있지만, 실제로는 주로 뜻을 같이하는 연구자들의 자유로운 브레인스토밍 세션에 가까웠다. 공식 보고서는 발표되지 않았으나 이 모임에서 도출된 가장 중요한 성과는 인공지능을 '지능적인 기계를 만드는 과학과 공학'으로 정의한 것이었다.[14)]

냉정하게 평가하자면 이 프로젝트는 초기 전문가 시스템, 연역 시스템, 기호적 방법 등 컴퓨터 과학의 여러 영역을 발전시키는 데 기여했다. 그러나 가장 주목할 만한 점은 연구자들이 모여 튜링의 심오하고 도전적인 질문에 진지하게 접근했다는 사실이었다. 매카시의 팀은 계획된 프로젝트를 완수했을 뿐만 아니라 아마도 의도치 않게 새로운 가능성의 문을 열었다. 다트머스 대학이 이것을 시도할 수 있다면, 다른 이들도 할 수 있을 것이라는 메시지를 전한 것이다.

여름에서 봄으로

다트머스 대학 인공지능 여름 연구 프로젝트는 학술 기관, 정부 및 민간 연구소, 그리고 신생 개인 프로젝트(이른바 실리콘밸리의 차고)에서 인공지능 연구소를 설립하려는 유사한 노력들이 급증하는 계기가 되었다. 상업용 컴퓨터 개발의 폭발적 성장과 맞물려 이러한 관심과 열정의 고조는 흔히 'AI 봄'으로 불리는 시기를 열었다.[15)]

컴퓨터 산업의 역사는 풍부하고 상세하게 기록되어 있다. 첫 번째 AI 봄 동안 컴퓨팅 발전과 AI 구현 노력 사이의 경계는 자연스럽게 모호해졌다. AI는 대체로 컴퓨터 과학 내의 연구 분야로 여겨졌고, 다른 컴퓨터 기술 발전과 나란히 진행되었다.

1960년 제너럴 모터스(General Motors)는 첫 산업용 로봇인 유니메이트(Unimate)를 선보였다. AI 기반이라고 할 수 있는 이 기계는 조립 라인에서 노동자를 대체한 최초의 로봇으로 이후 수십 년간 일어날 변화를 예고했다. 1964년 매사추세츠 공과대학(Massachusetts Institute of Technology)의 조셉 바이젠바움(Joseph Weizenbaum)은 인간과 대화할 수 있도록 설계된 선구적인 챗봇 엘리자(Eliza)를 개발했다. 엘리자의 '두뇌'는 초기 자연어 처리 컴퓨터 프로그램으로 구성되었다. 흥미롭게도 엘리자 배후의 과학은 1950년대 인지 혁명의 이정표로 칭송받은 노암 촘스키(Noam Chomsky) 교수의 형식적 자연어 이론에서 일부 영향을 받았다(촘스키는 여전히 AI를 둘러싼 과대 광고에 비판적이며 그 공개적 성과에 감명받지 않고 있다).

엘리자는 튜링 테스트를 통과할 수 있는 기계를 만들려는 초기 시도였다. 엘리자는 이를 달성할 만큼 완성도가 높지 않았지만, 의도치 않은 결과로 인해 중요한 전환점이 되었다. 바이젠바움은 인간과 기계 사이의 의사소통의 피상적(즉 기본적이고 흥미롭지 않은) 본질을 보여주기 위해 엘리자를 발명했다. 바이젠바움이 예상하지 못한 것은 컴퓨터 프로그램에 인간적인 감정을 부여한 사람들의 수였다. 엘리자는 기계가 인간다운 특성을 갖게 되는 현상을 불길하게 예견했다(인간이 스마트폰의 인공지능 가상 비서와 관계를 맺는 2013년 영화 '그녀(Her)'를 떠올려보라).[16)]

오늘날의 AI 지지자와 반대자들에게서 볼 수 있듯이 기계에 대한 대중의 인간적 감정 부여는 AI 개발 자금 확보에 있어 축복이자 저주가 되어왔다. 1960년대 후반에는 미 국방부(Department of Defense)와 소련 국방부가 전시 및 평시 작전 모두에서 인공지능(AI)의 잠재적 전략적 의미에 주목하기 시작했다.

1966년 국방고등연구계획국(DARPA, Defense Advanced Research Projects Agency)의 자금 지원으로 스탠퍼드 대학교(Stanford University) 인공지능 센터(현재의 SRI 인터내셔널)의 과학자들과 엔지니어들은 '셰이키(Shakey)'라고 불리는 범용 이동 로봇을 개발했다. 이 '최초의 전자인간'은 간단한 행동에 대해 추론할 수 있었다. 비록 많은 이들에게 감명을 주진 못했지만, 오늘날 로보틱스 혁명으로 알려진 것을 예고하는 획기적인 발명이었다.[17)]

봄에서 겨울로

유니메이트(Unimate), 엘리자(Eliza), 셰이키(Shakey)는 그 자체로 뛰어난 성과였지만 소수의 과학자와 엔지니어 그리고 몇몇 선구적인 기업들 외에는 거의 알려지지 않았다. 그럼에도 불구하고 다트머스 대학의 여름 연구와 마찬가지로 이러한 발명품들은 상당한 자금력을 가진 다양한 기관들에게 영감을 주었다. 이 자금의 대부분은 DARPA의 전신인 ARPA와 같은 연방 정부 기관들이 제공했으며, 이를 바탕으로 많은 기관들이 AI 개발에 뛰어들어 자체 프로젝트를 시작했다. 이들의 생각은 단순했다. 유니메이트, 엘리자, 셰이키를 만들 수 있다면 더 발전된 버전도 만들 수 있을 것이라는 것이었다.

그러나 이러한 열광의 물결이 거세지면서 과대 광고도 함께 증폭되었고, 인공지능 기반 로봇이 점점 더 놀라운 일을 할 수 있다는 비전은 명백히 실현 불가능한 수준에 이르렀다. 1960년대가 1970년대로 넘어가면서 AI에 대한 관심은 단순히 줄어들지 않고 완전히 붕괴했다. 다음과 같은 여러 요인들이 복합적으로 작용하여 이 분야의 발전에 제동을 걸었다.

- AI 개발자들의 과대 약속과 실행 부족
- AI 실제 능력에 대한 미디어의 과도한 과장 보도
- 인공지능 실험의 실망스러운 결과
- AI 연구에 투자되는 막대한 자금에 대한 외부의 비판
- 정부와 민간 AI 구매자들의 비현실적으로 높은 기대
- 자금 삭감

그 결과 1970년부터 거의 2001년까지의 기간은 통상적으로 'AI 겨울'(AI Winter)이라 불렸다. AI 자금 붕괴로 인해 너무나 많은 사람들과 조직들이 피해를 입으면서 인공지능 연구가 대대적으로 중단되었다.[18] 물론 마빈 민스키(Marvin Minsky)와 로저 샹크(Roger Schank) 같은 소수의 헌신적인 선구자들은 충분한 자금을 확보한 채 계속 연구했지만, AI의 흐름은 한계에 부딪혀 소멸되었고 세기가 바뀌기 직전 IBM 연구소의 딥블루(Deep Blue)가 체스 챔피언을 이기며 새로운 시대를 열 때까지 다시 활기를 띠지 못했다.

딥블루, 딥마인드, 그리고 대대적인 홍보

두 가지 널리 알려진 사건으로 인공지능이 대중의 주목을 받게 되었다. 첫 번째는 1997년 현직 체스 그랜드마스터 게리 카스파로프를 물리친 IBM의 체스 컴퓨터 딥블루(Deep Blue)였다.

딥블루는 체스 규칙과 이전 그랜드마스터들의 게임으로 프로그래밍된 후, 내부 회로에서 수십만 번의 모의 체스 경기를 치르고 소프트웨어를 수정하며 스스로를 '학습'했다. 카스파로프와의 경기 시점에 딥블루는 가능한 모든 체스 수를 분석할 수 있었고, 컴퓨터의 속도와 정확성으로 카스파로프의 공격에 대응할 수 있었다.

IBM은 이 경기를 자사의 AI 연구와 기술을 홍보하는 이벤트로 활용했으며, 이후 왓슨(Watson)이라는 AI체계를 개발해 챔피언들을 이기고 TV 퀴즈쇼 제퍼디!(Jeopardy!)에서 우승했다. IBM의 최고경영자 지니 로메티(Ginni Rometty)는 "이것이 전체 인공지능 커뮤니티에 활력을 불어넣었다고 생각한다"고 자부심을 표현했다.[19]

그러나 다른 과학자들은 여전히 크게 감명받지 않았다. 가장 신랄한 비판은 노암 촘스키에게서 나왔다(이 장의 서두 인용문 참조). 그의 견해가 중요한 이유는 많은 AI 과학자들이 자연어 처리가 가능한 AI체계(예: 시리) 개발의 기초로 그의 인간 언어학 이론을 인정하기 때문이다. 촘스키가 언급한 불도저는 모든 컴퓨터의 본질적 능력, 즉 인간의 두뇌가 저장할 수 있는 것보다 더 많은 데이터로 프로그래밍될 수 있는 능력을 가리킨다. 구체적으로 초당 200만 가지 가능한 수를 계산하는 속도로 70만 개의 과거 그랜드마스터 게임을 처리할 수 있다. 유압으로 작동하는 날이나 버킷을 가진 불도저가 어떤 인간보다도 더 무거운 것을 들 수 있는 것처럼 컴퓨터는 당연히 논리를 요구하는 규칙 기반 게임에서 인간을 이겨야 한다.

패배한 그랜드마스터 카스파로프(후에 스마트폰 앱으로도 출시된 체스 프로그램 개발에 참여한)는 씁쓸하게 말했다. "딥블루는 프로그래밍 가능한 알람 시계가 지능적인 것과 비슷한 수준으로만 지능적이었다... 1,000만 달러짜리 알람 시계에게 졌다고 해서 기분이 나아지는 건 아니지만 말이다."[20]

딥블루와 왓슨이 '지능'을 대표한다는 대중의 인식은 이 기계들을 만든 과학자들의 견해와도 상충했다. 일부 과학자들은 이 기계들이 인간과 같은 능력을 보여주기보다는 오히려 AI 과학이 인간의 멀티태스킹 능력과 규칙을 초월하는 능력(단순히 지식을 분류하고 종합하여 간단한 작업을 수행하는 것이 아니라 규칙을 변경하여 다른 게임을 할 수 있는 능력)을 가진 시스템을 만드는 데 얼마나 멀리 있는지를 보여준다고 주장했다.

이러한 견해에 동조하며 캘리포니아 대학교 버클리(University of California at Berkeley)의 존 설(John Searle) 교수는 이렇게 주장한다. "왓슨은 질문을 이해하지 못했고 자신의 답변도, 일부 답변이 맞고 일부는 틀렸다는 것도, 게임을 하고 있다는 것도, 승리했다는 것도 이해하지 못했다 - 왜냐하면 그것은 아무것도 이해하지 못하기 때문이다. IBM의 컴퓨터는 이해하도록 설계되지 않았고 그럴 수도 없었다. 오히려 이해를 시뮬레이션하고, 이해한 것처럼 행동하도록 설계되었다."[21]

역설적이게도 설의 주장은 왓슨(딥블루와 함께)이 실제로 튜링 테스트를 통과했음을 시사한다. 따라서 AI의 초기 정의인 '인간의 행동을 모방하는 기계의 능력'에 따르면, 왓슨은 그 회로와 소프트웨어가 게임을 하고 있다는 것을 인식했는지 여부와 관계없이 실제로 인공지능의 자격을 갖추었다고 볼 수 있다.

더 중요한 점은 튜링 테스트에 대해 들어본 적이 없는 많은 미국 대중들이 이제 딥블루가 일종의 지능을 대표한다고 믿게 되었다는 것이다. 이러한 믿음은 관심을 끄는 주제를 찾는 미디어, 연구 자금을 확보하려는 연구자들, 그리고 벤처 자본을 유치하려는 기술 기업들에 의해 더욱 강화되었다.

이러한 인식은 2016년에 있었던 또 다른 주목할 만한 지적 스포츠 대결로 더욱 강화되었다. 그것은 구글/알파벳의 자회사인 딥마인드 테크놀로지스(DeepMind Technologies)가 개발한 알파고(AlphaGo)가 프로 바둑 기사 이세돌을 이긴 사건이다. 바둑은 중국어로 웨이치(weiqi)라 불리며, 일본과 중국에서 유래한 고대 전략 게임으로 가능한 수의 조합이 훨씬 많기 때문에 체스보다 훨씬 더 복잡한 게임으로 여겨진다. 이 게임의 목표는 돌을 사용하여 상대방의 돌을 포위하고 잡아내며, 최대 361개의 교차점이 있는 판에서 가장 많은 영역을 차지하는 것이다. 이론상 2 x 10^170개의 가능한 게임 구성이 존재한다. 이후 딥마인드는 자사의 이전 프로그램들을 능가하는 AI 프로그램을 개발했으며, 다른 회사들도 텍사스 홀덤 포커 챔피언들을 이기는 프로그램을 만들어냈다.

이러한 AI의 성과에 영감을 받아 레이 커즈와일(Ray Kurzweil)과 버너 빈지(Vernor Vinge)는 '특이점(singularity)'이라는 용어를 대중화했다. 이는 AI 기계가 인간보다 더 똑똑해질 뿐만 아니라 스스로 지능을 향상시킬 수 있어 더 이상 인간을 필요로 하지 않게 되는 시점을 의미한다. 이 개념에 대한 미디어의 보도는 대중의 인식을 높이는 동시에 AI에 대한 더 큰 두려움을 불러일으켰다. 현재 과학자들이 특이점이 어떻게 실현될 수 있는지 상상조차 할 수 없음에도 불구하고, 빈지는 비현실적으로 2030년까지 특이점이 도래할 것이라고 예측했다. 이는 결과적으로 스티븐 호킹과 같은 과학계 거물들이 AI의 미래 위험성에 대해 공개적으로 경고하게 만들었다.

AI 프로그램이 실제로 지능을 가졌는지, 튜링 테스트를 통과했는지, 또는 잠재적으로 특이점을 달성할 수 있는지와 관계없이 1990년대 이후 AI는 다양한 실용적인 분야에 적용되어 왔다. 여기에는 예측 유지보수 수행, 정밀 농업 실현, 가축 모니터링, 도시 교통 경로 최적화, 그리고 최근에는 코로나19 연구 강화 및 가속화 등이 포함된다.

일을 해내다

과학자들과 엔지니어들은 어려운 문제에 도전하기를 열망한다. 드론 제조업체 안두릴(Anduril)의 창립자 팔머 러키(Palmer Luckey)가 말했듯이, "대부분의 엔지니어들은 실제로 엔지니어링을 하고 싶어 한다. 그들은 무언가를 이루어내고 싶어 한다."[22] 1950년대 초에도 이는 마찬가지였다. 당시 튜링이 제기한 질문보다 더 어려운 문제를 생각할 수 있는 사람은 거의 없었고, 이는 많은 남성들(그리고 소수의 여성들)을 이 분야로 끌어들였다. 존 F. 케네디 대통령이 미국이 달에 인간을 보낼 것이라고 선언한 10년 후에야 과학자들과 엔지니어들은 그만큼 도전적인 문제에 다시 한 번 열정을 보였다.

AI가 의존하는 컴퓨터 산업과 관련 분야의 발전에 대한 상세한 역사는 이 책의 범위를 벗어난다. 그러나 핵심은 2,000년대에 이르러 AI 연구가 다시 활기를 띠기 시작했고, AI 겨울이 봄으로 바뀌었다는 것이다. 하지만 이번에는 그 발전 속도가 비약적으로 빨랐다. 다른 AI 기반 발전들도 빠르게 뒤를 이었다.

상업적으로 성공한 AI 기반 혁신을 이룬 알고리즘을 개발한 기업들의 높은 주가(수익성과는 별개로)에 자극받아 새로운 제품과 서비스들이 등장하여 소비자들의 호응을 얻었다. 매사추세츠 공과대학(Massachusetts Institute of Technology)의 키스멧(Kismet, 1998년), 소니(Sony)의 아이보(Aibo, 1999년), 아이로봇(iRobot)의 룸바(Roomba, 2002년), 애플(Apple)의 시리(Siri, 2011년), 챗봇 유진(Chatbot Eugene, 2014년, 챗봇과 대화한 참가자의 3분의 1이 유진이 튜링 테스트를 통과했다고 평가), 딥마인드(DeepMind)의 알파고(AlphaGo, 2016년). AI 연구는 다시 한 번 번창했다.

이 전반적인 성공 스토리에도 실수와 우여곡절이 있었는데, 아마도 가장 주목할 만한 것은 마이크로소프트가 2016년 트위터에 공개한 인공지능 챗봇 테이(Tay, Thinking About You)의 대대적인 실패일 것이다. 테이는 마치 사람인 것처럼 인간의 트윗에 반응하도록 설계되었지만, 곧 (사용자들과의 상호작용을 통해) 외설적이고, 음란하며, 모욕적이고, 공격적이며, 선동적인 언어를 학습하여 이를 정상적인 대화로 해석하고 무차별적으로 사용했다. 테이는 출시 16시간 만에 운영이 중단되었다. 그러나 실리콘밸리의 끈질긴 낙관주의는 '빨리 실패하고, 자주 실패하라'는 익숙한 격언을 통해 테이와 같은 실수를 극복하는 방법을 찾는다. 테이 사건은 빠르게 잊혀졌다.

테이의 실패는 예외적인 경우였고, 이제 소비자들은 삶을 더 편리하게 만들어주는 더 나은 AI 기반 도구들을 기대하게 되었다. 알고리즘을 개발하는 기업들이 계속해서 (더 빠른 속도로) 이를 수행할 것이라는 한 가지 증거로 2022년 미국의 가장 큰 기술 기업들인 이른바 FAANG 5개사(페이스북, 애플, 아마존, 넷플릭스, 알파벳(구글의 모회사))의 시가총액이 8조 달러를 넘어섰다. 주목할 만한 점은 FAANG 5개사의 이러한 눈부신 성장이 수 세대 만에 최악의 경제 침체기 동안 일어났다는 것이다.[23)]

전쟁을 수행하다

전쟁은 기술에 의해 형성된다. 돌, 칼에서 검, 총, 미사일에 이르기까지 군대는 적을 제압하기 위해 점점 더 발전된 첨단기술 무기체계를 추구해왔다. AI 기반 기술의 융합은 이러한 진화의 연장선상에 있다고 볼 수 있다.

군사 역사가 맥스 부트(Max Boot)는 그의 베스트셀러 『전쟁이 만든 신세계(War Made New)』에서 이렇게 말한다. "내 견해로는 기술이 가능성의 범위를 설정한다. 기술이 군사혁신(RMA, Revolution in Military Affairs)의 잠재력을 만든다."[24)] 그는 역사적 사례를 통해 기술 주도의 군사혁신이 어떻게 전쟁 양상을 변화시키고 역사의 흐름을 바꾸었는지 보여주며 자신의 주장을 뒷받침한다. 중요한 점은 부트가 새로운 군사 기술을 개발하고 신속하게 전력화하는 국가가 전략적 우위를 확보하게 된다는 기술의 중요성을 강조한다는 것이다.

부트만이 이런 견해를 가진 것은 아니며 군사혁신의 개념은 미국 국방 담론에서 지속적으로 다뤄지는 주제이다. 실제로 미군은 전쟁 수행 방식에 있어 진정한 혁명이라 할 수 있는 기술 변화의 흐름을 적극적으로 수용해왔다. 전 세계적인 기술 변화의 속도가 가속화됨에 따라 미국은 위협에 대응하기 위해 새로운 기술을 도입하는 데 특히 능숙했다. 브루스 버코위츠(Bruce Berkowitz)는 『새로운 전쟁의 양상(The New Face of War)』에서 이렇게 지적한다.

> 전장의 경험이 보여주는 바는 적절한 기술을 지능적으로 활용할 경우 수적 열세가 더 이상 중요한 요소가 되지 않는다는 것이다. 이러한 전환점이 된 것이 1991년 걸프전이었다. 전쟁이 종료되었을 때 미군과 연합군은 단 240명의 전사상자만을 기록한 반면, 이라크는 약 1만 명의 전사자를 냈지만 그 정확한 수치는 누구도 확실히 알 수 없다. 이러한 현저한 차이는 미군이 야간 작전 능력, 정밀 항법 시스템, 그리고 단 한 발의 정밀유도무기로 90%의 확률로 목표물을 정확히 타격할 수 있는 능력을 보유했기 때문이다.[25)]

부트와 버코위츠의 책이 출간된 지 이제 10년 이상 지났지만, 그들과 이후 많은 저자들이 기술의 군사적 중요성에 대해 언급한 내용은 미군이 새로운 전력을 도입하는 방식을 이해하는 데 여전히 유효하다. 냉전 시대에 미국이 개발한 이러한 전력들은 전략핵무기뿐만 아니라 지속적으로 개량된 함정, 항공기, 주력전차 및 기타 주요 무기체계를 포함했으며, 이들은 모두 더 우수하고 치명적인 성능을 갖추었다. 이러한 기술적 우위는 미국의 경쟁국들이(종종 도난당한 기술을 활용하여) 따라잡고 전력 균형을 이룰 때까지만 효과적이었다.

연구개발의 패러다임 전환

이에 대응하여 2010년대 중반에 미 국방부는 잠재적 적국에 대한 군사적 우위를 유지하기 위해 제3차 상쇄전략을 수립했다. 이 전략의 구체적인 요소들은 후속 장에서 다룰 것이다. 현 시점에서 중요한 것은 국가 산업 기반이 필연적으로 국가 혁신 기반으로 진화했다는 점이다.

미 국방부는 여전히 전통적인 주요 방산업체들에 의존하지만, 점점 더 FAANG 5개 기업과 그들의 유사 기업들에 주목하고 있다. 이러한 변화는 하드웨어보다 소프트웨어에 크게 의존하는 새로운 전략을 가능하게 한다. 컴퓨터 산업은 이러한 혁신과 신흥 기술에 대한 자금 출처에 근본적인 변화를 가져왔다. 즉 혁신 기반이 정부 주도에서 상업 주도로 전환된 것이다.

1950년대부터 1970년대 대부분의 기간 동안 미국 정부는 국내에서 수행된 첨단기술 연구개발(R&D)의 대부분을 지원했다. 이 자금은 점차 실리콘밸리와 그 주변의 학술 및 연구 기관으로 유입되었다. 이 지원으로 탄생한 많은 기업들과 그 파생 기업들이 현재 국방부가 매우 중요하게 여기는 알고리즘을 개발하고 있다. 그러나 이 구도는 완전히 뒤바뀌어 이제는 소위 하이테크 기업들이 미국의 R&D 자금의 대부분을 제공하고 있으며, 연방 정부의 기여도는 상대적으로 미미해졌다.[26]

첨단 제품을 구매하거나 서비스를 이용해 본 사람이라면 누구나 알 수 있듯이 기술 혁신은 가속화되고 있으며, 1년 전의 최첨단 기술이 이제는 구식이 되거나 심지어 쓸모없게 되기도 한다. 국방부는 이러한 현실을 인식하고 실리콘밸리와의 협력을 통해 AI 기반 기술 도입을 가속화하고 있다.[27] 이 이니셔티브의 일부는 로버트 워크(Robert Work) 전 국방부 부장관과 같은 선견지명 있는 국방 관리들이 AI 기반 군사 플랫폼, 시스템, 센서, 무기의 가치를 인식하면서 자연스럽게 발전했다.

그러나 다른 측면에서 이 추진력은 펜타곤 밖에서 심지어 미국 밖에서 시작되었다. 그것은 미국의 경쟁국인 중국과 러시아의 권위주의 정권들이 이 분야에서 보이는 행보에서 비롯되었다. 에릭 슈미트(Eric Schmidt) 전 구글 CEO는 이렇게 경고했다. "연방 정부와 국제 안보 측면에서 AI에 집중하지 않으면 이는 국가 비상사태이자 우리 국가에 대한 위협이 될 것이다."[28] 슈미트를 비롯한 많은 이들이 표명한 우려는 75년 전에 시작된 핵무기 경쟁만큼이나 역동적이고 많은 면에서 두려운 AI 군비경쟁을 촉발시켰다.[29]

이러한 추진력을 바탕으로 다양한 AI 개발 경로를 통해 수년간 많은 기여자들이 참여한 이 노력은 1950년대와 1960년대 미국의 달 탐사 경쟁과 많은 유사점을 가진다. 이러한 관점에서 AI는 단순한 기술 그 이상의 의미를 지닌다.

CHAPTER

03

무엇이 위태로운가?

중국, 러시아, 그리고 AI 패권 경쟁

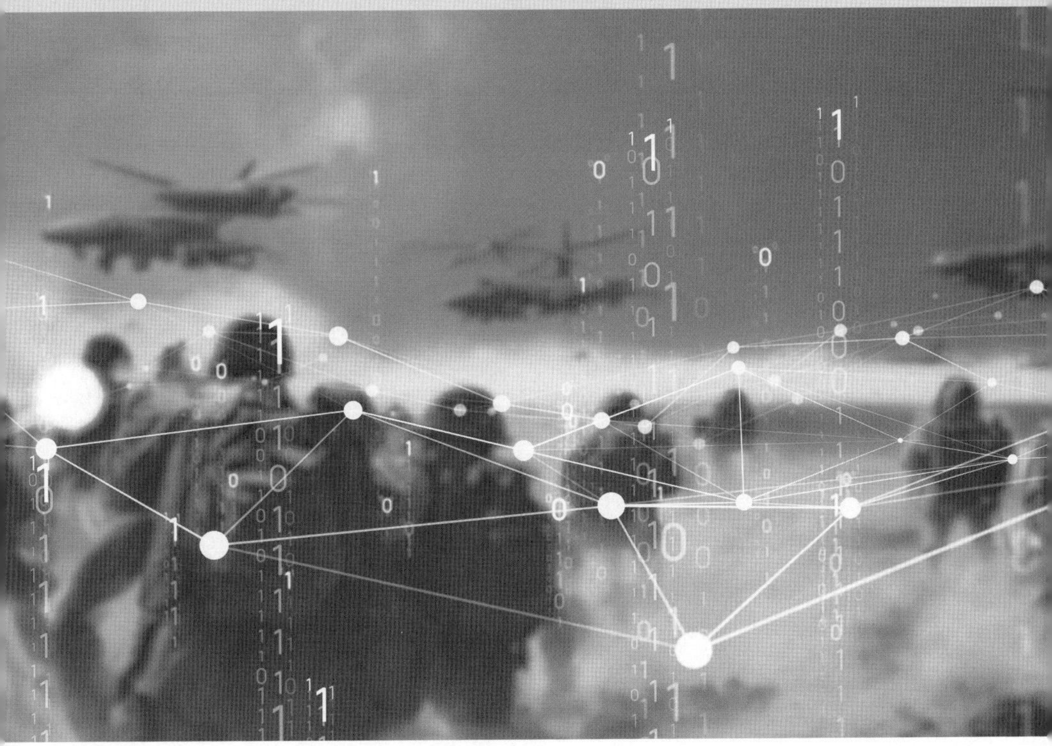

서방국가들의 무기 개발 추세와 별개로 러시아가 독자적인
혁신적 무기체계와 그 지원 인프라를 독립적으로 개발할
가능성은 여전히 존재한다.

사무엘 벤데트(Samuel Bendett) 외[1)]

향후 15~20년 내에 우리가 중국과 대적할 수 있는 기회는 이미 사라졌다.
경쟁의 결과는 현 시점에서 이미 결정되었으며, 내 관점에서는 이 문제는
이미 종결되었다. 실제 전쟁이 일어나는지 여부는 이제 중요한 쟁점이 아니다.

니콜라스 M. 샤일란(Nicolas M. Chaillan)
미 공군 및 우주군 초대 소프트웨어 책임자,
2021년 10월 항의 사직 후 군사 AI에 대해 언급[2)]

CHAPTER 03

무엇이 위태로운가?
중국, 러시아, 그리고 AI 패권 경쟁

두 가지 상이한 시나리오를 상상해보자. 첫째, 당신이 출근을 위해 아파트를 나서는 상황이다. 출발 전 가족 및 지인과의 연락뿐 아니라 법적으로 의무화된 위치 추적을 위해 반드시 휴대전화를 소지했는지 확인한다. 아파트 복도 끝에서는 첫 번째 공식 감시 카메라와 마주하게 되며, 건물을 나설 때는 두 번째 카메라를 통과하게 된다.

거리 모퉁이에 도달하면 첫 검문소를 만나게 된다. 경찰관이 신분증과 통행허가증을 확인한 후 의무적인 안면 인식 스캔을 진행한다. 스캔이 완료되면 경찰 화면에는 AI체계가 분석한 당신의 종합적인 개인 정보가 표시된다. 이는 기본적인 신원정보를 넘어, 방문 장소, 참석한 행사, 종교 활동, 교우 관계, 지인들의 활동, 인터넷 사용 내역, 가족과 지인들의 온라인 활동, 그리고 정부에 대한 충성도를 의심케 하는 발언까지 포함한다.

순식간에 이루어지는 이 정보 분석은 당신의 '사회 신용'점수를 산출하며, 이 점수는 이동의 자유, 공공 행사 참여 권한, 금융 서비스 이용 가능 여부를 결정한다. 중국 신장 위구르 자치구의 위구르족이라면, 재교육 수용소 수감 여부까지도 이 점수에 따라 결정될 수 있다.

두 번째 시나리오에서는 당신이 '특수 군사작전'을 수행하는 국가의 군사 지도부에 있다고 가정해보자. 당신은 작전에 직접 참여하지 않고, 미래 군사 환경에 대비한 군 조직 개편안을 마련하는 임무를 맡고 있다. 주요 과제는 제한된 군사 자원을 어떻게 효율적으로 배분할 것인가이다. 한쪽 선택지는 병력 훈련 강화와 군의 전문성 향상에 집중하는 것이다. 또 다른 선택지는 자율 무기체계 개발에 더 많은 투자를 하는 것이다. 여기에는 무인항공기, 무인 전차, 심지어 전투 상황이나 민간 지역에서 독자적으로 판단할 수 있는 로봇(초기 단계지만)까지 포함된다.

군사 자원 투자를 어떻게 결정할 것인가? 당신의 국가는 해외에서의 제한적 군사 개입에서 반자율 전차를 배치했으나 성과가 미미했다.[3] 한편 가용 병력은 계속 감소하고 있으며, 현역 군인들의 사기와 충성심에 의문이 제기되고 있다. 대부분의 병력이 현재의 특수 작전에서 기대에 미치지 못하는 성과를 보이고 있다. 기술자들은 획기적인 시스템 개선을 약속하고 있고, AI 기술은 전 세계적으로 급속히 발전하고 있으며, 최고사령관은 AI가 세계 질서를 근본적으로 변화시킬 것이라고 확신하고 있다.

이러한 상황에서 인적 자원보다 AI 기반 군사 시스템에 자원을 집중 투자해야 한다는 결론에 이르기 쉽다. 충분한 자원이 투입된다면 현재의 불완전하고 인간 개입이 필요한 반자율 시스템이 궁극적으로는 1초 이내에 의사결정을 내릴 수 있는 완전자율 시스템으로 발전할 수 있다는 것이 논리적 귀결이다. 이러한 관점에서 성공은 단지 시간 문제일 뿐이며, 이는 인적 요소에 크게 의존하는 특수 군사작전과는 근본적으로 다른 접근법이다.

중국의 AI 감시 체제: 신장에서 전국으로

앞서 설명한 두 시나리오는 모두 현실에 기반하고 있다. 첫 번째 시나리오는 신장 위구르족이 실제로 겪고 있는 일상이다. 폴 샤레(Paul Scharre)는 신장의 상황을 '새로운 기술 디스토피아 국가'라고 규정했다. 이곳의 정부 감시 시스템은 얼굴, 지문, 홍채, 음성, 혈액, DNA, 차량 번호판 등 광범위한 개인정보를 수집한다. '전자 경찰 스니퍼(Electronic Police Sniffer)'라 불리는 장치는 와이파이와 휴대전화 사용을 실시간으로 추적한다. 국경 경찰은 무슬림 종교 문헌이나 달라이라마 사진과 같은 금지 자료를 자동으로 탐지하는 스파이웨어를 휴대전화에 설치하는 것으로 알려져 있다.[4)] 중국공산당이 주도하는 당국은 단 한 달 만에 50만 건의 생체인식 안면 스캔을 실시해 대규모 데이터베이스를 구축했다. 이 데이터는 150만 대 이상의 CCTV 카메라로 수집된 빅데이터, 모든 중국 인터넷 및 소셜 미디어 서비스(틱톡 포함)의 전자 기록, 일상적인 금융 거래 내역과 인공지능 기술을 통해 통합적으로 연결된다.[5)] 신장에서는 이러한 포괄적 감시 체계를 '통합 합동작전 플랫폼(IJOP, Integrated Joint Operations Platform)'이라 부른다.[6)]

이와 같은 침투적 감시 시스템은 현재 중국 전역으로 확대되고 있다. 신장에서 약 2천 마일 이상 떨어진 중국 중부 충칭시에서는 한족 기자 류후(Liu Hu)가 유사한 감시를 받으며 사실상 장기 가택연금 상태에 처해 있다. 그는 중국공산당의 반부패 운동 중에 지방 관리의 부패를 고발하는 치명적 실수를 범했다. 인공지능 기반 사회신용체계에서 평판이 훼손된 류후는 벌금을 납부했음에도 불구하고 자신의 신용점수가 너무 낮아 기차표 구매, 금융 거래, 직업 활동은 물론, 외출이 허용된 이후에도 도시 경계를 벗어나는 것조차 불가능하다는 사실을 깨달았다. 이 모든 제재는 인공지능 기술로 강화된 감시 네트워크를 통해 집행되고 있다. 류후는 자신의 상황을 다음과 같이 설명했다.

> 집을 나서 엘리베이터에 타는 순간부터 카메라에 포착됩니다. 카메라는 어디에나 있죠. 예를 들어 외출할 때 택시를 부르면 택시 회사가 그 데이터를 정부에 전송합니다. 정부는 내 위치를 파악합니다. 카페에서 친구들을 만나도 카페 내 카메라로 당국이 내 위치를 알아냅니다. 친구들과 만난 직후 정부 관계자가 연락해 '누구를 만났다'고 말하며 '그 사람을 만나지 말고, 이런 저런 일을 하지 말라'고 경고한 적도 있습니다. 인공지능으로 인해 우리는 숨을 곳이 없습니다. 이게 끔찍하지 않나요?[7)]

분명히 중국공산당은 이러한 상황을 끔찍하게 여기지 않는다. 오히려 그들에게 이 시스템은 영구적인 정치 통제를 위한 최상의 도구로 인식된다.

실제로 2022년 중국 동부 허페이시의 인공지능 연구소는 당원들의 충성도를 측정하는 '마음 읽기(Mind-reading)' 소프트웨어 개발을 공식 발표했다. 이 기술은 '당에 감사하고, 당의 말을 듣고, 당을 따르겠다는 당원들의 결의를 더욱 강화하는 데' 활용될 예정이라고 한다.[8)]

러시아의 AI 군사화 전략: 자율 무기체계의 부상

앞서 설명한 두 번째 시나리오는 러시아가 인공지능의 군사적 활용에 집중하게 된 배경을 보여준다. 반체제 인사들에 대한 탄압에도 불구하고 푸틴(Putin)의 러시아는 아직 중국 수준의 AI 감시 네트워크를 구축하지 못했다. 러시아의 AI체계는 정보 분석과 방첩 활동을 지원할 역량은 갖추었으나, 중국처럼 필수적인 전국적 감시 카메라망은 보유하고 있지 않다. 러시아는 중국과는 다른 형태의 권위주의 국가로 강력한 위계적 정당이 아닌 특정 개인과 소수 과두제(Oligarchy) 세력에 의해 통제된다. 이러한 구조적 특성으로 인해 러시아는 AI 기반 사회통제 네트워크 개발에 필요한 자원(재정과 인력)을 투자할 동기가 상대적으로 약하다. 이러한 시스템을 장기적으로 유지할 조직적 기반이 부족하기 때문이다.

러시아 정부의 실제 의도는 - 두 번째 시나리오가 시사하듯 - 정부주도 AI 개발을 현 군사력의 단순 보강이 아닌 이를 대체할 무인 전투체계(Unmanned Combat Systems) 전력 구축에 집중하는 것이다. 러시아의 잠재적 적국들인 북대서양조약기구(NATO, North Atlantic Treaty Organization)와 중국도 유사한 능력 개발을 추구하고 있으나, 현재 러시아의 개발 프로그램은 이들 국가의 고려 수준을 넘어서고 있다.

대표적인 사례로 2014년 러시아 정부는 전략핵미사일 발사기지(주로 미국을 타격 대상으로 하는 야르스(Yars)와 토폴-M(Topol-M) 전략핵미사일)를 방어하기 위한 고기동 '지상 로봇' 타이푼-M(Taifun-M)의 개발을 발표했다. 타이푼-M은 레이저와 포를 장착한 전차형 궤도차량 형태로 삼림 위장 도색이 적용되었다.[9] 초기 모델은 원격 조종 방식으로 운용되었을 것으로 추정되나, 이후 이 '로봇'에 일정 수준의 자율성을 부여하기 위한 AI 지능체계가 개발되었다고 알려졌다.

핵무기 발사기지를 자율 시스템으로 경비하는 접근법은 미국의 의사결정자들이 고려할 가능성이 희박한 선택지이다. 핵무기 기지에 자율 시스템을 도입하는 것은 인간의 개입 없이 컴퓨터가 주도하는 핵전쟁이라는 냉전 시대의 공포를 연상시킨다. 현재 이러한 '로봇'들의 임무가 경계 활동에 국한될 수 있으나, 자율 경비 시스템이 인간 경비원을 공격하여 테러리스트나 적대 세력의 침투에 취약한 상태로 만드는 시나리오도 상정할 수 있다. 더욱이, 러시아군이 전략핵전력(Strategic Nuclear Forces) 운용에 있어 AI 주도 시스템의 역할을 점진적으로 확대하는 것은 추가적인 중대한 안보 위험을 내포한다.

이 장의 첫 번째 인용문은 우려스러운 전망을 제시한다. 만약 러시아가 "서방의 무기 개발 추세와 별개로 혁신적 무기체계와 지원 인프라를 독자적으로 개발한다면," 그 최종 형태는 어떠한 모습일 것인가?

러시아가 전술적 차원에서 AI를 적극 활용하려는 명백한 의도에는 세 가지 주요 원인이 있다. 상대적 병력 부족, 군 인력의 임무 수행 능력에 대한 불신, 그리고 군 인력의 지휘부 명령 복종에 대한 의구심이다.

첫 번째 이유인 병력 부족은 명백하다 - 러시아의 인구는 미국의 약 절반, 중국의 약 1/6에 불과해 가용 징집 인구가 현저히 적다. 격렬한 소모전으로 이어질 미래 전쟁은 대규모 인력과 첨단 전투체계를 동시에 필요로 할 것이다.

AI 기반 자율 시스템이 이러한 인력 격차를 효과적으로 메울 수 있을까? 상업 분야에서 AI가 일반적으로 필요 인력을 줄이는 데 활용되므로(이를 통해 기업 이익이 증대되므로), 군사적 유추가 가능해 보인다. 로봇이 수행할 수 있는 임무가 많아질수록 필요한 병력은 감소한다. 다른 장에서 언급했듯이, 현재 미국의 군사 정책은 치명적 무력 사용 결정에 반드시 인간의 개입을 요구한다. 우크라이나 전선에서 예비군과 수형자들을 대거 동원해야 했던 현실을 고려하면, 러시아는 일반 징집병 훈련 개선보다는 전문 직업군인을 위한 AI 증강 기술 개발에 우선순위를 둘 가능성이 높다.

그러나 우크라이나 전쟁은 또한 러시아 지도부가 직업군인의 능력과 역량에 대해 갖고 있던 신뢰를 크게 저하시켰다. 우크라이나 동부 소모전에서 훈련이 미숙한 예비군과 용병의 대거 투입은 키이우(Kyiv) 초기 공세가 실제로는 러시아 정예 특수작전부대에 의해 주도되었다는 사실을 가리게 만들었다 - 이들은 러시아와 여러 분석가들이 열등하다고 평가했던 우크라이나군에게 패배했다. 이 정예 특수부대는 소련 시절의 자랑이었고 냉전 초기 어떤 분쟁에서도 나토(NATO) 국가들에게 심각한 위협으로 간주되었다. 블라디미르 푸틴이 존재 자체를 부정하는 국가에 의해 러시아 최정예 군이 심각한 패배를 당했다는 현실은 당연히 최고위 의사결정자들의 신뢰를 크게 동요시켰을 것이다. 이러한 상황에서 자율 전투로봇이 더 나은 성과를 보였을까?

셋째, 우크라이나에서의 무질서한 철수와 이후 러시아군의 행태는 우크라이나 주둔 병력 대부분을 차지하는 징집병과 예비군이 푸틴 정권을 위해 자신을 희생하려는 의지가 낮다는 징후로 볼 수 있다. 러시아군의 충성도가 의심스럽다면, 정권 입장에서는 충성 문제가 없는 AI 기반 자율 시스템 구축에 투자하는 것이 전략적으로 더 유리하지 않을까?

이는 현재 러시아 군 수뇌부가 고민하는 핵심 질문들이다. 미국 분석가들은 현재 러시아의 무인 시스템 대부분이 여전히 원격 조종되고 있다고 평가하지만, 타이푼-M과 시리아에서 실전 투입된 소형 무인전투차량 우란-9(Uran-9) 같은 실험적 시제품은 예외적 사례로 보고 있다.[10] 그러나 이들 분석가는 러시아 전략가들이 AI의 역할이 점진적으로 확대될 것으로 전망하며, 특히 무인항공기(UAV, Unmanned Aerial Vehicle) 등 항공 전투 플랫폼에서 그 활용도가 크게 높아질 것으로 예상한다고 언급한다. 이와 관련해 러시아 국방장관 세르게이 쇼이구(Sergei Shoigu)는 "군의 미래를 좌우할 무기체계에 인공지능 기술 도입을 반드시 보장해야 한다"고 강조했다.[11]

AI 개발 및 통합을 위한 상이한 동기

미국, 중국, 러시아의 AI 발전 궤적을 비교하기 위해서는 각국의 AI 개발 동기가 근본적으로 다르다는 점을 먼저 이해해야 한다.

미국: 상업적 이윤 중심의 AI 개발

미국에서 기업 간 경쟁은 사회의 자연스러운 현상으로 간주된다. 기업들은 수익 극대화를 위해 고객 확보를 위한 경쟁을 벌인다. 대부분의 기업 경영진은 자신들의 시장 환경을 소비자 확보를 위한 '승자와 패자' 구도로 인식한다. 미국 정부는 생산성 향상과 공정한 경쟁 환경 조성을 위해 AI 기초 연구를 장려하고 직간접적으로 재정 지원을 한다. 그러나 AI 연구개발 자금의 대부분(약 80%로 추정됨)은 이러한 자본주의적 경쟁에 참여하는 민간 기업들이 투자하고 있다.[12)]

따라서 미국의 AI 개발 핵심 동기는 상업적 수익 창출이다. 이는 구글이 소매업체에 맞춤형 인터넷 광고를 판매하는 것과 같은 직접적 방식으로 또는 기업들이 인건비 절감을 위해 생산 라인을 자동화하는 것과 같은 간접적 방식으로 실현된다. 법적으로 미국 정부는 기업 경쟁의 승자와 패자를 지정하거나, 기업들에게 지적 재산권이나 연구 성과를 정부 기관과 의무적으로 공유하도록 강제할 권한이 없다. 미국 정부는 AI 개발을 주로 기업 주도의 경쟁적 활동으로 다루어 왔다.

미국 정부는 또한 국방부 내에서 행정 효율화와 작전 수행을 위해 AI를 활용하는 데 관심을 보이고 있다. 그러나 이는 미국의 AI 개발 우선순위에서 여전히 부차적 위치를 차지한다. 기업 입장에서 국방부를 위한 특수 제품 개발은 일반 상업 시장의 판매 규모에 비견되는 수익을 창출하기 어렵다. 경험 많은 국방 조달 전문가의 설명에 따르면, 국방부와 거래하기 위해서는 "고도로 규제된 비즈니스 환경에서 단일 주요 고객을 대상으로 고비용, 복잡, 특수화, 심지어 독특한 제품을 소량으로 생산해야 한다."[13] 이는 수백만 개의 모바일 애플리케이션을 대중 시장에 판매할 수 있는 상업적 잠재력과는 근본적으로 다른 비즈니스 모델이다.

이러한 현실을 감안하여 여러 미국 국방장관들은 실리콘밸리의 주요 기술 기업들을 반복적으로 방문하며 더 많은 협력을 요청해왔다. 그들은 기업들에게 '고도로 규제된 국방 비즈니스 환경'에 참여하는 것이 장기적으로 기업의 이익에 부합하며 결국 수익성을 확보할 수 있다고 설득해 왔다. 이러한 호소는 애국심과 중국의 글로벌 지배력 확대, 권위주의적 세계 질서 출현 방지라는 가치에도 기반하고 있다. 그러나 이들 기업 중 상당수는 자신들을 '글로벌 기업'으로 인식하며, 프로젝트 메이븐(Project Maven) 사례처럼 직원들이 '군산복합체(Military-Industrial Complex) 관여'에 반발할 가능성을 우려한다. 전 구글 최고경영자 에릭 슈미트(Eric Schmidt)와 같은 일부 기업 리더들이 실리콘밸리와 국방부 간 협력 강화의 필요성을 강조했지만, 중국과 달리 미국 정부는 이를 법적으로 강제할 수단을 보유하고 있지 않다.

중국: 정치권력 유지를 위한 AI 활용

중국공산당의 최우선 목표는 어떤 대가를 치르더라도 정치권력을 유지하는 것이다. 이는 단순한 지도부의 개인적 욕망이 아니라 그들의 핵심 이념에서 비롯된다. 그들의 레닌주의적(Leninist) 관점에서는 다른 형태의 통치를 '비과학적'이며 근본적으로 결함이 있는 것으로 간주한다. 이러한 정치적 통제를 유지하기 위해 중국은 사회신용체계, 첨단

인공지능 기반 감시 시스템, 필요시 AI가 제어하는 군사 무기까지 동원할 준비가 되어 있다.

이 맥락에서 주목해야 할 중요한 점은 인민해방군(PLA, People's Liberation Army)이 중국 정부가 아닌 중국공산당에 충성을 맹세한다는 사실이다. 서방의 정책 입안자들은 이를 단순한 의미상의 차이로 여기는 경향이 있지만 실제로는 근본적 차이가 있다. 인민해방군은 중국공산당의 군대로 그 주요 목적은 당의 중국 통제력 확보에 있다. 만약 당의 지배력이 위협받는 상황이 발생한다면, 군사용 AI 기술이 필요에 따라 중국 내에서 자국민을 대상으로 사용될 가능성도 배제할 수 없다. 이보다 더 군사 AI 개발을 추진할 강력한 동기는 없을 것이다. 중국은 AI 우위를 확보하기 위해 가용한 모든 자원을 동원할 것이며, 상업적 개발보다 군사 AI를 우선시하는 전략은 이러한 핵심 동기에서 비롯된 것이다.

따라서 중국공산당이 AI 개발 전반, 특히 군사적 활용에 막대한 자원을 투입하는 동기는 매우 강력하다. 중국 정부의 AI 관련 총지출 규모는 비공개로 유지되고 있지만, 최소 두 개의 지방 정부만으로도 140억 달러 이상을 AI 개발에 투자하겠다고 공개적으로 발표했다.[14] 중앙정부의 투자 규모는 추측만 가능한 상황이다. 중국이 2026년까지 현재의 AI 투자를 두 배로 늘려 총 270억 달러에 이를 것이라는 최근 추정치는 의심할 여지없이 과소평가된 수치인데, 이는 군사 분야 지출이 아닌 상업적 지출만을 계산한 것으로 보이기 때문이다.[15]

물론 중국은 상업적 AI 분야에서도 글로벌 선두가 되려는 강한 동기를 가지고 있다. 특히 시진핑(Xi Jinping)을 포함한 중국공산당 지도자들의 발언은 상업적 AI 리더십이 명확한 경제적 목표임을 보여준다. 2017년 제19차 중국공산당 전국대표대회(National Congress)에서 시진핑은 "인터넷, 빅데이터, 인공지능과 실물 경제의 심층적 융합을 촉진할 필요성"을 강조했다.[16)]

2018년 10월, 시진핑은 당의 최고 의사결정 기구인 중국공산당 정치국을 위해 외부 전문가들과 함께 AI '학습 세션'을 주도했다. 이 세션에서 시진핑은 군사적 은유를 사용하며 당이 "우리나라가 최전선에 서고... 중요하고 핵심적인 AI 기술에서 고지를 점령하도록 보장해야 한다"고 단호히 주장했다.[17)]

2017년 발표된 '차세대 인공지능 발전계획(Next Generation Artificial Intelligence Development Plan)'에 따르면, 중국공산당의 목표는 "2030년까지 중국이 세계 '주요' AI 혁신 중심지가 되어, 핵심 AI 산업 총생산이 1,508억 달러(1조 위안)를 초과하고 AI 관련 산업 총생산이 1조 3,800억 달러(10조 위안)를 초과하는 것"이다.[18)] 중국공산당이 경제적 이익을 중요시하는 것은 분명하다. 그럼에도 불구하고 중국 기업들이 강하게 추구하고 시진핑이 자주 언급하는 상업적 동기는 정치적 통제력 유지라는 최우선 목표에 비해 여전히 부차적인 위치에 있다.

미국 대중은 아직 중국의 군사 AI 개발 동기가 미국 정부의 군사 AI 개발 동기를 압도한다는 현실을 충분히 인식하지 못하고 있다. 미국이 상업적 AI 분야의 선두를 유지하고자 하며 상업적 기술 발전 속도에 맞춰 군사 적용 기술을 개발하려 하지만, 미국은 중국과 달리 민주주의 체제의 존속이나 현 정치 지도자들의 권력 유지가 지속적인 위협하에 있다고 인식하지 않는다.

사실 많은 미국인들이 AI와 그 발전 자체를 잠재적 위협으로 보고 있음이 분명하다. 또한 미국의 AI 개발자들은 자신들을 정부의 확장으로 여기지 않으며 재정적 성공을 위해 미국 정부에 의존하지도 않는다. 오히려 그들은 대체로 정부의 통제와 공식적인 협력 강요를 피하려 하며, 정부 정책에 영향을 미칠 수 있는 상당한 재정적 자원을 보유하고 있다. 다수의 대형 AI 개발 기업들은 자신들을 '글로벌 기업'으로 규정하며 국가에 대한 충성심은 어느 정도 유동적인 개념으로 간주한다.

러시아: 자원 제약 속 군사 AI 우선화

러시아 역시 상업용 인공지능 개발에 관심을 갖고 있다. 그러나 서방 분석가들은 러시아의 "민간 부문 AI 생태계가 상대적으로 빈약하며, 인재 육성 및 유지에 심각한 문제를 안고 있다"고 지적한다.[19] 일부 전문가들은 러시아의 신흥 기술 완전 개발 잠재력에 회의적인 시각을 보인다. 그들은 "러시아가 미국이나 중국에 비해 연구개발에 투자하는 비용이 총액과 국내총생산(GDP) 대비 비중 모두에서 현저히 적다"는 점을 강조한다.[20]

더욱이 지난 수십 년간 상당수의 러시아 컴퓨터 프로그래밍 인재들이 미국과 서유럽으로 이주하는 두뇌 유출 현상이 지속되었다. 이러한 추세는 우크라이나 전쟁 발발 이후 더욱 가속화된 것으로 보인다. 일부 분석가들은 서방의 경제 제재로 인해 러시아의 AI 산업이 이미 '재앙적 상황'에 처했다고 주장한다.[21] 그럼에도 불구하고 러시아는 대학을 중심으로 한 연구 기관 네트워크를 지속적으로 유지하고 있어, 향후 경제 제재가 해제될 경우 상업용 AI 전문성을 발휘할 수 있는 잠재력을 여전히 보유하고 있다.

'푸틴화된(Putinized)' 러시아는 또한 AI를 활용하여 반체제 인사들을 식별, 추적, 구금 또는 제거함으로써 러시아 사회에 대한 정부의 통제력을 강화하고자 한다. 이는 AI의 치안 및 군사 적용 프로그램 개발에 대한 추가적인 동기를 제공한다. 그러나 러시아 정부는 중국공산당 수준의 감시 시스템을 구축하는 데 필요한 자금과 인력이 절대적으로 부족한 상황이다. AI를 사회 통제 목적으로 활용하려는 동기는 분명히 존재하지만, 현실적으로 이는 실행 불가능한 것으로 판단될 가능성이 높다. 따라서 러시아가 군사 AI를 개발하는 주된 동기는 만성적인 군사 인력 부족을 보완하기 위해 무기체계를 자동화하는 데 있다.

러시아군이 우크라이나 전쟁에서 훈련이 미흡한 '예비군'과 바그너(Wagner) 용병 회사가 모집한 범죄자들을 대거 투입한 사실이 일견 이러한 인력 부족 문제를 부인하는 것처럼 보일 수 있다. 그러나 앞서 언급했듯이 러시아의 인구는 미국의 절반, 중국의 1/6에 불과하다. 자율무기체계(Autonomous Weapon Systems)는 이러한 인구학적 열세를 보완할 수 있는 전력 승수(Force Multiplier)효과를 제공할 것이다.

이러한 평가는 미국 국방부도 공유하고 있다. 2021년 당시 펜타곤(Pentagon) 합동인공지능센터(JAIC, Joint Artificial Intelligence Center) 소장이었던 마이클 그로엔(Michael Groen) 해병대 중장은 "러시아군이 AI 기술의 무기화에 있어 선두주자가 되고자 한다"고 언급했다.[22] 이러한 노력은 소련 시대부터 명맥을 유지해온 소규모이지만 혁신적인 군산복합체에 의해 주도되고 있다. 또한 그로엔은 "러시아가 미국과 중국처럼 상업 및 학술 AI 연구의 선두주자는 아니지만, 펜타곤이 이 위협을 간과하는 것은 심각한 실수가 될 것"이라고 경고한 것으로 전해진다.[23]

그로엔의 경고는 "러시아가 인터넷이나 컴퓨터 네트워킹 개발의 주요 선도국은 아니었지만, 이러한 기술을 군사적 능력으로 무기화하는 데 있어서는 선두주자가 되었다"는 역사적 사실에 의해 뒷받침된다.[24]

중국 AI 감시 시스템에 대한 서구의 옹호 논리와 그 한계

중국의 AI 개발에 관여하는 이들은 사회신용체계와 중국공산당 통제에 위협이 될 수 있는 인물을 식별하는 AI 기술 사용을 정당화하고 있다. 서구 금융계에서 저명한 중국 기술 투자자 카이푸 리(Kai-Fu Lee)는 AI 개발의 막대한 잠재적 이익을 언급하며, "중국 지도부가 '법적 세부사항'이나 '도덕적 합의'에 덜 구애받기 때문에 중국이 AI 개발에서 우위를 점한다"고 주장한다.[25] 이러한 견해를 지지하는 세력에는 IBM과 구글(알파벳) 같이 중국에서 일부 연구를 수행하는 AI 개발 기업들, 그리고 피델리티 인터내셔널(Fidelity International)과 퀄컴 벤처스(Qualcomm Ventures)처럼 중국 AI 기업에 투자하는 개인과 펀드들이 포함된다.

최근에야 이러한 미국 기반 기업들 중 일부가 중국 내 AI 활용 목적에 대한 우려를 표명하기 시작했다. 그러나 이러한 윤리적 우려가 미래 수익에 대한 유혹을 극복할 수 있을지는 여전히 불확실하다. 예를 들어 구글은 2010년 중국 정부의 검열 강화로 인해 AI 기반 검색 엔진을 중국에서 철수했다. 그러나 2017년에는 중국공산당이 수용할 수 있는 검열된 검색 서비스 구축을 계획했다가 자사 직원들의 강력한 항의로 이를 철회했다.[26] (주목할 점은 구글/알파벳이 여전히 중국에서 휴대폰 하드웨어를 생산하고 있다는 사실이다.)

또 다른 주요 AI 개발업체인 애플(Apple)은 부품 공급망을 중국 외 다른 국가로 다각화하기 시작했지만, 2022년 12월 중국 시위대가 정부 검열을 우회하기 위해 활용한 통신 앱인 에어드롭(AirDrop)을 중국 내 모든 휴대폰에서 제한한 것으로 보인다.[27]

IBM은 AI체계의 '편향성 감소(Bias Reduction)'를 위한 훈련이라는 명분으로 중국 대학(및 다른 국가 대학)과 안면 인식 데이터베이스를 공유하고 있다. 이는 이들 대학이 신장 지역의 중국 인민해방군과 보안 기관에 직접적으로 연구 결과를 제공한다는 사실이 알려졌음에도 계속되고 있다.[28]

한편 일부에서는 중국의 사회신용체계가 서구 언론의 묘사만큼 악의적이지 않다고 주장한다. MIT 테크놀로지 리뷰(MIT Technology Review) 뉴스레터는 일부 도시 정부의 '논란의 여지가 있는 지역적 실험'만 있었으며(롱청시만 구체적으로 언급됨), 현재는 "사람들이 이 시스템에서 탈퇴할 수 있다"고 주장한다.[29] 뉴스레터 편집자는 한 중국 '동료'의 말을 인용하며, "현실은 그 끔찍한 [AI 기반 사회신용] 체계가 존재하지 않으며, 중앙 정부도 그것을 구축할 의지가 별로 없어 보인다"고 기술한다.[30] 그럼에도 불구하고 편집자는 실제로 존재하는 하나의 시스템('대체로 저기술'이라고 표현)이 존재하며, 부분적으로 '국가가 승인한 도덕적 가치를 촉진하기 위해' 설계되었다는 점을 인정한다.

이러한 옹호론의 명백한 문제점은 공식 중국공산당/중국 정부 AI 계획 문서가 사회 통제를 위한 AI 식별 및 감시 시스템의 필요성을 명시적으로 밝히고 있다는 사실이다. 중국의 주요 '차세대 인공지능 발전계획'은 AI가 "사회 안정의 효과적인 유지에 필수불가결하다"고 명시적으로 선언한다. 이는 AI가 "정확하게 인지하고, 예측하며 [그리고] 경고할 수 있기" 때문이다. 중국 보안 기관은 마오쩌둥(Mao Zedong)의 '작은 붉은 책(Little Red Book)'이 그의 통치 시기에 언급되었던 방식과 유사하게 지금은 공식 철학으로 자리 잡은 '시진핑 사상(Xi Jinping Thought)'에서 주장하는 '도덕적 가치'를 준수하지 않는 이들을 식별하는 데 이러한 AI 기술을 활용할 수 있다.

이러한 명백한 증거에 직면했을 때, 대부분의 옹호론자들(중국에서 정부의 자산 압류로 위협받을 수 있는 재정적 또는 개인적 이해관계가 있을 가능성이 높은)은 도덕적 상대주의에 기반한 피상적인 논리에 의존한다. 그들은 서구의 민간 신용 조사 기관도 개인 신용 보고서에 AI체계를 사용한다거나, 미국이 충분한 연방 개인정보 보호법을 갖추지 못했다거나, 서구인들이 "자국의 상황을 더 자세히 살펴보는 것이 좋을 것"이며 중국의 활동을 과도하게 비판해서는 안 된다는 주장을 펼친다.[31)]

이러한 옹호론자들은 중국 AI 개발의 근본적인 정치적 동기와 이러한 사회 통제 메커니즘이 특히 점령 지역에서 군사적 목적으로도 활용될 수 있다는 심각한 함의를 외면하고 있다.

군사적 활용으로의 확장: AI 기반 사회 통제 시스템의 이중용도

의심할 여지없이 중국공산당의 영구적 통치하에 있는 중화인민공화국 정부가 AI를 개발하는 주요 목적은 중국 국민의 행동(그리고 잠재적으로는 사상)에 대한 정부의 통제력을 강화하는 것이다.

그러나 이러한 사회 통제 목적의 AI체계는 군사적 용도로도 활용될 수 있으며, 추가적인 군사적 목적을 위해 쉽게 변형될 수 있다. 예를 들어 현재 신장 지역에서 운용 중인 기존 감시 시스템은 분쟁 발생 시 인민해방군이 점령한 지역 주민들을 통제하기 위해 약간의 수정만으로도 적용 가능하다. 이러한 기술은 잠재적 저항 세력 구성원을 식별하는 데에도 효과적으로 활용될 수 있다. 이 시스템의 배치로 점령 지역 통제에 필요한 병력 수를 상당히 줄일 수 있어 여분의 병력을 최전선에 투입할 수 있는 전략적 이점을 제공한다.

중국의 '차세대 인공지능 발전계획'은 향후 AI 개발에 있어 군사적 활용을 최우선시하고, 상업적 용도는 이러한 우선순위 체계 내에서 발전시킬 것이라고 명시하고 있다. '민군융합(Civil-Military Fusion)'은 군사와 상업적 활용 간의 공생 관계를 나타내는 핵심 개념이다. 이는 AI가 국방 분석가들이 말하는 '이중용도 기술(Dual-Use Technology)'이기 때문에 가능하다. 즉 근본적인 구조 변경 없이도 민간 또는 군사 목적으로 모두 활용 가능한 기술인 것이다. 앞서 설명했듯이 사회 통제를 위해 구축된 빅데이터 수집 시스템은 군사작전 지원에도 직접적으로 활용될 수 있다.

러시아의 우크라이나 침공 이후 러시아 정부의 반체제 인사 감시를 위한 AI 사용을 옹호하던 서방의 옹호론자들은 대부분 자취를 감췄다. 어쨌든 러시아는 중국 규모의 대규모 사회신용체계를 구축할 자원이 부족하며, 그러한 야심찬 시도를 하지도 않았다. 러시아 정부의 AI 개발 집중은 - 푸틴(Putin)의 표현을 빌리자면 - "세계를 지배하는 데" 기여할 수 있는 군사적 활용에 직접적으로 초점을 맞추고 있다.

푸틴 정권이 우크라이나 아동을 강제 이주시켜 러시아 가정에서 양육하려는 의지는 점령 지역 인구에 대한 사회 통제 메커니즘을 적용할 잠재력을 경고하는 신호다. 이러한 활동을 촉진하기 위해 AI 기술을 활용하는 것은 단지 작은 추가 단계에 불과하다. 유엔은 이 행위를 '제노사이드(Genocide)'로 규정했으며, 국제형사재판소(ICC, International Criminal Court)는 블라디미르 푸틴과 소위 러시아 아동권리위원인 마리아 리보바-벨로바(Maria Lvova-Belova)에 대한 체포영장을 발부했다. AI 알고리즘은 점령 지역에서 강제로 이주된 아동들을 러시아 가정에 배정하고, 효과적으로 아동들을 세뇌시키며, 이후 활동을 지속적으로 감시하는 데 있어 매우 효율적인 도구로 작용할 가능성이 높다.

잠재적 적국이 군사 AI를 어떻게 활용할 것인가?

잠재적 적국이 군사작전에서 인공지능을 어떻게 활용할 것인지는 단순히 미국의 능력과 정책을 투영하는 방식으로는 정확히 예측할 수 없다. '거울 이미징(Mirror-imaging)'은 적국이 자국과 유사한 방식으로 행동할 것이라고 가정하는 분석적 오류를 지칭하는 용어다. 중화인민공화국과 러시아—그리고 궁극적으로는 이란과 북한—이 미국 및 동맹국들의 군사 능력과 유사한 시스템을 개발할 가능성이 있다. 이러한 시스템에는 어느 정도 '인간 개입(Human in the loop)'을 포함하는 인간-기계 협업(Human-Machine Teaming) 개념이 포함될 수 있다.

그럼에도 불구하고 이들 국가의 정치 체제는 그들의 내부 통제 메커니즘에 맞춰 AI 활용 방식을 결정할 것이며, 이는 필연적으로 군사 발전 경로에도 영향을 미칠 것이다. 개인의 인권을 덜 중시하는 정부일수록 무기체계의 높은 자율성과 민주주의 국가들이 인간의 판단에 맡기려는 결정들을 AI체계가 대신 내리도록 허용하는 것에 대한 우려가 적을 것이라고 가정하는 것이 합리적이다. 기계가 치명적인 무력 사용 결정을 직접 내리도록 허용하는 것이 전투 효율성 측면에서 더 빠르고 효과적일 수 있다. 앞서 논의했듯이 적절하게 프로그래밍된 기계—올바른 AI 알고리즘을 갖춘 시스템—는 명령에 의문을 제기할 가능성이 있는 인간 병사보다 국가와 집권당에 더 충성스러울 수 있다.

단순히 군사 능력이 매우 유사할 것이라고 가정하는 것은 기술 발전에 대한 문화적, 정치적 영향과 AI 개발 배후의 근본적 동기를 간과하는 오류다. 이 장의 첫 번째 인용문이 지적했듯이 이러한 적국들은 실제로 "서방의 무기 개발 추세와는 독립적으로 새로운 무기체계와 지원 인프라를 개발할" 가능성이 있다.

이러한 가능성을 정확히 평가하기 위해서는 현재 개발 중인 것으로 알려진 시스템들을 더 심층적으로 분석할 필요가 있다.

중국의 군사 프로그램

조지타운 대학교의 안보 및 신흥기술 센터(Center for Security and Emerging Technology)는 중국 인민해방군이 AI 관련 장비의 획득 또는 개발을 위해 343건의 계약을 체결했다고 밝혔다.[32] 이들의 연구에 따르면, 2018년 중국 인민해방군의 AI 및 자율 시스템에 대한 지출은 약 27억 달러로 같은 기간 미국의 30억 달러에 비해 약간 적은 수준이었다.[33] 그러나 대부분의 분석가들은 중국의 실제 군비 지출이 공식 발표보다 더 많을 것으로 평가하고 있다.

주목할 만한 첫 번째 특징은 중국 인민해방군이 미군을 모델로 삼아 미군이 획득하는 것과 유사한 장비를 구매한다는 점이다. 이러한 경향은 특히 중국 인민해방군 해군(PLAN)에서 두드러진다. 중국 인민해방군 해군은 미국의 항공모함 기술(전자기 사출 시스템 등)을 복제할 뿐만 아니라 자국의 전략적 필요와 반드시 일치하지 않더라도 유사한 함정을 건조하고 있다. 예를 들어 미 해군이 괌과 디에고 가르시아에 배치된 민간 승무원의 해상 전개 함정에서 장비를 하역하는 것을 지원하기 위해 해상 군수지원 플랫폼(MLP) 함정을 개발하자, 중국 인민해방군 해군도 이와 동급의 함정을 건조했다. 그러나 중국 인민해방군 해군은 해상 전개 전대를 보유하고 있지 않아 이러한 함정의 필요성이 불분명하다.

또 다른 사례로, 미국이 전자기 레일건을 시제품으로 개발하는 것을 관찰한 중국 인민해방군 해군은 그 실제 작동 여부가 확실하지 않음에도 불구하고 자체 버전을 함정에 서둘러 설치했다(알려진 바로는 이

레일건이 해상에서 실제로 운용된 적은 없다).

중국 인민해방군의 이점은 제조업 노동력의 임금이 상대적으로 낮아 함정, 항공기, 미사일 등을 미국보다 더 많이 생산할 수 있다는 점이다. 반면, 중국의 약점은 정교한 서방 제조 컴퓨터 칩에 의존한다는 것이지만, 이를 극복하기 위해 자체 반도체 개발을 적극적으로 추진하고 있다.

이러한 동등성(그리고 궁극적으로 우위) 추구는 AI 분야에도 적용된다. 중국 인민해방군은 무인항공기에 AI 기능을 통합할 준비가 되어 있으며—이미 적용했을 가능성도 있다—지상 전투 차량과 수상함에도 유사한 계획을 가지고 있다. 중국은 특히 AI를 특정 전투 영역에서 미국을 따라잡거나 추월하는 수단으로 인식하고 있다.

중국 인민해방군은 미국보다 자국의 능력이 크게 뒤처진다고 평가하는 두 가지 핵심 전장 영역에 AI 노력을 집중하고 있다. 첫째는 수중전에서의 미국의 우위를 잠식하는 것이고, 둘째는 자국보다 더 크고 전 세계적으로 확장된 미국의 전투정보네트워크를 교란하고 무력화하는 것이다.

최근까지 중국 인민해방군은 대만해협에서 작전 중인 미국 잠수함을 효과적으로 탐지하고 추적할 수 없는 것으로 평가되었다.[34] 이는 중국이 적극적으로 개선하고자 하는 중요한 취약점이다. 수중전은 잠수함 간의 교전, 수상 및 공중 플랫폼 대 잠수함 작전, 그리고 기뢰전을 포함하며, 이 모든 작전은 각 플랫폼에 탑재된 수중음향 분석 능력과 장거리 수중음향 분석체계에 의해 뒷받침된다.

2017년 중국 인민해방군 해군은 미국 잠수함을 탐지하고 추적하기 위해 자율 무인잠수정(UUV)을 포함한 음향 센서로 구성된 '수중 만리장성' 구축에 대규모 투자를 시작했다. 음향 분석은 복잡한 기술로 오랫동안 인공지능과 유사한 알고리즘을 활용한 컴퓨터 분석으로 발전해 왔다. 새로운 AI 기술은 수중 영역에서 미국이 오랜 경험을 통해 축적한 우위를 상쇄할 수 있을 것으로 중국은 기대하고 있다.

중국의 자율 UUV는 "수량이 급증하고 성능이 지속적으로 향상되고 있다"고 보고되고 있다.[35] 예를 들어 하이더우(海斗) 1호 자율 UUV는 2020년 마리아나 해구(미국령 북마리아나 제도 동쪽)에서 수심 33,000피트(약 1만 미터) 이상 잠항하는 능력을 입증했다. 같은 해 자율 무인잠수정(UUV)인 '시웨일(Sea-Whale)'은 37일 동안 1,250해리(2,315km)를 자율 항해했다. 이들 자율 UUV는 아직 구체적인 군사적 능력을 입증하지는 않았지만, 미래 해군 UUV 개발을 위한 시제로 볼 수 있으며, 이들의 자율 운용을 위해서는 고도의 AI 기술이 필수적이다.

미국의 지휘, 통제, 통신, 컴퓨터, 정보, 감시, 정찰(C4ISR) 네트워크를 교란하거나 무력화하는 전략은 '체계 대항' 또는 '체계 파괴' 전쟁으로 불리며, 인민해방군은 이를 "적 작전체계의 운용 능력을 교란, 마비 또는 파괴할 수 있는 교전자가 승리하는 것"으로 정의한다.[36] 미국은 중국보다 훨씬 광범위하고 포괄적인 전 세계적 C4ISR 네트워크를 운용하고 있는 반면, 중국의 네트워크는 주로 서태평양 인근 지역에 집중되어 있다. 미군이 본토에서 서태평양으로 이동하기 위해 넓은 해양을 횡단해야 하므로 중국군보다 장거리 무선 통신(주로 위성 통신)에 더 의존한다는 특성이 있다.

인민해방군은 이러한 미국의 의존성을 취약점으로 인식하고 이를 이용하고자 한다. 그러나 다양한 공격 기술(사이버전 포함)을 효과적으로 관리하려면 여러 형태의 고도화된 AI 능력이 필요하다. 안보 및 신흥기술 센터는 공개 자료만을 분석하여 AI를 '체계 대항' 및 '체계 파괴' 전쟁과 연관시키는 29개의 인민해방군 프로젝트를 식별했으며,[37] 이 외에도 더 많은 비밀 프로젝트가 존재할 것으로 추정된다.

서방 군대는 이러한 전략을 일반적으로 전자기전이라는 용어로 부르며, 이는 러시아도 NATO와의 잠재적 분쟁에서 활용하고자 하는 능력이다.

러시아의 군사 프로그램

연방정부 지원 연구개발기관인 CNA 코퍼레이션(CNA Corporation)은 러시아의 AI 기반 군사 시스템 중 개발 단계에 있는 것을 최소 40개 식별했으며,[38] 특히 무인 지상 전투차량 개발에 중점을 두고 있는 것으로 나타났다.

러시아는 시리아 개입 과정에서 다양한 무인 시스템을 시험했는데, 이들 중 상당수는 AI 제어로 전환될 가능성이 높으며 일부는 이미 AI 요소가 탑재되었을 것으로 추정된다. 2019년 러시아 국방부는 전장의 불확실성을 감소시키기 위한 '지능형 의사결정 시스템'을 개발 중이라고 공식 발표했다.[39]

미국의 현재 군사 운용과 유사하게 러시아의 무인 지상 플랫폼은 주로 지뢰 제거와 정보·감시·정찰(ISR) 임무에 활용되고 있다. 지뢰 제거를 위한 주요 플랫폼으로는 우란-6(Uran-6)이 있으며, ISR 목적의 무인 플랫폼으로는 스카라브(Scarab)와 스페라(Sphera)가 대표적이다.

러시아는 실제 전투 환경에서 무인 전투 플랫폼도 시험했다. 2018년 5월, 핵미사일 발사 기지 방어용으로 배치된 것과 동일한 '소형 탱크'인 우란-9(Uran-9)을 '준도시 전투' 임무에 투입했다. 이 차량은 주로 원격으로 인간 조종사에 의해 제어되었으며 임무 완수에 실패한 것으로 보고되었다. 그러나 러시아 국방부에 따르면 이후 다수의 개선이 이루어졌다. 우란-9에는 원격 제어 작전을 지원하기 위한 AI 애플리케이션이 탑재되었을 가능성이 있으며, 이는 인간-기계 협업의 사례로 볼 수 있다.

한편 슈투름(Shturm, Storm)이라는 러시아 프로젝트는 도시 내 거리 전투에 특화된 더 큰 규모의 무인 탱크(유인 T-72 주력 전차 기반)를 설계하고 있다. 네레흐타(Nerehta)라는 더 소형 전투 차량은 '군사 AI 애플리케이션을 위한 테스트베드'로 보고되었으며, 유사한 전투 임무를 수행할 것으로 예상된다.[40)]

전자전은 레이더와 같은 적의 센서를 재밍(jamming), 기만(spoofing), 그리고 속임(deception) 작전을 의미한다. 소련군은 나토 체계에 대한 전자전 능력을 자랑으로 여겼으며, 소련 해체 후에도 러시아는 전자전에 중점을 둔 전략을 지속적으로 유지해왔다. 정보 분석과 마찬가지로 AI는 자동화된 프로세스를 기계 속도로 제어하는 데 중요한 역할을 수행할 수 있다. 구체적으로는 적의 전송 주파수를 탐지하고, 그 신호를 공격하며, 주파수 변경에 즉각적으로 대응하는 기능을 수행한다. 이러한 전자전 네트워크의 일부는 국지적 전파방해를 위해 무인항공기(UAV)를 활용하는 것을 포함한다. 예를 들어 러시아의 리어3(Leer-3)

UAV는 기지국을 교란하고 약 6천 대의 휴대폰에 허위 신호를 전송할 수 있는 것으로 알려져 있으며,[41] 이러한 복잡한 임무 수행에는 일정 수준의 AI 기술이 요구된다.

러시아는 우크라이나 침공 시 UAV를 광범위하게 사용했다. 그러나 현재까지 AI를 이용해 자율적으로 비행한 UAV의 구체적인 증거는 거의 발견되지 않았다. 대부분의 UAV, 특히 포병 관측용 드론인 올란-10(Orlan-10)과 같은 정보·감시·정찰(ISR) 용도의 UAV는 원격으로 인간 조종사의 직접적인 통제하에 운용되었다.

이란에서 생산된 Shahed-136과 같은 '자폭 드론'은 탄도 미사일이나 순항 미사일과는 달리 장시간 공중에 머물 수 있는 체공형 탄약으로 기능한다(이스라엘의 Harpy 체계와 유사한 방식). 정보 소식통에 따르면 Shahed-136의 광범위한 사용—특히 민간 기반시설 공격에—은 러시아가 순항 미사일 재고의 상당 부분을 소진한 결과라고 한다. Shahed-136은 원격 명령에 따라 공격하기 때문에 지형 매핑을 통해 유도 가능함에도 불구하고 AI 무기로 거의 분류되지 않는 미국의 토마호크 순항 미사일보다도 AI 의존도가 낮은 것으로 평가된다.

그럼에도 불구하고 러시아는 완전자율 UAV, 특히 방공망을 압도할 수 있는 군집 공격이 가능한 UAV에 대한 지속적인 관심을 보이고 있다. 우크라이나 전쟁에서 러시아는 AI 지시가 아닌 순차적 발사 방식을 통해 자폭 드론 군집을 형성했는데, 이는 러시아가 현재 극복하기 위해 노력 중인 기술적 한계점으로 볼 수 있다.

상대적 관점에서 볼 때, 러시아는 지상 전투 차량에 AI를 통합하는 분야에서 선도적 위치를 차지하고 있으며 전자전 체계에서도 AI를 적극적으로 활용하고 있다. 그러나 UAV에 통합된 AI 기술 측면에서는 미국과 중국에 비해 뒤처진 것으로 평가된다.

수중전 분야에서는 미국이 장기간의 운용 경험 덕분에 무인잠수정(UUV) 영역에서 중국보다 우위를 유지하고 있는 것으로 판단된다. 러시아 방위산업은 소련 시대의 세계적 수준의 잠수함 설계 역량을 계승하여 수중전 분야에서 미국과 대등한 기술적 수준을 유지하고 있으나, 전체적인 규모 면에서는 미국이나 중국과 경쟁하기 어려운 상황이다. 무인 수상 함정 분야에서는 전반적인 기술이 아직 미성숙 단계에 있어 어느 국가가 선두 주자인지 명확히 판단하기 어렵다.

미국은 정말로 크게 뒤처져 있는가?

표면적으로 볼 때 미국은 많은 분야에서 AI 선두주자로 보이며 잠재적 경쟁국들에 뒤처져 있지 않다. 그러나 이러한 현재의 우위가 미래에도 지속될 것이라고 단정하기는 어렵다.

이 장의 두 번째 인용구에서 니콜라스 샤일란(Nicolas Chaillan)은 군사 AI 활용 개발에 있어 미국 국방부의 시급성 인식 부족에 대한 깊은 우려를 표명했다. 국방 지도자들이 공개적으로 AI의 중요성을 강조하고 민군 협력을 장려함에도 불구하고, 샤일란과 여러 비평가들은 군사 AI 개발이 심각한 자금 부족 상태에 있으며 국방부의 경직된 관료주의에 의해 효과적인 진전이 저해되고 있다고 지적한다.

동시에 많은 첨단기술 기업들은 이념적 이유로 또는 국방부 조달 규정의 복잡성 때문에 군수업체로 자신을 규정하기를 꺼린다. 정부 자금의 낭비, 사기, 남용을 방지하기 위한 노력으로 의회는 국방 획득에 관한 수많은 법률을 제정했고, 연방 관료제는 이를 복잡한 필수 신청 양식을 포함한 방대한 규정으로 구체화했다. 소규모 기술 스타트업들은 이러한 복잡한 절차를 감당하기 어려운 반면, 대형 기업들은 이 과정에 대한 풍부한 경험과 더 많은 사업개발 및 관리 인력을 보유하고 있어 상대적 우위를 확보하고 있다.

그럼에도 불구하고 현재 시점에서 미국은 AI 분야에서 뒤처져 있지 않은 것으로 평가된다. 상업용 AI 기업 수, 기술 스타트업 통합, 특허 출원, AI 관련 학술 논문 발표 수 등 국가 간 AI 발전 정도를 비교하기 위해 고안된 다양한 지표에서 미국은 여전히 선두 위치를 유지하고 있다. 그러나 AI 연구개발의 약 80%가 미국 정부가 아닌 상업 기업들에 의해 자금을 지원받고 있다는 사실은 중요한 의미를 갖는다. 이는 잠재적으로 군사적 이점을 제공할 수 있는 알고리즘에 대한 정부의 접근과 활용이 자동적으로 보장되지 않음을 의미한다.

대조적으로 중국공산당의 구조적 강점은 중국 내 모든 상업용 AI 개발에 접근하여 그 성과물을 군사용으로 전용할 수 있는 제도적 능력에 있다. 중국에서는 이러한 정부 개입을 회피할 방법이 사실상 존재하지 않는다. 모든 대형 중국 기술 기업은 법적으로 기업 내에 공산당 조직을 설립해야 하며, 최근에는 소규모 기술 기업들도 공산당에서 파견한 대표를 의무적으로 채용하고 있다.[42]

2022년 3월, 중국에서는 모든 '추천 알고리즘'—Siri나 아마존의 '이 제품을 구매한 고객이 구매한 다른 제품'과 같이 사용자에게 선택을 제안하는 알고리즘—을 정부에 등록하고 제출하도록 요구하는 규정이 발효되었다. 특히 대중에게 정보를 전파하는 데 영향을 미치는 알고리즘이 중점 규제 대상이다. 텐센트, 알리바바, 그리고 전 세계적으로 인기 있는 틱톡의 소유주인 바이트댄스와 같은 중국의 주요 인터넷 플랫폼들은 이 등록소에 자사의 알고리즘을 제출했다.[43] 중국 학자들은 이러한 상황을 "중국은 강력한 AI 촉진 정책과 약한 개인정보 보호 규정을 가지고 있다"[44]고 완곡하게 표현하는데, 이는 실제 상황을 상당히 절제하여 표현한 것이다.

점점 더 많은 전문가들이 미국이 국가안보에 직접 적용 가능한 신흥 기술 분야에서 기존의 우위를 상실하고 있다고 경고하고 있다. 중국은 AI 관련 특허 출원과 학술 논문 발표 수에서 어느 국가보다 앞서 나갈 태세를 갖추고 있으며, 일부 분석가들은 중국이 2017년에 이미 이 분야에서 미국을 추월했다고 주장한다.

이러한 상황은 구글(알파벳)의 전 CEO이자 여전히 주요 주주인 에릭 슈미트(Eric Schmidt)를 포함한 기술 산업의 핵심 리더들에게 심각한 경각심을 불러일으켰다. 2020년 슈미트는 "우리는 중국보다 1~2년 앞서 있을 뿐이다. 10년 앞서 있는 게 아니다"라고 경고했다.[45] 2020년부터 2021년까지 슈미트와 전 국방부 부장관 로버트 O. 워크(Robert O. Work)는 의회가 설립한 인공지능국가안보위원회(NSCAI)의 공동 의장을 맡았다. 철저한 조사와 연구 끝에 완성된 이 위원회의 최종 보고서는 경각심을 불러일으키는 결론을 제시했다. "15명의 기술 전문가, 국가안보 전문가, 기업 임원, 학계 지도자로 구성된 초당적 위원회인 인공지능국가안보위원회(NSCAI)는 불편한 메시지를 전달한다. 미국은 AI 시대에 방어하거나 경쟁할 준비가 되어 있지 않다. 이것이 우리가 직면해야 할 냉혹한 현실이다. 그리고 이 현실이 포괄적이고 전 국가적인 행동을 요구하고 있다."[46]

위원회가 권고한 전 국가적 행동에는 미국 정부와 상업용 AI 개발자들 간의 더 긴밀한 협력—특히 이러한 노력을 국방 분야에 집중—뿐만 아니라 AI 연구개발에 대한 광범위한 정부 자금 지원, 그리고 모든 공립 및 사립 교육 기관에서의 과학, 기술, 공학, 수학(STEM) 교육 강화가 포함된다. 그러나 이러한 권고된 노력들은 아직 체계적으로 조직되거나 충분한 자금 지원을 받지 못하고 있다. 현재의 대응은 확실히 1960년대 '우주경쟁' 당시 투입된 국가적 자원의 수준과 강도에 크게 미치지 못하고 있다.

누가 미래의 AI 리더가 될 것인가?

현재의 기술 개발 추세가 지속된다면 미래의 AI 리더—특히 군사 활용 분야에서—는 미국이 아닐 가능성이 높다. 미국이 세계적으로 가장 창의적인 과학자와 엔지니어들을 보유하고 있을지라도 그것만으로는 장기적인 경쟁 우위를 확보하기에 충분하지 않은 것으로 보인다. 미국 기술 분야의 기업가와 기술자들의 창의성과 혁신성, 그리고 주요 대학에서 수행되는 첨단 연구에도 불구하고, 미국과 다른 민주주의 국가들은 권위주의 국가의 기술 개발과 경쟁하는 데 있어 구조적 불리함을 가지고 있다.

에릭 슈미트와 로버트 워크가 지적한 바와 같이 미국 정부가 1960년대 달 착륙을 위한 우주경쟁에 투입했던 수준에 버금가는 대규모 자원과 자금을 AI 개발에 집중적으로 투입하지 않는 한, 중국공산당이 주도하는 중화인민공화국이 상업적 활용과 군사적 활용 양쪽 분야에서 글로벌 AI 리더 위치를 차지할 가능성이 높다.

이러한 경쟁 구도의 결과는 주로 양국 간의 상대적 인센티브와 투자 규모 차이에서 비롯될 것이다. 스탠퍼드 대학교의 고르디안 노트 국가안보센터(Gordian Knot Center for National Security)의 연구에 따르면, 중국은 기술 산업 전반에 약 1조 달러를 투입할 준비가 되어 있으며, 이 중 상당 부분이 AI 개발을 위한 자금으로 할당될 것으로 예상된다. 센터의 설립자 중 한 명은 “중국은 실리콘밸리처럼 조직되어 있는 반면, 펜타곤은 디트로이트 자동차 제조업체와 같다”고 비유했다. 이는 미국 국방부의 의사결정 시스템이 구식이고, 느리며, 지나치게 보수적인 비즈니스 관행을 따르고 있음을 시사한다.[47] 한편 실리콘밸리의 많은 소규모 기술 기업들은 벤처 캐피털리스트들의 정기적인 자금 투입에 크게 의존하고 있으며, 투자자들은 시장 상황에 따라 비교적 쉽게 자금을 다른 상업 분야로 이동시킬 수 있다. 2023년 실리콘밸리 은행의 붕괴 사태는 민간 기술 분야 자금 조달의 근본적인 취약성을 드러냈으며, 결국 연방 정부의 긴급 개입이 필요했다.

국방부의 실리콘밸리 소재 국방혁신단(Defense Innovation Unit)과 같은 혁신적인 시도에도 불구하고, 복잡한 연방 규제와 조달 과정으로 인해 펜타곤이 여전히 기술 기업들에게 까다롭고 비효율적인 고객으로 인식된다는 점은 타당한 지적이다. 이러한 규제적, 구조적 장벽은 미국이 중국과의 기술 경쟁에서 우위를 유지하는 데 심각한 장애 요인으로 작용하고 있다.

상대적 인센티브 구조와 중국 및 러시아의 현재 군사 AI 개발 현황을 고려할 때, 미국은 이러한 도전에 어떻게 효과적으로 대응할 수 있을까? 이 중요한 질문에 대한 분석은 후속 장에서 더 자세히 다루게 될 것이지만, 먼저 군사 AI의 구체적인 내용과 활용 분야를 면밀히 살펴볼 필요가 있다.

CHAPTER

04

AI의 무기화:

왜 군사 무기체계에 AI가 중요한가?

기술은 가능성의 범위를 설정한다.
기술이 군사혁명의 잠재력을 창출한다.

맥스 부트(Max Boot)[1)]

기술이 혁명을 가능케 하지만, 혁명 자체는
새로운 작전개념이 발전하고, 많은 경우
새로운 군사 조직이 창설될 때만 일어난다.

앤드류 마셜(Andrew Marshall)[2)]

CHAPTER 04

AI의 무기화:
왜 군사 무기체계에 AI가 중요한가?

승산은 400대 1이었다. 도시 외곽에는 약 8만 명의 전투 경험이 풍부한 전사들이 주둔하고 있었다. 이들 중 많은 이들은 수천 명 규모의 적군을 상대로 한 치열한 전투에서 승리하고 돌아온 베테랑들이었다. 반면 도시 안에는 단 168명의 병사와 62마리의 말만이 있었다.

대륙에서 가장 부유하고 거대하며 강력한 제국의 황제는 정복자의 자신감을 가지고 도시 문을 통과했다. 그는 자신의 거대한 군대 중 일부인 약 7천 명의 근위대만을 대동했다. 밖에 있는 군사들보다는 경무장이었지만, 이 근위대는 근접전에 효과적인 무기를 갖추고 있었다. 황제는 매복을 예상하지 않았으며, 필요하다면 자신의 즉각적인 명령으로 전체 군대가 즉시 도시로 몰려들 수 있다는 확신이 있었다. 게다가 그와 맞서는 적군은 이미 그의 제국 깊숙이 유인된 상태였고, 설사

탈출한다 해도 적대적인 영토를 수 마일이나 통과해야만 했다.

168명의 병사들 대부분은 전투 태세를 갖추고 있었으나 집과 벽 뒤에 숨어 있었다. 사실 그들은 극도로 긴장하고 두려워했다. 후일 많은 이들이 "순수한 공포로 소변을 지렸다"고 회상했다. 하지만 지휘관의 명령에 따라 부대의 군종(軍種) 사제와 통역관이 앞으로 나섰다. 그들은 항복하러 가는 것이 아니라, 오히려 황제에게 그들과 그들의 신에게 항복할 것을 요구하러 갔다. 대화는 황제가 그들 모두를 죽이겠다고 선언하며 끝났고, 바로 그 순간 병사들이 12정의 아르케부스(초기 소총), 4문의 소형 대포와 함께 기마병을 이끌고 은신처에서 모습을 드러냈다.

7천 명의 전사들은 말을 탄 병사들이나 불꽃과 치명적인 금속 파편을 발사하는 이러한 이상한 무기를 본 적이 없었다. 혼전 속에서 약 2천 명이 사망했을 것으로 추정되며, 정복자 프란시스코 피사로의 소규모 스페인 군대는 잉카 황제를 인질로 잡았고, 이것이 결국 잉카 제국 전체를 장악하는 계기가 되었다. 지도자를 잃고 이해할 수 없는 기술에 심리적으로 타격을 입은 잉카 군대는 뿔뿔이 흩어졌다. 돌과 나무로 만든 무기로 무장한 그들은 강철 무기, 총, 대포, 그리고 말이라는 당시로서는 첨단 군사 기술에 대항할 효과적인 방법을 갖고 있지 않았다.[3)]

군사혁신

인류는 수천 년 전 동굴에 거주하던 조상들이 적대 집단에 대해 우위를 확보하고자 새로운 도구를 개발하기 시작한 시점부터 전쟁에서 승리하기 위해 혁신적인 방식으로 기술을 활용해 왔다. 최초의 궁시(활과 화살), 기병 운용을 위한 말의 활용, 화약, 장궁, 머스킷 소총, 개틀링 기관총, 장갑함, 전차, 그리고 궁극적으로 핵무기에 이르기까지—기술의 발전은 이를 혁신적으로 운용하는 측에 결정적인 전술적 우위를 제공해 왔다.

군사 역사가들과 전략가들은 이러한 획기적인 발전을 군사혁신(RMA, Revolution in Military Affairs)이라고 명명하게 되었다. 이러한 기술적 혁신은 전쟁 양상을 근본적으로 변화시키고 역사의 흐름을 재편해 왔다. 그러나 주목할 만한 점은 이러한 혁신적 기술을 먼저 전장에 투입한 측조차도 실제 전투 상황에서 사용되기 전까지는 진정한 영향력과 파급효과를 완전히 예측하지 못하는 경우가 많았다는 사실이다.

오늘날 급속도로 발전하는 신흥 기술은 과거 피사로에게 제공했던 것과 같은 전례 없는 군사적 잠재력을 보여준다. 특히, 군사 분야에서의 인공지능 활용은 전쟁 수행 방식을 근본적으로 변화시키고, 새로운 차원의 군사혁신 시대를 열 것으로 전망된다.

로봇과 무인체계의 등장

지난 500년의 후반기 동안 인류는 전투에 활용할 수 있는 새로운 기술을 구상하기 시작했다. 피사로가 잉카를 정복한 지 350년 후 여러 작가들이 비인간 존재가 인간과 전쟁을 벌인다면 어떤 일이 일어날지 추측했다. 그중 가장 유명한 것은 아마도 영국 작가 H. G. 웰스(H. G. Wells)가 1890년대 후반에 연재한 소설 '우주 전쟁(War of the Worlds)'

일 것이다.

'우주 전쟁'은 인류와 지구를 침공하는 외계 종족인 화성인 간의 갈등을 상세히 다룬 초기 작품 중 하나였다. 화성인들은 열선과 유독한 검은 연기를 내뿜는 화학 무기로 무장한 전투 기계를 사용한다. 지구 거주자들은 이 '로봇 무기'에 의해 궤멸된다. 이 책의 줄거리는 같은 시기에 출판된 수많은 침공 문학 작품과 유사했지만, 1938년 오슨 웰스(Orson Welles) 주연의 라디오 드라마로 각색되면서 특히 유명해졌다. 극적인 낭독을 통해 책의 내용이 허구라는 것을 모르는 청취자들에게 공황을 일으켰다.

20세기 내내 더 많은 작가들이 로봇(당시 우리가 오늘날 무인체계라고 부르는 것의 일반적인 용어)이 분쟁에 사용된다면 어떤 일이 일어날지 추측하기 시작했다.[4)] 이러한 아이디어의 상당수는 기계가 완전히 압도당한 인간을 지배하는 종말론적 시나리오를 제시했다.

이러한 이야기와 자신들의 상상력에 영감을 받아 과학자들과 엔지니어들은 조종사가 원격으로 제어하지만 탑승자 없이 작동하는 체계를 개발하기 시작했다. 무인체계를 만든 주요 이유는 자국의 전투원을 위험에서 보호하고, 대신 (소모품인) 기계를 위험한 상황에 투입하기 위해서였다.

전쟁에서 무인체계의 최초 역사적 사용은 1849년 8월 오스트리아가 폭발물을 실은 무인 기구로 이탈리아 베네치아 시를 공격했을 때였다. 최초의 무인항공기는 제1차 세계대전 직후에 제작되었다. 미 육군이 선도적 역할을 했는데, "공중 어뢰"(aerial torpedo, 현대의 순항 미사일에 해당) 프로젝트를 의뢰하여 "케터링 버그(Kettering Bug)"를 개발했다. 이는 전시 사용을 위해 개발되었지만 제1차 세계대전에 투입되기에는 시기상 늦었다. 자이로스코프로 제어되는 이 무인항공기는 찰스 케터링(Charles Kettering)이 오빌 라이트(Orville Wright)와 엘머 스페리(Elmer Sperry)의 조언을 받아 설계했고, 데이튼-라이트 사(Dayton-Wright Company)에서 제작했다. 현대의 자율 무인항공기에 대한 우려를 예견하듯 군 관계자들은 아군 병력 상공으로 폭발물을 실은 무인기의 비행을 허가하기를 꺼렸다.

미국에서는 제1차 세계대전과 제2차 세계대전 사이의 기간 동안 군이 다양한 유형의 무인체계를 지속적으로 개발했다. 특히 실험의 상당 부분은 무인 항공체계에 집중되었는데, 그중 대표적인 예가 레지널드 데니(Reginald Denny)의 RP-1 표적 드론이었다. 이 드론은 데니가 개발한 무선 조종 모형 항공기를 직접 군사용으로 개조한 것이었다.

실제 이름이 레지널드 리 더그모어(Reginald Leigh Dugmore)인 데니는 영국 배우이자 무성 영화 스타로 제1차 세계대전 때 영국 공군에서 복무했고 이후에도 항공 분야에 계속 관여했다. 그는 '자유 비행' 모형 비행기(초기 모형 드론의 명칭)에 관심을 갖게 되어 모형 비행기 상점을 열었고, 나중에는 취미용품점 체인으로 확장했다. 1935년 그는 자신의 원격 조종 '라디오플레인(Radioplane)'을 군사용 표적 드론으로 개조하기 시작했다. 미 육군과 라디오플레인 OQ-2 비행 표적에 대한 계약을 따내면서 그의 회사는 제2차 세계대전 동안 15,000대의 드론을 제작했다. 이 회사는 1952년 항공기 제조사 노스롭(Northrop)에 인수되었고, 데니는 연기 활동으로 복귀했다.

1919년 미 해군은 미국-스페인 전쟁(1898) 참전함인 퇴역 전함 아이오와(Iowa, BB 4)를 원격 조종 표적함으로 개조했다. 이는 공중 폭격 시험을 위한 것이었다. 아이오와는 1920년부터 1923년까지 동행 함정의 통제하에 운용되었으며, 함정이 해안 공격 위치에 도달하기 전에 조종사들이 이동 중인 함정을 탐지하고 표적화할 수 있는 능력을 시험하는 데 사용되었다. 역사가들은 이 시험이 제2차 세계대전에서 사용된 해군의 항공 교리 발전에 기여했다고 평가한다.[5)]

아이오와는 1923년 함대 훈련 중 현역 전함의 함포 사격으로 계획대로 침몰되었다. 해군은 1930년부터 일련의 퇴역 구축함들을 사용하여 원격 조종 표적함 개념을 재도입했다. 1932년에는 또 다른 퇴역 전함인 유타(Utah, BB 31)를 간헐적으로 원격 조종 표적함으로 운용할 수 있도록 개조했다. 그러나 유타는 더 복잡한 훈련과 정비를 위해 여전히 축소된 승조원을 유지했다. 유타는 1941년 12월 7일 일본의 진주만 공격 때 침몰했다.

무인 항공체계와 무인 지상체계의 개발은 제2차 세계대전을 거쳐 20세기 후반까지 지속되었다. 대형 전함의 전투 운용 복잡성으로 인해 제2차 세계대전 중과 직후에는 원격 조종 무인전함 개발이 본격적으로 추진되지 않았다. 이러한 새로운 장치들의 잠재력에 대한 기대와 무인체계 지지자들의 과장된 선전은 성공만큼이나 많은 실패를 낳았다. 오늘날의 무인체계 제어 기술과 비교하면 1950년대, 60년대, 심지어 70년대의 기술은 기껏해야 초보적인 수준이었다. 많은 경우 드론으로 시도되던 것은 말 그대로 당시 기술의 한계를 넘어선 것이었다.

이러한 기술적 과도함의 대표적인 예는 미 해군의 QH-50 DASH(Drone Anti-Submarine Helicopter, 대잠 드론 헬리콥터) 프로그램이었다. 1958년 해군은 소형 RON-1 로터사이클 헬리콥터를 원격 조종 드론으로 개조하는 계약을 체결했다. 1965년 해군은 QH-50을 베트남에서 정찰용 무인기로 사용하기 시작했다. TV 카메라와 원격 조종 운용자에게 명령에 대한 드론의 반응을 알려주는 원격측정 피드백 링크를 갖춘 QH-50은 베트남 연안의 구축함에서 이륙해 랜딩 존 스누피(Landing Zone Snoopy) 임무를 수행하기 시작했으며, 구축함의 5인치 함포에 수평선 너머의 표적 데이터를 제공했다.

그러나 1970년까지 DASH 운용은 전 함대에서 중단되었다. DASH는 좋은 개념이었지만, 시스템의 치명적 약점은 전자 원격 제어 시스템이었다. 드론에서 조종사로의 피드백 루프 부재, 낮은 레이더 신호, 트랜스폰더 부재가 모든 드론 손실의 80%를 차지했다. 과장된 이야기이긴 하지만 DASH 시대 동안 해군 함대의 1MC 일반 방송 시스템에서 가장 흔한 호출은 'DASH 담당 장교, 함교로'였다고 한다. 이는 불운한 DASH 조종 장교가 '자신의' 기체가 함선으로 돌아오지 못하고 바다에 추락한 이유를 설명하기 위해 호출될 때였다.[6)]

걸프전과 그 이후

새로운 기술이 무인체계의 원격 제어를 더욱 효과적으로 발전시키면서 과학자들과 엔지니어들은 전쟁의 양상을 근본적으로 변화시킬 수 있는 무인체계의 잠재력을 인식하게 되었다. 이들은 군사혁신을 촉진하며 이러한 체계를 전투에 효과적으로 활용하여 전쟁에서 우위를 확보하는 방법을 지속적으로 연구했다. 이러한 노력은 쿠웨이트, 이라크, 아프가니스탄 전쟁 중에 새로운 추진력을 얻게 되었다. 이 분쟁들에서 미국과 동맹군은 긴급한 작전 요구사항을 충족시키고 전투원들의 안전을 보장하기 위해 공중 및 지상 무인체계를 혁신적인 방식으로 운용했다.

이러한 분쟁들은 무인체계 사용의 폭발적인 증가를 가져왔다. 미군만 해도 분쟁의 절정기에 10,000대 이상의 무인항공기(UAV)와 12,000대의 무인지상차량(UGV)을 전장에 투입했다. UGV의 주요 임무는 급조폭발물(IED)로 불리는 노변 폭탄의 탐지와 제거였다. 이 임무는 인간에게 극도로 위험한 작업이었으며, UGV는 특정 지원 임무에서 폭발물처리반(EOD) 요원을 효과적으로 대체했다. 보고에 따르면 미육군은 7,000대의 EOD UGV를 도입했고 그중 750대가 작전 중 파괴되었다.[7] 다른 많은 군용 UGV는 여전히 실험 단계이거나 시제품 개발 단계에 머물러 있다. 그러나 군사 분석가들은 분쟁으로 촉발된 군용 무인체계(UxS)의 확대 운용이 이미 10년 전에는 존재하지 않았던 전략적, 작전적, 전술적 변화 가능성을 창출하고 있다는 점에 동의한다.[8]

가장 유명한 사례로는 1991년 2월 27일 전함 USS 위스콘신(Wisconsin)에서 발사된 RQ-2 파이오니어(Pioneer) 무인정찰기에 파일라카 섬에 주둔한 40명의 이라크 군인들이 항복한 사건을 들 수 있다. 이전의 파이오니어 정찰 비행으로 이라크 순찰선과 섬의 참호에 대한 정밀타격이 이루어졌기 때문에 이라크 군인들은 무인정찰기에 의한 탐지가 치명적인 공격으로 이어질 것이라고 판단했다.[9] 이라크군에게—잉카인들이 스페인의 새로운 무기체계에 대응했던 것과 마찬가지로—이러한 새로운 무기체계는 물리적 피해를 입히는 것뿐만 아니라 공포와 혼란을 야기하는 강력한 심리적 효과도 발휘했다. 최근에는 프레데터(Predator)와 리퍼(Reaper)와 같은 UAV가 여러 작전 지역에서 테러리스트를 식별, 표적화, 제거하는 데 광범위하게 활용되고 있다.

분쟁에서의 성공으로 무인체계의 잠재력에 고무되어 전 세계 많은 국가들이 모든 군사 영역에서 이러한 기술에 적극적으로 투자하고 있다. 그중에서도 미국이 이러한 노력을 주도하고 있다고 할 수 있다. 국가안보전략(National Security Strategy), 국가방위전략(National Defense Strategy), 국방부의 무인체계 통합 로드맵(Unmanned Systems Integrated Roadmap)과 같은 최상위 정책 문서에서 미국은 미래 분쟁에서 무인 및 자율체계 운용에 "전력을 다해 투자"하고 있음을 명확히 명시하고 있다. 무인체계 통합 로드맵은 다음과 같이 기술한다. "자율성과 로봇 공학의 발전은 중요한 전력 승수로서 전쟁 수행 개념을 혁신할 잠재력을 가지고 있다. 자율성은 유인 및 무인체계의 효율성과 효과성을 크게 향상시켜 국방부에 전략적 우위를 제공할 것이다."[10] 그러나 여기서 중요한 문제가 있다. 다른 공식 출판물, 의회 증언, 고위 관료 연설과 마찬가지로 최고위 지도자들은 종종 '무인(unmanned)'과 '자율(autonomous)'이라는 개념을 혼동하고 있다. 대부분의 군사 전문가들은 군사 체계가 진정으로 자율적이기 위해서는 무인이어야 한다는 점에 동의한다. 그러나 원격 조종사에 의해 제어되는 무인체계는 진정한 의미에서 자율적이지 않다. 이러한 체계에 대한 정확한 전문 용어는 '반자율(semiautonomous)'이다.

자율성의 현실

군사 무기체계는 세 가지 명확한 수준의 자율성으로 임무를 수행할 수 있다. 반자율(semiautonomous), 감독자율(supervised autonomous), 완전자율(fully autonomous) 모드이다. 이 구분은 단순한 기술적 차이를 넘어 근본적인 운용 방식의 차이를 나타내므로 군사 무기체계의 자율성에 관한 모든 논의에서 이를 정확히 이해하는 것이 핵심적이다. 중요한 점은 이것이 종류의 차이가 아닌 자율성 정도의 차이라는 것이다. 체계의 '지능' 수준보다는 체계에 부여된 자유도와 독립적 의사결정 권한이 자율성 수준을 정의한다.

- 반자율 체계에서는 기계가 특정 작업을 수행한 후 인간 운용자가 다음 조치를 지시할 때까지 대기한다. 인간이 '루프 내(in the loop)'에 적극적으로 위치하며 다음 단계를 결정하고 지시한다. 반자율 체계는 자체적으로 탐지, 결정, 행동의 루프를 거치며 행동방안을 제안할 수도 있지만, 인간이 전체 과정에 걸쳐 최종적인 통제권을 행사한다.
- 감독자율 체계에서는 인간이 '루프 상(on the loop)'에 위치한다. 이 경우 기계는 스스로 탐지하고, 결정을 내리며, 행동을 취할 수 있지만, 인간 감독자는 자율체계의 행동을 지속적으로 관찰하고 기계가 의도된 명령이나 절차를 벗어나는 것으로 판단될 때 개입할 수 있는 권한을 갖는다.
- 완전자율 체계는 인간의 직접적인 개입 없이 독립적으로 탐지, 결정, 행동한다. 인간이 초기에 기계를 작동시키면 기계는 이후

인간과의 추가적인 소통 없이 독자적으로 임무를 수행한다. 이 경우 인간은 '루프 외(out of the loop)'에 위치하며 실시간 의사결정 과정에 참여하지 않는다.[11]

이러한 명확한 정의를 바탕으로 우리는 현대 군사작전에서 인공지능이 어떻게 활용되는지, 그리고 군사 무기체계에 AI를 통합하는 다양한 방법과 그 잠재적 결과를 더 체계적으로 이해할 수 있다. 최근 분쟁에서 무인체계의 광범위한 사용—가장 최근 사례로는 2022년 러시아의 우크라이나 침공에서—은 모두 인간이 루프 내 또는 적어도 루프 상에서 무인체계(UxS)를 제어하는 방식을 채택했다. 이러한 접근법은 기술적으로 열세인 적에 대해서는 효과적인 전술로 입증되었다. 그러나 기술적으로 동등한 수준의 적과의 미래 전투에서는 이러한 접근법이 오히려 치명적인 약점이 될 수 있다. 미 국방부의 무인체계 통합 로드맵은 이 근본적인 문제를 다음과 같이 명확히 설명한다. "무인체계 운용은 일반적으로 안정적인 네트워크 연결과 효율적인 주파수 접근에 의존한다. 중단이나 조작을 방지하기 위해 네트워크 취약점을 반드시 해결해야 한다."[12]

적에 의해 네트워크 연결이 방해되거나 교란되었을 때—이는 다양한 현대 분쟁에서 반복적으로 발생해온 현상이다—무인체계를 효과적으로 운용하기 위한 전략적 해법은 이러한 체계에 고도화된 인공지능을 통합하여 일단 임무가 개시되면 지속적인 인간의 직접적인 통제 없이도 독립적으로 임무를 완수할 수 있는 능력을 부여하는 것이다.

군사적 필수 요소로서의 AI

"모든 것이 중요하면 아무것도 중요하지 않다"는 오래된 격언은 효과적인 우선순위 설정의 중요성을 강조한다. 한정된 예산 환경에서 군 지도자들은 전투 우위 확보를 위해 무인체계에 인공지능(AI)과 기계학습을 적용하는 데 어떤 전략적 우선순위를 부여해야 하는가?

미국의 주요 경쟁국들은 무인체계를 진정한 자율 시스템으로 발전시키기 위해 AI와 기계학습 분야에 막대한 전략적 투자를 진행하고 있다. 우리는 미국이 현재 AI 군비경쟁에서 상대적으로 뒤처지고 있으며, 이러한 격차를 해소하기 위해서는 집중적이고 특별한 국가적 노력이 시급히 필요하다고 주장한다. 이는 단순히 개인적 견해가 아니라 국가안보 및 AI 분야의 전문가들 사이에서 광범위하게 공유되는 합의된 평가이다.

인공지능국가안보위원회(National Security Commission on Artificial Intelligence)의 최종 보고서는 이러한 상황에 대해 명확하고 시급한 행동 촉구를 제시하고 있다. 보고서의 가장 중요한 발견 사항은 다음과 같다. "현재 우리는 광범위한 AI 도입 없이도 미국과 동맹국을 방어할 수 있지만, 미래에는 AI 없이는 거의 확실히 패배할 것이다." 756페이지에 달하는 이 종합적인 보고서는 미국이 경쟁국들과 효과적으로 경쟁하기 위해 어떻게 "AI 역량을 체계적으로 강화해야 하는지"에 대한 상세한 분석과 권고를 제시하며 다음과 같이 경고한다.

미국은 AI 시대에 방어하거나 경쟁할 준비가 되어 있지 않다. 이것이 우리가 직면해야 할 냉혹한 현실이다. 그리고 이러한 현실이 포괄적이고 전 국가적인 대응을 요구한다. AI체계는 또한 권력 추구에 사용될 것이다. 우리는 AI 도구가 미래 분쟁에서 최우선 무기가 될 것을 우려한다. AI는 초강대국의 영역이나 공상과학의 영역에 머물지 않을 것이다. AI는 이중용도 기술이며 종종 오픈소스로 제공되고 빠르게 확산되고 있다.

적대국들은 이미 AI 기반 허위정보로 공격하여 민주주의 국가들의 분열을 조장하고 우리의 현실 인식을 교란하고 있다. 국가, 범죄자, 테러리스트들은 AI 기반 사이버 공격을 수행하고 AI 소프트웨어를 상용 드론과 결합하여 "스마트 무기"를 만들 것이다. 미국의 군사적 경쟁자들이 미국의 수십 년간의 기술적 우위에 도전하기 위해 AI 개념과 플랫폼을 통합하고 있다는 것은 공공연한 사실이다. 우리는 광범위한 AI 능력과 새로운 전쟁 패러다임 없이는 AI 기반 위협에 효과적으로 대응할 수 없을 것이다.[13)]

전쟁의 속도와 자율적 의사결정

AI와 기계학습이 군사 무기체계에서 결정적으로 중요한 주된 이유 중 하나는 현대 전쟁의 속도와 직접적인 관련이 있다. 인간이 무인체계를 제어할 경우(심지어 전자기적 간섭이 없는 양호한 환경에서도), 의사결정과 반응 시간이 현저히 느려져 적의 완전자율 시스템이 전장의 주도권을 장악하게 된다.

이러한 개념은 새로운 것이 아니라 존 보이드(John Boyd) 공군 대령이 한국전쟁 당시 개발한 OODA(Observe, Orient, Decide, Act: 관찰, 상황판단, 결심, 행동) 루프 이론에서 비롯되었다. 보이드의 이론은 전투 승리의 핵심이 적보다 더 빠르게 적절한 결정을 내릴 수 있는 상황 우위를 조성하는 것이라고 주장했다. 자율 무기체계는 대부분의 상황에서 인간의 OODA 루프 실행 속도를 훨씬 능가할 수 있다는 점은 군사 전문가들 사이에서 널리 인정되고 있다.[14] 한 군사 분석가는 AI 무기와 인간과의 대결 상황을 다음과 같이 설명한다.

> 인공지능이 OODA 루프의 모든 요소에 적극적으로 적용된다면, 본질적으로 OODA 루프가 크게 단축될 수 있다. 인공지능 시스템은 대규모의 동시 병력 조정을 가능케 하고 최적화된 방식으로 전력을 운용할 수 있게 한다. 결과적으로 AI의 통제하에 있는 소규모의 고도로 기동성 있는 전력(예: 드론)이 주요 전략 지점에서 훨씬 더 큰 재래식 전력을 압도하고 우회할 수 있게 된다. 따라서 AI 통제하의 플랫폼의 효과는 몇 배로 증폭되어 결국 훨씬 더 느린 OODA 루프를 실행하는 적이 효과적으로 대응하거나 맞설 수 없게 한다.[15]

이러한 속도 기반 접근법은 미군에게 완전히 새로운 과학은 아니다. 미군은 이미 다양한 방어 무기체계를 운용하고 있는데, 이들은 완전자율적이지는 않지만 상당 수준 자동화되어 인간의 직접적인 실시간 통제 없이도 작동할 수 있다. 대표적인 예로는 이지스(Aegis) 전투체계(1970년대에 함정을 항공기와 대함 순항 미사일로부터 방어하기 위해 최초 설계), 팔랑스(Phalanx) 근접방어무기체계, 패트리어트(Patriot) 방공체계가 있다. 이러한 접근법은 미국만의 독점적 상황이 아니다. 현재 30개 이상의 국가가 인간의 반응 속도로는 효과적으로 대응하기 어려운 초고속 OODA 루프 교전을 위한 다양한 수준의 방어용 감독자율 무기체계를 보유하고 있다.

공격용 무기에 인공지능과 기계학습을 도입하는 것은 전쟁의 양상을 근본적으로 변화시킬 새로운 전략적 전선이다. 이는 무기의 정확도, 작전 효과성, 치명성을 크게 향상시키는 동시에 아군 공격 전력을 적의 위험으로부터 보호한다. 미군은 토마호크 순항 미사일과 다양한 정밀유도무기(일반 재래식 폭탄을 고정밀 '스마트 폭탄'으로 전환하는 키트) 같은 고도화된 공격용 무기체계를 이미 운용 중이지만, 이것들은 진정한 의미에서 자율적이라기보다는 자동화된 무기체계라 할 수 있다. 이러한 무기는 일단 발사되면 스스로 고차원적 결정을 내리지 않고, 단순히 미리 프로그래밍된 경로를 따라 지정된 목표 지점으로 이동한다.

AI 기반 자율 무기의 실전 사용은 단순한 이론적 가능성이나 먼 미래의 전망이 아니라 이미 현실이 되었다. 대표적인 사례가 이스라엘의 하피(Harpy) 드론 시스템이다. 원격 조종사의 직접적인 통제하에 있는 미국의 프레데터(Predator)나 리퍼(Reaper) 드론과 달리, 하피는 광범위한 지역에서 특정 유형의 표적(예: 적 레이더 네트워크)을 독립적으로 탐색할 수 있으며, 표적을 발견하면 인간 조종사에게 공격 허가를 요청하지 않고 자체적으로 공격을 결정하고 실행할 수 있다.[16] 하피는 오늘날 광범위하게 배치된 최초의 진정한 AI 기반 자율 무기체계로 볼 수 있으며, 앞으로 등장할 많은 유사 시스템의 선구자적 역할을 하고 있다.

AI 기반 군사 무기체계 논의에서 종종 간과되는 중요한 요소는 비용 효율성 문제이다. "양적 우세는 그 자체로 질적 우세가 된다"는 오랜 군사 격언은 무기체계 개발 및 배치 결정에서 비용 대비 효과가 핵심 고려사항임을 시사한다—즉 소수의 고가 첨단 플랫폼과 다수의 저비용 플랫폼 사이의 전략적 선택이 중요하다.

재래식 유인 플랫폼과 AI 기반 무인 무기체계 간의 극적인 비용 차이를 보여주는 많은 사례가 있지만, 특히 주목할 만한 하나의 비교 사례가 있다. 미국의 첨단 공격 헬리콥터는 세계적으로 가장 강력한 공중 지상 공격 플랫폼으로 인정받고 있으나, 최근 수출 계약에 따르면 항공기 한 대당 1억에서 1억 2,500만 달러의 비용이 소요된다. 기종에 따라 성능 차이는 있지만, 일반적으로 이 헬리콥터들은 816개의 대전차 유도 미사일(ATGM)을 탑재하고, 약 2.5시간의 작전 체공시간을 가지며, 두 명의 고도로 훈련된 조종사가 필요하다. 이와 대조적으로 터키 방위산업체 바이카르 마키나(Baykar Makina)가 개발한 바이락타르 TB2(Bayraktar TB2) 무장 드론(리비아와 나고르노-카라바흐 분쟁에서 실전 검증됨)은 24시간의 장기 체공능력을 갖추고, 2개의 ATGM을 탑재하며, 조종사가 필요 없으면서도 단위 비용은 약 200만 달러에 불과하다—헬리콥터 대비 약 1/50의 비용이다.[17]

하피와 같은 시스템을 분석해보면 이러한 무기들은 반자율 무기에서 완전자율 무기로의 근본적인 패러다임 전환을 대표한다. 반자율 무기의 작동 방식에서는 인간 운용자가 특정 식별된 표적에 대해 무기를 발사하는데, 즉 인간이 표적을 선택하고 무기는 단순히 그 공격을 수행한다. 이와 대조적으로 완전자율 무기는 인간 운용자가 표적의 정확한 위치나 심지어 존재 여부를 완전히 확인하지 못한 상태에서도 일반적인 작전 지역에 발사될 수 있다. 무기체계가 독자적으로 표적을 탐지하고 식별하며 가장 중요하게는 어떤 특정 표적을 공격할지 스스로 결정한다.

이스라엘은 하피 시스템을 여러 국가에 수출하고 있으며, 중국이 자국 군사력 증강을 위해 이 시스템을 역설계하려 시도하고 있다는 정보가 있다. 흥미로운 점은 이러한 자율 무기체계를 구축하는 기본 기술이 수십 년 동안 존재해 왔다는 사실이다—예를 들어 1982년부터 1994년까지 미 해군이 운용했던 전술대함미사일(TASM: Tactical Anti-Ship Missile) 시스템이 있지만 실전에서 사용된 적은 없었다.

대부분의 군사 전문가들이 전투 상황에서 항상 인간을 의사결정 고리에 포함시키는 것이 현대 전장에서는 치명적인 약점이 될 수 있다는 점을 인식하고 있다는 사실을 고려할 때, 다음과 같은 근본적인 질문이 제기된다. 왜 완전자율 무기체계가 이미 더 광범위하게 세계 각국에 확산되지 않았는가?

자율성에 대한 우려

해상 표적 공격용 토마호크 미사일의 변형인 TASM(전술대함미사일, Tactical Anti-Ship Missile, RGM/UGM-109B)은 완전자율 무기의 개발과 배치에 대한 지속적인 주저함을 보여주는 설득력 있는 사례다. 이러한 주저함의 첫 번째 원인은 표적의 불확실성 문제에 있다. 함정·항공기·우주 자산 등 해군 전력은 지속적으로 기동하기 때문에 TASM이 불확실한 특정 지역을 향해 발사되면 원래 의도했던 표적이 이미 그 지역을 벗어났을 가능성이 높다. TASM이 자체적으로 적 함정을 탐지할 수 있는 능력을 갖추고 있지만, 불확실성 영역이 넓어질수록(30노트로 이동하는 함정은 매우 넓은 불확실성 영역을 생성한다) 미사일이 적 해군 함정과 민간 상선을 정확히 구별하지 못해 무고한 표적을 오인 공격할 수 있다는 심각한 우려가 존재한다. 또한 TASM과 같은 첨단 미사일은 매우 고가의 무기체계이므로 유효한 군사 표적이 존재한다는 합리적 확신 없이 발사하는 것은 비용 효율성 측면에서도 상당한 위험을 수반한다.

TASM이 짧고 평범한 운용 역사를 갖게 된 이러한 근본적 우려들 중 일부는 오늘날까지도 자율 무기체계 전반에 대한 논쟁에서 지속되고 있다. 전차, 항공기, 함정과 같은 기존 무기 플랫폼과 달리 AI는 운용자가 실제로 보거나 만질 수 있는 물리적 실체가 아니다. 무기체계가 이제 AI를 탑재하여 본질적으로 스스로 판단하고 운용자의 통제 역할을 축소시킬 수 있다는 개념은 분명 최선의 경우에도 건전한 회의론을, 최악의 경우에는 해당 무기 사용 자체에 대한 근본적인 거부감을 불러일으키게 된다.

이러한 저항은 새로운 현상이 아니다. 최첨단 군사 기술을 '새롭고 검증되지 않은' 것으로 간주하며 위협적으로 보는 경향은 가장 유망한 군사혁신 기술의 도입조차 지연시키거나 방해할 수 있다. 역사적으로 장궁이 전통적인 활과 화살을 위협하든, 기계 추진 장갑함이 범선을 대체하려 하든, 혹은 항공모함이 해군의 가장 가치 있는 주력함으로서 전함을 대체하든, '구세대' 기술과 이에 의존하는 세력은 좀처럼 순순히 물러나지 않는다. 또한 단순한 무기 대 무기 경쟁을 넘어서 기존 전쟁 패러다임을 근본적으로 바꿀 수 있는 혁신적 무기체계의 도입을 방해할 수 있는 더 복잡한 제도적, 경제적 요인들도 존재한다.

군사 분야의 진정한 혁명을 가져올 잠재력을 지녔던 AI 기반 무기체계의 가장 대표적인 예는 J-UCAS(합동무인전투항공체계, Joint

Unmanned Combat Air System)로 미 해군과 공군이 공동으로 추진한 무인 전투기 조달 프로젝트였다. 이 프로그램은 DARPA(국방고등연구계획국, Defense Advanced Research Projects Agency)가 관리했다. J-UCAS는 고도의 스텔스 기술을 적용한 무인 전투기에 정밀유도무기를 탑재하여, 유인 항공기가 극도로 높은 위험에 노출될 수 있는 반접근/지역거부 전략(A2/AD, Anti-Access/Area Denial) 환경에서도 효과적인 공격 임무를 수행할 수 있도록 설계되었다. 그러나 이러한 혁신적 잠재력에도 불구하고 2006년 J-UCAS 프로그램은 전격 종료되었다.

J-UCAS 프로그램이 취소된 배경에는 여러 요인이 복합적으로 작용했지만, 그중 주목할 만한 하나는 취소 당시 미 국방부가 공군, 해군, 해병대의 기존 전투기를 대체하기 위해 F-35 라이트닝 II JSF(합동타격전투기, Joint Strike Fighter) 프로그램에 전략적 우선순위와 대규모 예산을 집중하고 있었다는 점이다. JSF 프로그램은 현재까지도 국방부의 가장 막대한 비용이 투입되는 무기체계 프로그램으로 전체 수명 주기 비용이 1.7조 달러에 달하는 것으로 추산된다. J-UCAS와 같은 혁신적 AI 기반 자율 항공기의 성공적 개발과 배치가 JSF 프로그램의 존재 가치와 장기적 필요성에 직접적인 위협으로 작용할 수 있다는 점은 전략적 관점에서 쉽게 예상할 수 있는 부분이다. 비록 이러한 연관성을 증명하는 명시적인 인과관계 증거는 없지만, 여러 정황적 증거들은 JSF 프로그램의 생존과 지속을 위해 J-UCAS가 전략적으로 희생되어야 했다는 설득력 있는 주장을 뒷받침한다.

로봇은 필요악인가?

기계가 지나치게 강력해질 때 발생할 수 있는 문제에 대한 우려는 단순히 군 내부의 갈등을 넘어 사회 전반에 걸쳐 훨씬 더 보편적으로 존재한다. H.G. 웰스의 '우주 전쟁(War of the Worlds)'은 단발성 작품에 그치지 않았으며, 1세기가 넘는 기간 동안 대중은 로봇이 인간 창조자에게 반란을 일으키는 다양한 디스토피아적 이야기들을 끊임없이 접해왔다. 1921년 카렐 차페크의 연극 "R.U.R.(로섬의 유니버설 로봇)"은 기계가 어떻게 인간을 노예화할 수 있는지를 묘사했고,[18] 1968년 스탠리 큐브릭의 영화 '2001: 스페이스 오디세이'는 로봇의 자율성 문제를 중심 주제로 다루며 이른바 '선한' 인공지능인 HAL이 인간 우주비행사들에게 반기를 드는 모습을 보여주었다. 최근의 예로는 2014년 영화 '엑스 마키나'에서 튜링 테스트를 위해 선택된 한 남성이 매력적인 인간형 로봇에게 유혹당하고, 결국 로봇은 자유를 획득하는 반면 그 남성은 비극적 결말을 맞이한다.

이러한 대중문화 속 이미지들은 사회 전반에 로봇과 AI가 본질적으로 위험할 수 있다는 인식을 심어주었다. 여기에 미 국방부가 자율 시스템에 무장을 장착하려는 계획을 공개했다는 사실이 더해지면서 합리적인 회의론이 순식간에 강력한 저항 운동으로 발전할 수 있는 환경이 조성되었다. 실제로 미국 내외에서 휴먼 라이츠 워치(Human Rights Watch)와 킬러 로봇 저지 캠페인(Campaign to Stop Killer Robots) 같은 단체들을 중심으로 치명적 자율 무기체계의 전면 금지를 요구하는 국제적 운동이 활발히 전개되고 있다.[19]

한편, 미 국방부는 자율 무기체계의 개발, 배치, 운용에 관한 엄격한 지침을 마련하여 발표했으며, 이러한 시스템의 개발 단계에서도 고위급 승인이 필요하다고 명확히 규정하고 있다. 이 지침에는 다음과 같은 중요한 원칙이 명시되어 있다.

> 자율 및 반자율 무기체계의 사용을 승인하거나, 지시하거나, 운용하는 인원은 전쟁법, 관련 조약, 무기체계 안전 규칙, 그리고 적용 가능한 교전규칙에 따라 적절한 주의를 기울여야 한다. 자율 또는 반자율 무기체계에서 AI 능력의 사용은 국방부 AI 윤리 원칙과 일치해야 한다. 자율 및 반자율 능력은 지휘관과 운용자의 의도에 부합하는 시간 프레임과 지리적 영역, 그리고 기타 관련 환경 및 작전 제약 내에서 교전을 완료할 것으로 예상된다. 그렇게 할 수 없는 경우 시스템은 교전을 종료하거나 교전을 계속하기 전에 추가적인 운용자 통제를 받아야 한다.[20]

군사 무기체계에 인공지능과 기계학습을 도입하는 것과 관련하여 또 다른 복잡한 문제가 존재한다. 오늘날 군대가 운용하는 함정, 항공기, 전차 등 순수하게 군사 목적으로만 설계, 개발, 배치되는 무기체계와는 달리, 인공지능과 기계학습은 이미 민간 영역에서 널리 활용되고 있는 '이중용도 기술'이라는 특성을 갖는다.

일반 시민들은 이메일 자동 응답 제안부터 온라인 쇼핑몰의 상품 추천, 내비게이션 경로 안내에 이르기까지 일상 곳곳에서 작동하는 AI '블랙박스'를 특별한 의문 없이 수용하는 경향이 있다. 그러나 민간 기술 영역에서 AI와 기계학습의 오류가 초래하는 결과는 대체로 경미한 반면(자율주행차 사고와 같은 예외적 사례 제외), 군사 플랫폼, 시스템, 센서,

무기체계의 AI 블랙박스가 완전히 실패하거나 일시적으로 오작동할 경우 발생할 수 있는 치명적 결과는 심각한 우려를 낳는다. 이는 미국이 잠재적 적국과의 경쟁에서 우위를 점하기 위해 인공지능과 기계학습을 전략적으로 활용하려면 반드시 해결해야 할 핵심 과제다

우리는 국방부가 이러한 복잡한 문제에 대한 최적의 해결책을 궁극적으로 찾아낼 것이라고 신중하게 낙관적 희망을 가지고 있다. 그러나 과거 인공지능이 과도한 약속을 했으나 실질적 성과를 내지 못했던 소위 'AI 겨울'(1966년부터 1997년까지 약 30년간 지속)의 역사적 교훈을 잊어서는 안 된다. 국방부는 인공지능과 기계학습의 잠재적 이점을 지나치게 과장하여 선전하지 않도록 특별한 주의를 기울여야 할 것이다.

이러한 신기술들이 진정한 군사혁신(RMA, Revolution in Military Affairs)으로 이어질 가능성은 분명히 존재하지만, 그 결과는 아직 확정되지 않았으며 상당한 추가 연구개발이 필요한 상태다. 우리는 AI 기반 무기체계의 등장만으로 RMA가 이미 도래했다고 성급하게 선언하는 것을 경계한다—이 용어는 너무 가볍게 사용되는 경향이 있다. 진정한 군사혁신은 단순히 획기적인 기술의 출현만으로 완성되는 것이 아니라, 그 기술을 혁신적인 방식으로 활용하는 새로운 작전개념과 군사 교리가 함께 발전할 때 비로소 실현된다는 점을 명심해야 한다.

다시 말해 새로운 기술이 진정한 군사혁신으로 이어지기 위해서는 단순한 기술적 장벽뿐만 아니라 지적, 개념적 장벽도 함께 극복해야 한다. 제2차 세계대전 초기 독일군이 '전격전'(Blitzkrieg) 작전개념을 통해 이룬 성과가 대표적인 사례다. 당시 영국과 프랑스도 독일과 유사한 탱크, 항공기, 무전기를 보유하고 있었지만, 이러한 기술적 자

산을 활용하는 방식에 있어서 구시대적 패러다임에 갇혀 있었다. 반면 독일은 이러한 기술 요소들을 창의적으로 결합하고 새로운 교리로 활용함으로써 20세기 기계화 전쟁의 패러다임을 혁명적으로 변화시켰다.

따라서 오늘날 뛰어난 AI 알고리즘의 지속적인 발전에도 불구하고 군사 분야에서 AI의 혁신적 잠재력은 흥미롭고 기대되지만 아직 그 최종적 형태와 영향은 불확실하다. 군사 전문가이자 작가인 랄프 피터스(Ralph Peters)가 적절하게 지적했듯이, “최초의 원시인이 날카로운 돌을 가죽끈으로 막대기에 묶을 수 있다는 것을 발견했을 때, 그가 즉시 모닥불 건너편의 동료들에게 ‘나는 방금 궁극의 군사혁신을 이루었다!’라고 자신 있게 선언했을 것”이라는 점을 상기할 필요가 있다.[21]

이러한 논의는 우리를 AI 기반 무기 개발 및 배치의 핵심 요소로 떠오르고 있는 ‘인간-기계 협업’(human-machine teaming) 개념으로 자연스럽게 이끈다. 다음 장에서는 이 진화하는 아이디어가 어떻게 자율체계를 단순히 제한적 용도의 흥미로운 기술에서 인간 전투원의 ‘충실한 윙맨’으로 발전될 수 있는지, 그리고 이것이 미래 전장에 어떤 의미를 갖는지 더 깊이 탐구할 것이다.

CHAPTER

05

전쟁에서의 로봇:

인간-기계 협업의 새로운 패러다임

인간 대 기계는 잘못된 선택지다. 최고의 시스템은
인간과 기계 지능을 결합하여 각각의 장점을 활용하는
하이브리드 인지 구조를 만들 것이다.

폴 샤레(Paul Scharre)[1]

해군의 미래는 단순히 인간이나 기계의 영역이 아니다.
인간과 기계의 융합이 될 것이다. 유일하게 실현 가능한 방법은
인간과 기계가 협력하여 기계의 속도와 인간의 지혜를 결합하는 것이다.

존 아퀼라(John Arquilla)와 피터 데닝(Peter Denning)[2]

CHAPTER 05

전쟁에서의 로봇: 인간-기계 협업의 새로운 패러다임

그리스 신화에서 세계의 숨겨진 장소들에는 일부가 반인반수인 특별한 생물들이 살고 있었다. 가장 유명한 것은 반인반마인 켄타우로스였다. 이들은 완전한 인간에게 항상 우호적이지는 않았지만, 어떤 인간도 따라갈 수 없는 속도로 공격하거나 후퇴할 수 있는 뛰어난 궁수였기에 널리 존경받았다. 켄타우로스 중 하나인 케이론은 아킬레우스와 이아손 같은 전설의 위대한 영웅들에게 적을 물리치는 데 필요한 능력과 전술을 가르쳤다. 이러한 전술에는 영웅들만이 가진 특별한 기술을 사용하여 자신들보다 훨씬 크고 강한 상대를 물리치는 방법이 포함되었다. 오늘날 우리는 이러한 독특한 전략적 우위를 비대칭적 우위라고 부른다.

전사와 무기의 협력

인류가 처음으로 적이나 동물에 대한 분노로 돌을 던져 침입자를 쫓아냈던 그 순간부터 인간과 무기 사이의 상호의존적 관계는 전쟁의 본질을 형성해왔다(이 장에서는 간단히 '인간'이라는 용어를 사용하지만, 여성 역시 돌이나 다른 무기를 사용할 수 있는 동등한 능력이 있음을 분명히 인정한다). 인간은 얼마나 큰 돌을 들어 올릴 수 있었을까? 그 투사체를 얼마나 멀리 던질 수 있었을까? 오른손잡이인지 왼손잡이인지에 따라 어떤 차이가 있었을까? 여러 개의 돌을 들고 적을 위협하기 위해 빠르게 연속으로 던졌을까, 아니면 정확히 맞추고 상처를 입히기 위해 신중하게 겨냥했을까? 이 간단한 예시만으로도 인간과 (가장 기본적인 형태의) 도구 사이의 긴밀한 협력 관계가 분명히 드러난다.

무인체계는 빅데이터, 인공지능, 기계학습의 급속한 발전과 결합하여 모든 군사 영역에서 빠르게 확산되고 있다. 이전 장에서 우리는 무기체계의 다양한 자율성 수준을 소개했다: 반자율, 감독자율, 완전자율 모드 (더 세분화할 수 있지만, 우리의 논의 목적상 이 정도면 충분하다). 오늘날 많은 무기체계가 어느 정도의 자율성을 갖추고 있으며 앞으로 더 많은 플랫폼, 시스템, 센서, 무기에 자율 기능이 탑재될 것이라는 명확한 경향이 나타나고 있다. 자율성에 관해서는 기계에 내재된 능력에만 초점을 맞춘다고 생각하기 쉽지만, 서두의 인용문이 시사하듯이 이는 전체 그림의 일부에 불과하다.

자율 군사 시스템에 관한 많은 논쟁은 치명적인 무력을 사용하여 어떤 표적을 공격할지 결정할 때 인간과 기계 중 누구를 선택할 것인가에 집중된다. 그러나 인간이 단독으로 수행할 수 있는 것과 기계가 독자적으로 달성할 수 있는 것을 이분법적으로 비교하는 것은 그다지 유용한 접근법이 아니다. 오히려 인간과 기계가 함께 협력할 때 어떤 시너지 효과를 낼 수 있는지 평가하는 것이 더 유용하다 - 이를 인간-기계 협업이라고 한다.

인간-기계 협업(더 정확히는 유무인 협업[MUMT, Manned-Unmanned Teaming])의 의미를 분석하는 것뿐만 아니라, 군사 조직이 인간과 기계의 각각의 장점을 어떻게 최대한 활용할 수 있는지 검토하는 것이 중요하다. 이 장 전체에서 우리는 인간과 기계의 협업을 살펴볼 때, 기계의 지능 자체보다는 인간 운용자와의 유기적 관계가 핵심임을 강조할 것이다.

유무인 협업 개념은 폴 샤레(Paul Scharre)가 그의 저서 'Army of None'에서 가장 명확하게 설명했다고 볼 수 있다. "고전 그리스 신화의 반인반마 생물에서 이름을 따온 '켄타우로스 전사'로 불리는 하이브리드 인간-기계 인지 시스템은 인간 지능의 강건성과 유연성을 유지하면서도 자동화의 정밀성과 신뢰성을 활용할 수 있다."[3)]

유무인 협업은 인간의 중요한 사회적 지능과 기계의 처리 속도를 효과적으로 결합하여 복잡한 문제를 해결하는 방안을 제시한다. 일부 심리학자들은 마음 이론(ToM, Theory of Mind)을 통해 인간의 중요한 사고 과정을 설명한다. 그들의 관점에서 마음 이론은 개인이 정보를 처리하고 해석하며 상황에 맞게 적절히 반응할 수 있게 하는 능력이다. 마음 이론이 없다면 AI체계는 상황의 맥락을 이해하고 적절히 대응하지 못할 수 있다. 인간과 기계를 하나의 팀으로 결합하면 - 인간이 마음 이론을 제공하고 기계가 복잡한 정보를 신속히 처리함으로써 - 각자가 독립적으로 작동할 때보다 더 빠르고 효율적으로 문제 해결책을 찾을 수 있다.[4)]

군사적 사례를 살펴보기 전에 민간 분야의 인간-기계 협업 사례를 먼저 검토하는 것이 도움이 될 것이다. 많은 사람들이 1997년 IBM 슈퍼컴퓨터 딥블루(Deep Blue)가 당시 세계 체스 챔피언이었던 게리 카스파로프(Garry Kasparov)를 널리 알려진 체스 경기에서 이겼다는 역사적 사실을 기억한다. 이는 토너먼트 조건에서 컴퓨터가 현직 세계 체스 챔피언을 처음으로 이긴 획기적인 사건으로 'Game Over: Kasparov and the Machine'이라는 다큐멘터리 영화의 주제가 되었으며, AI 겨울의 종말을 알리는 상징적 사건이었다.

그러나 덜 알려진 중요한 사실은 그 이듬해 카스파로프가 인간과 AI가 체스에서 협업하는 새로운 형태의 경기 방식을 개발하고 관련 조직을 설립했다는 점이다. 이 혼합 방식에서 AI는 가능한 모든 수의 기회와 약점을 신속하게 분석하여 인간에게 정보를 제공함으로써 인간 플레이어가 놓칠 수 있는 중요한 부분을 보완했다. 이러한 협력 구도에서 인간 플레이어는 AI에게 가장 유망한 전략적 영역에 집중하도록 지시하고, 이 정보를 바탕으로 최종적인 최적의 수를 선택하는 역할을 담당했다. 연이은 경기에서 인간-AI 팀은 독립적으로 행동하는 인간 플레이어와 딥블루(Deep Blue)와 같은 개별 기계 모두를 상대로 압도적인 승리를 거두었다.[5)]

인간-기계 협업 개념이 일부 지지자들의 주장만큼 완전히 새로운 것은 아니라는 점에 주목할 필요가 있다.[6)] 유무인 협업 아이디어는 30

년 이상 학계, 과학계, 군사 분야에서 지속적으로 논의되어 왔다.[7] 그러나 이 개념이 군사전략의 중심으로 부상한 것은 비교적 최근의 일로 2014년 미 국방부가 이를 제3차 상쇄전략의 핵심 요소로 공식 채택하면서부터였다.

처음 두 가지 상쇄전략

미 국방부는 2014년 국방혁신계획(Defense Innovation Initiative)의 핵심 요소로 제3차 상쇄전략을 공식 도입했다. 이는 미국이 잠재적 적국에 대해 장기적인 군사적 우위를 유지하기 위한 전략적 이니셔티브였다. 상쇄전략이란 본질적으로 불리한 상황을 극복하기 위해 비대칭적 이점을 전략적으로 활용하는 군사 경쟁 접근법을 의미한다.

상쇄전략의 핵심 아이디어는 잠재적 적국이 수적 또는 기술적 강점을 가진 영역에서 정면으로 맞서 경쟁하는 대신, 혁신적인 작전개념과 첨단기술을 도입하여 경쟁의 기본 축을 근본적으로 이동시키는 것이다. 이를 통해 미국은 자국이 상당하고 지속 가능한 이점을 보유한 영역으로 전략적 경쟁의 장을 전환하고자 했다.

냉전시기 미국은 두 가지 뚜렷한 상쇄전략을 성공적으로 추진했다. 이 전략들은 미국과 NATO(북대서양조약기구)가 유럽에서 소련의 압도적인 재래식 전력—병력, 포병, 전차, 폭격기 등—의 수적 우위를 효과적으로 '상쇄'할 수 있게 했다. 이는 소련과 일대일로 맞서기 위해 필요했을 막대한 재정적 부담 없이도 가능했다. 대신 이러한 상쇄전략들은 시간, 공간, 전력 규모 측면에서 소련이 가진 이점을 상쇄하기 위해 기술, 작전 기법, 조직 구조의 근본적인 혁신에 집중적으로 의존했다.

제1차 상쇄전략은 혁신적인 형태의 핵무기 개발과 배치에 중점을 두었다. 1950년대 드와이트 아이젠하워 대통령은 미국이 보유한 핵 우위를 전략적으로 활용하여 전술핵무기(전장핵무기)를 도입함으로써 바르샤바 조약기구의 압도적인 수적 우위를 효과적으로 무력화하고자 했다. 소련의 서유럽 침공 시 러시아 주요 도시들에 대한 대량보복 위협이 더 이상 신뢰할 수 있는 억제력으로 작용하지 않게 되자, 미국은 핵무기 전략을 근본적으로 수정하여 소련 군대를 직접 타격하는 데 초점을 맞추었다. 이는 군사 경쟁의 축을 재래식 전력의 단순한 수량에서 미국이 명확한 비대칭적 이점을 가진 첨단기술 개발 영역으로 성공적으로 이동시켰다. 이러한 접근법은 1950년대부터 1970년대까지 지정학적 안정성을 제공하고 전략적 억제의 기반을 새롭게 재확립했다.

제2차 상쇄전략은 1970년대 후반과 1980년대 초에 등장했다. 이는 소련이 전략·전술(전장)핵무기의 양적 측면에서 핵 균형을 달성했다는 미국의 전략적 평가에서 비롯되었다. 두 번째 전략은 첨단 재래식 정밀유도무기와 실시간 장거리 ISR(정보·감시·정찰) 센서, 그리고 실시간 정밀표적 지정을 효과적으로 지원하는 통합 통신네트워크의 복합적 상승 효과를 활용하여 새로운 지속 가능한 군사적 이점을 창출하고자 했다. 이러한 혁신적 네트워크들이 전장 전반에 걸쳐 통합적으로 운용되고 실행됨에 따라 새로운 '스마트 무기' 체계는 거의 '원샷, 원히트(한 번 발사로 한 번에 명중)'에 가까운 획기적인 능력을 제공할 것으로 기대되었다.

다행히도 제2차 상쇄전략의 첨단 군사 기술들은 소련과의 직접적인 대결 상황에서 실전 시험된 적이 없었다. 그러나 이 혁신적인 기술들은 걸프전(Operation Desert Storm) 당시 소련의 군사 교리와 장비를 갖춘 이라크군을 상대로 실전에 투입되어 그 효과가 입증되었다. 이라크의 패배는 전면적이고 결정적이었으며, 이는 현대 전쟁사에서 가장 일방적인 군사적 승리 중 하나로 기록되었다.[8] 미국의 잠재적 적국들은 이러한 압도적 승리에서 첨단기술이 수행한 결정적인 역할을 주목하고 그 교훈을 면밀히 분석하게 되었다.

제3차 상쇄전략을 향하여: 인간-기계 협업과 AI

1980년대 초 제2차 상쇄전략이 도입될 당시 미국만이 ISR(정보·감시·정찰) 능력, 우주 기반 시스템, 그리고 이를 뒷받침하는 정밀무기를 개발하고 배치하여 성공적으로 운용할 수 있는 전문 지식과 군사적 능력을 독점적으로 보유하고 있었다.

그러나 오늘날의 전략적 환경은 근본적으로 변화했다. 러시아와 중국 같은 경쟁국들(그리고 이들로부터 첨단기술을 이전받은 여러 국가들)은 이제 전통적으로 미국의 기술적 우위를 구성해 온 것과 유사한 첨단 무기체계와 군사적 능력을 적극적으로 개발하고 활용하고 있다. 국제안보 환경에서 이러한 기술적 균형 상태의 출현으로 미국은 군사 경쟁의 근본적 성격을 변화시키고 잠재적 적국에 대해 새로운 우위를 확보할 수 있는 혁신적인 기술, 체계 개념, 군사 조직, 작전개념의 통합적 조합을 모색해야 할 전략적 필요성에 직면하게 되었다. 이러한 새로운 능력과 개념의 혁신적 조합이 제3차 상쇄전략의 핵심 기반을 형성한다.

이전의 상쇄전략들과 마찬가지로 제3차 상쇄전략은 현실적인 예산 제약 환경에서 미국의 고유한 강점과 기술적 능력을 전략적으로 활용한 비대칭적 이점을 체계적으로 식별함으로써 국가의 기술적, 작전적 군사 우위를 유지하고 확장하고자 한다.

제3차 상쇄전략의 기술적 핵심 요소를 설명하면서 당시 로버트 워크(Robert Work) 국방부 부장관은 무인체계, 인공지능, 기계학습, 자율 분야에서 급부상하는 첨단기술의 전략적 중요성을 특별히 강조했다. 그는 이러한 혁신적 기술들이 미래 전력에 결정적인 전투 이점을 제공할 것이라고 명확히 언급했다. 이러한 기술 발전을 통해 미군은 우주, 공중, 해상, 수중, 지상, 사이버 공간 등 모든 작전 영역에서 복합적이고 동시다발적인 작전을 효과적으로 동기화할 수 있는 고도로 협력적인 인간-기계 "전투" 네트워크를 체계적으로 개발하고 운용할 수 있게 된다는 것이다. 인공지능은 이러한 첨단 전투네트워크 내에서 전례 없는 수준의 자율성과 일부 의사결정 권한의 전략적 위임을 가능하게 할 수 있다. 이는 인간-기계 협업과 전투 팀워크에 있어 완전히 새로운 작전적 기회와 가능성을 열어주고 있다.[9]

국방부 내에서 제3차 상쇄전략의 공식 명칭은 장기 연구개발 계획(Long-Range Research and Development Plan)이었다.[10] 이 공식 용어를 더 이상 정책 문서에서 사용하지 않지만, 전략의 핵심 철학적 요소는 변함없이 유지되었다. 그 핵심은 치명적인 군사력 사용 결정을 기계가 아닌 인간의 통제하에 두기 위한 인간-기계 협업의 중요성 강조이다. 이는 새로운 전쟁 패러다임에서 인간-기계 협업이 필수적인 요소임을 분명히 의미한다.

인간-기계 협업의 요소

인간-기계 협업 및 전투 팀워크 개념은 다음 다섯 가지 상호 연결된 기본 구성 요소로 체계화될 수 있다.

- 자율 심층학습 시스템: 사이버 공격, 전자전 공격, 대규모 미사일 공격과 같이 인간의 생물학적 반응 속도가 치명적으로 느린 영역에서 '빛의 속도로' 효과적으로 작동하기 위해 첨단 기계학습 알고리즘을 전략적으로 활용한다.
- 인간-기계 협업: 기계가 인간의 복잡한 의사결정 과정을 더 빠르고 효과적으로 지원하는 통합 시스템이다. F-35 합동타격전투기와 해군통합화력통제·대공(Naval Integrated Fire Control Counter Air) ISR 및 전투관리 체계가 이 혁신적 개념의 사례로 자주 언급된다.
- 보조 인간 작전: 웨어러블 전자기기, 외골격 시스템, 전투 애플리케이션 등을 통해 다양한 작전 환경에서 개별 전투원을 직접적으로 지원하는 인간과 기계의 고도화된 협업 방식에 중점을 둔다.
- 고급 인간-기계 전투 협업: 복합적인 협력 작전에서 인간 운용자와 무인 시스템 간의 효과적인 협업에 초점을 맞춘다. 해군의 P-8A 포세이돈 해상초계기와 MQ-4C 트리톤 무인정찰기의 통합 연동 운용이 대표적 실현 사례다. 향후에는 이 개념이 더욱 발전하여 드론 군집 전술과 고도화된 협력적 자율성 연구로 확장될 것으로 전망된다.

- 네트워크 지원, 사이버 강화 자율 무기: 복잡한 전자전 및 사이버 위협 환경에서도 안정적으로 운용 가능한 높은 수준의 복원력을 갖춘 시스템이다. 현재 실용화된 예시로는 비행 중 표적 정보 업데이트가 가능한 해군의 전술 토마호크 블록 IX 미사일 시스템이 있다.[11)]

이 다섯 가지 구성 요소는 인간-기계 협업 개발의 다양한 접근 방식과 가능성을 제시하고 있다. 그러나 실제로 우리는 이러한 개념적 구성 요소들의 실질적 구현 초기 단계에 머물러 있는 상황이다. 주요 실행과제 중 하나는 많은 미국의 첨단 무기체계가 최종 운용자의 실질적인 의견과 피드백 없이 구상, 설계, 제작, 배치됨으로써 인간-기계 상호작용의 실질적 최적화가 실제 현장이나 해상 배치 이후에야 비로소 심도 있게 고려된다는 것이 근본적인 문제점이다.

이러한 현실적 배경에서 제3차 상쇄전략의 야심찬 기술적 요소들이 현재 실질적으로 구현되고 있는지, 아니면 여전히 이론적 '열망 수준'에 머물러 있는지 진지하게 질문하는 것은 타당하다. 이 핵심 질문에 대한 명확한 해답은 아직 존재하지 않는다. 그러나 현재까지의 증거들은 국방부 고위 지도부가 먼 미래의 AI 지원 미군에 대한 원대하고 혁신적인 비전을 분명히 가지고 있지만, 그 복잡한 여정을 효과적으로 시작할 수 있는 중요한 실행적 기회들을 일부 놓치고 있을 가능성이 있음을 시사한다.

지나치게 야심찬 장기적 결과를 목표로 하는 미래 비전에만 집중하는 대신, 더욱 현실적이고 실행 가능한 접근법은 '손쉬운 목표'라 할 수 있는 보다 단순하지만 검증 가능한 초기 기술 시연을 우선적으로 추구하는 것이다. "성공은 더 큰 성공을 낳는다"는 전략적 원칙처럼 비교적 해결하기 쉬운 실질적 과제에 인간-기계 협업을 효과적으로 적용하여 얻은 가시적인 긍정적 결과는 추가적인 기술 개발을 촉진하고, 궁극적으로 억제와 실제 전쟁 상황에서의 실질적 가치를 더욱 설득력 있게 입증할 수 있을 것이다.

권장 기회: 미 해군의 MQ-4C 트리톤 무인항공기

앞서 설명한 인간-기계 협업의 다섯 가지 구성 요소 중에서 네 번째 구성 요소인 '고급 인간-기계 전투 협업'에서 특별히 주목할 만한 기회가 존재한다. 이는 유인체계와 무인체계 간의 통합적 협동 작전을 통해 구현될 수 있다. 이미 국방부가 언급한 대표적인 사례로는 해군의 P-8A 포세이돈과 MQ-4C 트리톤의 연동 운용 그리고 함탑재 헬기인 MH-60S 나이트호크와 MQ-8C 파이어 스카우트의 통합 운용을 들 수 있다.

국방부 전략 문서에서 이러한 체계들이 유·무인 협업(MUMT, Manned-Unmanned Teaming)의 주요 후보로 명시적으로 지목된다는 사실은, 이들의 통합 운용에 상당한 연구와 개발 노력이 이미 투입되었을 것이라는 합리적 추측을 가능케 한다. 그러나 현실을 면밀히 살펴보면, 이러한 첨단 항공 전력들은 아직 진정한 의미에서의 유·무인 협업에 근접한 방식으로 실제 운용되지 않고 있다. MQ-4C 트리톤과 MQ-8C 파이어 스카우트는 현재 전 세계 주요 전략적 전구에 활발히 전개되어 운용 중인 첨단 무인항공기이지만, 아직 유인체계의 '충실한 협동 전력'으로서 온전히 기능하지 못하고 있는 실정이다. 따라서 2014년 제3차 상쇄전략 공식 발표 이후 이러한 유무인 협업 체계들의 실질적 발전 정도를 객관적으로 평가하는 것은 전략적으로 중요한 의미가 있다.

P-8A 포세이돈은 대잠전(ASW)에 최적화된 장거리 유인 해상초계정찰기(MPRA)로 상용 보잉 737 여객기를 기반으로 설계되었으며 일반적으로 7명의 전문 승무원이 탑승한다. 반면 MQ-4C 트리톤은 장거리 무인 해상초계정찰기로 미 공군이 이라크, 아프가니스탄 및 기타 대테러 작전에서 성공적으로 운용해온 RQ-4 글로벌 호크 고고도 정찰 무인기(HALE UAV)를 해군 특화 임무에 맞게 개조한 플랫폼이다. 함탑재 항공기 측면에서는 MH-60S 나이트호크가 해군의 최신 다목적 함탑재 헬기로 4명의 훈련된 승무원이 탑승하여 운용한다. 이와 함께 MQ-8C 파이어 스카우트는 함정 센서의 확장 역할을 수행하는 무인 정찰 및 표적지정 헬기로 현재는 무장을 탑재하지 않은 정찰 임무 중심의 플랫폼으로 운용되고 있다.

현재 포세이돈은 주로 미 본토 동·서해안의 핵심 기지에서 상시 운용되거나 필요에 따라 해외 전진기지에 전략적으로 전개된다. 트리톤은 주로 태평양의 요충지인 괌에 전개되어 임무를 수행하지만, 실제 조종은 플로리다 주 잭슨빌에 위치한 원격조종실에서 전문 조종사들이 담당한다. 이러한 운용 방식으로 인해 이 두 첨단 항공 플랫폼이 동일 공역에서 동시에 상호 연계된 임무를 수행하는 경우는 실제로 극히 드문 상황이다.

이와 유사하게 MH-60S 나이트호크와 MQ-8C 파이어 스카우트는 두 종류의 연안전투함에 함께 탑재되어 운용되지만, 아직 진정한 의미에서 상호보완적 협업 관계로 효과적으로 운용되지 않고 있다. MH-60S 나이트호크는 독립적인 임무 계획에 따라 독자적으로 임무를 수행하는 반면, 함정에 승조하고 있는 조종사나 지정된 운용 요원이 MQ-8C 파이어 스카우트를 발진, 운용, 회수하는 별도의 프로세스를 따르고 있다. 즉 실질적이고 효과적인 유·무인 협업은 현장에서 아직 체계적으로 구현되지 못하고 있는 실정이다.

우리의 기술적 분석에 따르면 이 두 무인항공체계(UAS) 플랫폼이 더 높은 수준의 자율성을 확보하고 P-8A 포세이돈과 MH-60S 나이트호크가 진정한 의미에서 충실한 협동 전력으로 발전할 수 있는 기술적 기반은 이미 상당 부분 존재하고 있다고 판단된다.

무인항공체계의 지능화와 자율성 강화 아이디어는 국방부 내부 문서뿐만 아니라 일반 국방 미디어에서도 활발히 논의되고 있다. 내셔널 인터레스트(National Interest)의 '지속적 감시의 전략적 문제'라는 심층 분석 기사는 다음과 같이 명확히 지적한다. "첨단 지휘통제 시스템과 AI 기반 분석 알고리즘을 활용한 새로운 데이터 처리 및 전송 기술의 발전으로 MQ-4C 트리톤과 같은 무인 플랫폼이 일부 핵심 작전 측면에서 더 크고, 은밀성이 떨어지며, 상대적으로 취약한 유인 P-8A 포세이돈에 버금가는 전투 능력을 갖출 수 있는 실질적 가능성이 열리고 있다."[12)]

MQ-4C 트리톤의 현재와 잠재적 미래 능력을 객관적으로 살펴보면 현 단계에서의 주요 운용개념은 기본적인 ISR(정보·감시·정찰) 자산으로 기능하는 것이다. 그러나 현재의 트리톤은 아직 고도화된 AI 지원 능력을 실질적으로 갖추지 못했으며, 기본적인 원격 조종 항공기(RPV, Remotely Piloted Vehicle)로 제한적으로 운용되고 있다. 현재 구성에서 트리톤 원격 운용자는 MQ-4C가 실시간으로 촬영하는 영상을 원형 그대로 수신하여 분석한다. 이는 운용자가 장시간(트리톤의 최대 체공 시간은 약 30시간)에 걸쳐 주로 단조롭고 분석 가치가 낮은 텅 빈 해상 영상을 지속적으로 모니터링해야 하는 비효율적 상황을 초래한다.

미 해군은 기존 획득 계획에 따라 현재 구성의 트리톤을 단순한 원격 조종 항공기로 조달하기로 결정했다. 항모타격단이 미 해군의 전통적인 '기본 전투 단위'를 대표한다는 전략적 중요성을 고려할 때, 트리톤의 현재 능력과 미래 잠재력을 평가하는 가장 효과적인 방법은 항모타격단 작전 지원 능력 측면에서 접근하는 것이다. 항모타격단 지휘관은 전술 상황을 정확히 평가하기 위해 전방 정찰이 가능한 다양한 자산을 활용하고 있으며, 트리톤은 이러한 핵심 정찰 임무를 보다 효과적으로 수행하는 데 혁신적으로 활용될 수 있는 잠재력을 가지고 있다.[13)]

빅데이터, 인공지능, 기계학습 기술을 적극적으로 활용하여 MQ-4C를 체계적으로 훈련시키면, 무의미한 해상 영상이 아닌 실제로 탐지된 관심 선박의 영상만을 선별적으로 전송하도록 최적화할 수 있다. 이는 인간 운용자의 인지적 업무 부담과 피로도를 획기적으로 줄일 수 있는 중요한 발전이다. 더 나아가 고도화된 AI 알고리즘을 통해 트리톤이 각 접촉 대상을 자체적으로 분석하여 위협 또는 관심 대상 여부를 자동으로 분류하고 표시할 수 있는 능력을 갖출 수 있다. 예를 들어 특정 선박이 국제적으로 정해진 상업 항로를 정상적으로 따라 운항하고, 관련 해양 당국에 사전 항해 계획을 적절히 제출했으며, 자동식별시스템

(AIS) 신호를 지속적으로 송출하고 있다면 일반적인 수준의 주의만으로 충분한 대상으로 분류될 수 있다. 반면, 이러한 정상적 기준을 충족하지 않는 선박(예: 갑작스러운 항로 이탈이나 AIS 신호 의도적 미송출)은 즉시 운용자에게 우선적 주의가 필요한 관심 대상으로 자동 경고를 발할 수 있다. 향후 기술 발전에 따라 트리톤은 궁극적으로 자동 표적 인식 능력으로 이어질 수 있는 고도화된 분류 알고리즘을 탑재하여 작전 효율성을 크게 향상시킬 수 있을 것이다.

트리톤이 수집한 정보의 초기 처리를 완료하면 빅데이터, 인공지능, 기계학습 기술을 전략적으로 활용하여 기함과의 최적 통신 방법까지 자율적으로 결정할 수 있는 잠재력이 있다. 현대의 고도로 경쟁적인 전자전 환경에서는 각 통신 경로마다 상이한 취약성 수준이 존재한다. 트리톤 발진 전 지휘관은 작전 목적에 맞게 허용 가능한 통신 감청의 위험 수준과 항모타격단 존재 노출의 위험도를 사전에 설정할 수 있다.

이러한 명확한 지휘관의 의도를 기반으로 트리톤은 내장된 AI체계를 활용하여 실시간 전자기 환경을 지속적으로 평가하고 가용한 다양한 통신 경로 중 감청 위험이 가장 낮은 최적의 경로를 자율적으로 선택할 수 있다. 만약 모든 가용 경로의 취약성이 미리 설정된 임계값보다 높다고 판단되면, 트리톤은 기함 방향으로 안전하게 비행하여 보다 안전한 가시선 초고주파(UHF) 통신을 활용할 수 있는 능력도 구현 가능하다. 나아가 트리톤의 크기와 향후 기술적 성장 잠재력을 고려하면, 더 작은 무인항공체계(UAS)를 내부에 탑재했다가 이를 우군 전력 방향으로 발진시켜 중요 감시 정보를 안전하게 전달하는 혁신적 방안도 기술적으로 실현 가능하다.

기함에서 지휘관은 다양한 센서가 수집한 방대한 데이터를 신속히 분석하고 시간적 제약하에서 다양한 긴급 결정을 내려야 한다. 전진할 것인가, 현 위치에서 대기할 것인가, 아니면 전술적으로 후퇴할 것인가? 직접 전방을 적극적으로 정찰할 것인가, 아니면 다른 전략적 방향을 우선적으로 탐색할 것인가? 추가 전력을 긴급히 요청할 것인가, 아니면 현재 가용한 전력만으로도 과도한 위험 없이 임무를 성공적으로 완수할 수 있는가? 이러한 복잡한 의사결정 지점에서 트리톤에 탑재된 빅데이터, 인공지능, 기계학습 기술이 결정적인 역할을 수행할 수 있다. 트리톤 내에서 수집된 원시 데이터를 직접 처리하고 의미 있는 정보로 변환함으로써 미처리된 대용량 원시 데이터를 제한된 대역폭의 통신 링크로 직접 전송하는 비효율적 방식 대신, 지휘관의 중요한 전술적 의사결정을 효과적으로 지원하는 최적화된 정보 제공이 가능해진다.

인간-기계 협업: 트리톤의 충성스러운 윙맨 역할

앞서 제안한 방식으로 MQ-4C 트리톤의 성능이 개량된다면, 첨단 무인항공체계(UAS)의 본래 운용개념—P-8A 포세이돈의 통합된 무인 팀원 역할—으로 회귀하는 것이 전략적으로 큰 가치가 있다. 두 고성능 항공 플랫폼의 협동 운용 방식을 실질적으로 평가할 수 있는 다양한 현실적 시나리오가 존재하지만, 현재의 강대국 전략 경쟁 환경에 특히 적합한 예시로 서태평양 지역에서의 중요 정보·감시·정찰(ISR)

임무를 구체적으로 살펴볼 수 있다.

두 플랫폼이 일본 아츠기 해군항공기지에 전개되어 있고 양 플랫폼의 운용요원들이 충분한 합동훈련을 이미 완료했으며, 동해 지역의 전략적 감시 및 의심 선박 식별이라는 구체적 임무를 상급 지휘부로부터 부여받았다고 가정해보자. 이 시나리오에서 P-8A 포세이돈의 임무지휘관이 전체 작전의 통제권을 보유하며, 트리톤은 단순한 원격조종항공기(RPA)가 아닌 일정 수준의 자율적 판단 능력과 의사결정 권한을 가지고 통합적으로 운용된다. 일단 발진이 이루어지면 트리톤은 현대적인 스마트폰이 음성 명령에 직관적으로 반응하는 것과 유사한 방식으로 P-8A의 전술적 지시에 즉각적으로 응답하고 실행한다. 두 플랫폼 간의 실시간 작전 대화는 다음과 같이 효율적으로 진행될 수 있다.

P-8: "서쪽으로 이동 중. 현 편대 유지."
트리톤: "수신완료. 연료 상태 17+15, 고도 2천5백피트."
P-8 (45분 후): "서북서 방향 선회, 선박 탐색 개시."
트리톤: "수신완료. 모든 선박 탐색 또는 대형 선박만 탐색?"
P-8: "대형 선박만 탐색."
트리톤 (1시간 경과): "선박 1척 포착. 대형 선박 확인."
P-8: "영상 전송."
트리톤: "이행 완료."
P-8: "수신 완료. 정상 항로상 위치?"
트리톤: "잠시 대기... 네거티브."
P-8: "AIS 질의."
트리톤: "AIS 신호 미송출."

P-8: "의심 선박. 현 위치 고정 체공."

트리톤: "이행 완료. 고도 8천피트로 상승."

트리톤 (10분 후): "추가 선박 1척 포착. 의심 선박에 접근 중."

P-8: "AIS 질의."

트리톤: "해당 선박도 AIS 신호 미송출."

P-8: "현 위치 유지. 상황 지속 보고. 본기 300마일 이격, 귀 위치로 접근 중."

트리톤 (20분 후): "두 선박 접선. 급유 호스 연결 확인. 영상 전송."

이러한 전술 대화는 계속 이어지며 이 시나리오에서 트리톤은 국제 제재를 위반하여 불법적으로 북한 선박에 석유를 이전하는 중국 선박을 실시간으로 포착한 것으로 분석된다. 이는 유·무인기 통합 운용의 중요한 ISR 임무 성공 사례로 앞으로도 이러한 형태의 임무는 지속적으로 수행될 것이며, 특히 트리톤이 진정한 의미에서 포세이돈의 충성스러운 협력 윙맨으로 효과적으로 운용될 때 전체적인 임무 효과와 성공 가능성이 획기적으로 증대될 수 있음을 보여준다.

이 시나리오에서 트리톤이 얼마나 충성스럽고 지능적인 윙맨 역할을 수행할 수 있는지 세부적으로 주목할 필요가 있다. P-8A 임무 지휘관이 트리톤에게 편대 유지를 지시했을 때 트리톤은 단순히 명령에 따르는 것을 넘어 자발적으로 현재 연료 상태와 정확한 비행 고도를 함께 보고하는데, 이는 임무 지휘관에게 작전 판단에 있어 중요한 상황 인식 정보라고 트리톤이 자율적으로 분석하고 판단한 결과이다. 또한 작전 전개 과정에서 트리톤이 의심 선박 상공에 고정 체공하라는 지시를 받았을 때, 단순히 현 고도를 유지하는 대신 적의 탐지 가능성을 최소화하기 위해 스스로 고고도로 상승하는 전술적 결정을 내리는 능력을 보여준다. 마지막으로 '두 선박 간 급유 호스 연결'이라는 고도의 의심 활동으로 사전 프로그래밍된 상황을 감지했을 때, 트리톤은 이를 즉각적으로 인지하고 P-8A 임무 지휘관에게 지체 없이 핵심 정보를 명확하게 보고함으로써 효과적인 후속 조치가 가능하도록 지원한다.

현재 시스템에 AI 도입

트리톤에 대한 이러한 비전은 기본적인 코딩만으로도 구현 가능하다. 이는 복잡하고 고비용 솔루션이 아닌 실질적인 성과를 즉각 얻을 수 있는 실용적 접근법이다. 따라서 개발은 궁극적으로 의지의 문제라고 할 수 있다.

이는 제3차 상쇄전략(Third Offset Strategy)에서 구상한 유·무인 협업의 핵심이며 이러한 해군의 사례는 향후 15년 이내에 약 40%가 무인화될 것으로 예상되는 해군 항공전력 분야로 확장 적용될 수 있다.[14] 다른 군 조직들 역시 무인항공체계에 대해 이와 비슷한 수준의 야심찬 계획을 추진하고 있다.

지금까지 우리는 유·무인 협업의 항공 사례를 주로 살펴보았는데, 이는 군용 무인항공체계가 가장 광범위하게 보급되어 모든 미군 부대에서 이미 실전 운용 중이기 때문이다. 미 해군은 트리톤(Triton)과 파이어 스카우트(Fire Scout) 외에도 MQ-25 스팅레이(Stingray) 함 탑재 무인기를 운용하고 있다.

그러나 이것이 AI 기반 무기체계가 유·무인 협업 체계에서 개발되고 활용될 수 있는 유일한 영역은 아니다. 수중 영역 또한 미 해군 잠수함이 무인잠수정(UUV, Unmanned Underwater Vehicle)과 연계 운용됨으로써 유·무인 협업(MUMT)이 상당한 전략적 이점을 제공할 수 있는 중요한 분야이다.

뉴욕타임스 베스트셀러인 "Blind Man's Bluff"에서 셰리 손태그(Sherry Sontag), 크리스토퍼 드류(Christopher Drew), 아넷 로렌스 드류(Annette Lawrence Drew)는 냉전시기 미 해군 잠수함 작전을 상세히 기록했다. 특히 그들은 USS 파르체(Parche), USS 할리벗(Halibut), USS 지미 카터(Jimmy Carter)가 소련 영해 내에서 소련의 해저 통신 케이블을 도청한 첩보 작전에 주목했다.[15]

냉전 절정기에 국가안보에 필수적이라고 여겨졌던 이 임무들은 극도로 위험했으며, 이들 잠수함 함장과 승조원들에게 수여된 다수의 용맹 훈장이 이를 명확히 증명한다. 수십 년 전 이 임무들이 수행되었을 당시 UUV 기술은 초기 발전 단계에 불과했다. 반면 오늘날 미 해군은 이러한 무인잠수정 개발에 대규모 투자를 적극적으로 진행하고 있다.

AI 기반 UUV가 현대 미 해군 잠수함과 효과적인 팀을 이루어 정보·감시·정찰(ISR) 임무 및 기타 작전을 수행할 수 있다는 점은 자연스럽게 예상할 수 있다. UUV의 완전자율 모드 운용을 가능케 하는 AI 활용이 핵심 요소인데, 이는 수중 환경의 물리적 특성상 잠수함과 UUV가 상당히 근접한 거리에 있지 않으면 지속적인 실시간 통신이 기술적으로 불가능하기 때문이다.

미 해군 수상전투함 지휘 경험을 바탕으로 우리는 수상함과 무인수상정 간 유·무인 협업(MUMT)의 잠재력을 분명히 인식하고 있다. 현재 미 해군은 무인수상정(USV, Unmanned Surface Vehicle) 개발에 상당한 예산과 자원을 투자하고 있다. 2022년 당시 마이클 길데이(Michael Gilday) 해군참모총장은 약 150대의 무인수상정을 해군 전력에 추가하여 500척 규모의 함대를 달성하겠다는 구체적인 목표를 공개적으로 강조했다. 이는 대형·중형·소형 무인수상정 개발에 대한 해군의 명확하고 강력한 의지를 보여준다.[16)]

해군이 도입하고자 하는 무인수상정의 수량에 관한 이전의 공식 연설과 인터뷰들은 결국 해군계획 2022(NAVPLAN 2022)와 전력설계 2045(Force Design 2045) 발표로 구체화되었다. 두 문서 모두 373척의 유인함과 150대의 대형 무인 수상 및 수중 플랫폼으로 구성된 '하이브리드 함대' 구축을 전략적으로 제안한다.[17)] 이 공식 미 해군 문서들은 대규모 무인수상정으로 구성된 미래 함대에 대한 해군의 장기적 계획을 가장 명확하고 권위 있게 제시하고 있다. 특히 무인수상정과 관련하여 전력설계 2045(Force Design 2045)는 다음과 같이 계획을 명시한다. "무인 수상 및 수중 플랫폼을 통해 함대의 분산 능력을 증가시키고, 정보·감시·정찰(ISR) 우위를 확대하며, 미사일 탑재량을 늘리고, 군수지원을 보완하며, 함대 생존성을 향상시킨다. 이러한 전환은 정교하고 인력 집약적인 플랫폼에서 더 작고 저렴하지만 치명적인 플랫폼으로 함대의 균형을 재조정할 것이다."[18)]

해군이 대형·중형·소형 무인수상정(USV) 조달에 대한 분명한 의지를 표명했음에도 불구하고 현재 개발 단계에서는 여러 훈련, 실험, 시연을 통해 이들을 단독으로 운용하고 있을 뿐, 아직 수상함과의 통합이나 초기 형태의 유·무인 협업조차 충분히 탐구하지 못한 상태다. 이는 USV 개발이 무인항공·지상체계에 비해 상대적으로 발전 속도가 더디어 이제야 기술적 격차를 좁히고 있는 단계이기 때문일 가능성이 높다.

신뢰의 문제

각 군이 무인항공·수상·수중·지상체계의 자율성을 높이고 각 자산의 전투 기여도와 시너지 효과를 극대화하는 방안을 모색함에 따라 반드시 해결해야 할 핵심 과제는 운용자들이 무인체계에 부여할 신뢰의 수준이다.

우리는 이미 군사 플랫폼, 시스템, 센서 또는 무기에 작동 원리가 불투명한 블랙박스가 도입될 때 운용자들이 가질 수 있는 우려를 다룬 바 있다. 이러한 우려는 타당하며 미 해군대학원(Naval Postgraduate School)과 같은 군 연구기관들이 이에 대한 실질적 해결책을 적극적으로 모색하고 있다. 이 연구는 무인체계에 대한 신뢰도를 높여 유인체계 운용자들이 이러한 시스템의 잠재력을 최대한 발휘할 수 있는 충분한 확신을 갖게 하는 구체적 방법을 탐구한다. 한 국방 분석가의 말을 인용하면, "신뢰를 구축하는 핵심은 단순히 군인에게 로봇을 지급하고 전장에 투입하는 대신, 운용자들이 자신들과 함께 임무를 수행할 AI 기반 기계의 훈련에 직접 참여하도록 하는 것일 수 있다. 최종 사용자가 시뮬레이션 환경에서 AI 에이전트를 교육하고 개발하는 과정은 실제 인간-기계 팀의 일원으로 배치될 때 AI 에이전트에 대한 신뢰도를 크게 향상시킬 수 있는 잠재력을 보여준다."[19)]

해군대학원 연구원들은 또한 자율체계의 여러 기본 원리, 특히 신뢰와 확신 영역을 체계적으로 탐구하고 있다. 해군대학원 팀은 해병대원들이 무인 팀원에 대한 신뢰를 단계적으로 구축할 수 있도록 로봇을 훈련시킬 수 있는 가상 환경을 개발했다. 그 결과는 주목할 만했다. 처음부터 개발 및 통합 과정에 직접 참여한 해병대원들은 시뮬레이션 작전 중 무인체계를 사용할 때 확연히 높은 신뢰도를 보였다. 반면, 단순히 작전 환경에 투입할 로봇을 지급받은 해병대원들은 뚜렷한 위험회피 성향을 보이며 무인 자산을 적극적으로 활용하지 않는 경향이 있었다.[20)]

이러한 신뢰 구축이 유·무인 협업체계 발전의 핵심 요소라는 점은 단순한 '학술적 연구' 수준을 넘어선다는 사실을 국방부 고위 지도부도 명확히 인식하고 있다. 당시 데이비드 버거(David Berger) 해병대 사령관은 신뢰 문제의 중요성에 대해 다음과 같이 직접적으로 언급했다.

> 분대장이 자신의 해병대원들을 신뢰해야 하는 것과 마찬가지로 분대장은 기계를 신뢰하는 법을 배워야 할 것이다. 현재 일부 상황에서는 우리가 기계를 완전히 신뢰하지 않는다고 볼 수 있다. 우리는 센서에서 사격 체계로의 표적 처리를 완전 자동화할 수 있는 프로그램과 능력을 보유하고 있지만, 데이터를 온전히 신뢰하지 않는다. 그 결과 우리는 여전히 프로세스의 모든 단계에서 인간의 개입을 보장하고 있다. 물론 인간의 각 개입은 더 많은 시간을 소요하고 오류 발생 가능성을 높이는데, 이는 적이 우리의 네트워크를 표적으로 삼을 때 우리에게 주어지지 않을 시간이다.[21)]

유·무인 협업체계(MUMT)에서 인간 운용자가 직접 프로그래밍하고 조정할 수 있는 자율체계를 도입하는 것이 인간이 원하는 방식으로 작동하는 기계에 대한 신뢰를 구축하는 가장 효과적인 방법으로 보인다. 이는 인간을 완전자율 무기의 '통제'에서 배제하는 것이 아니라, 오히려 이러한 통제가 운용자의 전면적인 감독하에 신중하고 체계적으로 설계되어야 함을 의미한다.

인간 간의 신뢰는 일반적으로 이분법적 특성을 보인다. 대부분의 사람들은 타인을 신뢰할 수 있거나 없는 것으로 명확히 판단하며 중간지대는 거의 존재하지 않는다. 그러나 기계에 대한 신뢰는 이보다 훨씬 복잡한 양상을 띤다. 인공지능국가안보위원회 최종 보고서는 이에 대해 다음과 같이 명확히 언급한다. "결국 AI체계를 운용하는 의사결정자들은 다음과 같은 실질적 질문에 답해야 한다. 특정 임무나 상황에서 자동화된 시스템을 어디까지 믿고 맡길 수 있는가?"[22]

AI 기반 무인체계에 대한 운용자의 신뢰를 개발하기 위한 다양한 연구가 진행 중이지만, 어떤 수준의 신뢰도 인간 운용자의 궁극적인 책임 - 의학 용어를 빌리자면 "먼저 해를 끼치지 말라"는 근본 원칙 - 을 면제할 수 없다. 즉 루프 내부, 외부 또는 심지어 루프에서 벗어나 있더라도 인간 운용자는 항상 팀의 핵심 구성원으로서 무인 플랫폼의 모든 행동에 대해 최종 책임을 져야 한다. 아무리 지능적이고 자율적인 기계라도 윤리적·법적 책임을 질 수 없으며 오직 인간만이 그럴 수 있다. 워크(Work) 부장관이 간결하게 표현했듯이, "인간이 궁극적인 안전장치이다."[23]

기계와 협업할 때 인간 운용자는 필수 운용자, 도덕적 판단자, 안전장치라는 세 가지 뚜렷하고 상호보완적인 역할을 수행한다.[24] 우리의 유·무인 협업 논의에서는 주로 인간(또는 P-8A 포세이돈과 같은 항공기 승무원의 경우 복수의 인간)과 무인 AI 기반 기계 사이의 직접적인 관계에 초점을 맞췄다. 그러나 빅데이터, 인공지능, 기계학습이 전투원에게 더욱 중요하고 실질적인 기여를 할 수 있는 추가적인 영역이 분명히 존재한다. 가용한 증거에 따르면, 특히 고강도 작전의 극한 스트레스 상황에서 운용자가 더 적은 인원으로 더 빠르고 정확하게 의사결정을 내리도록 지원하는 것이 전쟁의 양상을 근본적으로 변화시키고 이러한 기술을 효과적으로 활용하는 측에 현저한 전투 우위를 제공할 잠재력이 있다. 이것이 다음 장에서 구체적으로 다룰 주제이다.

CHAPTER

06

의사결정:

AI가 더 정확하고 신속하게 수행할 수 있을까?

인공지능(AI)이 미 국방에 가장 가치 있는 기여를 할 분야는
인간이 중대한 결과를 초래하는 작전 중에 더 나은, 더 빠른,
더 정확한 결정을 내리도록 돕는 것이다.

존 "잭" 섀너핸 중장(LT. GEN. JOHN "JACK" SHANAHAN)
합동인공지능센터(Joint Artificial Intelligence Center) 초대 센터장[1)]

[국방부는] 우리의 지휘관들과 전투원들이 경쟁자들보다
더 빠르게 상황을 파악하고, 결정하고, 행동할 수 있는 경로를 제시했다.
이를 위해서는 작전 지휘관들에게 인공지능, 기계학습,
자동화를 포함한 데이터 기반 기술을 제공해야 한다... 우리는
상호운용 가능한 AI 기반 센서 융합, 자산 할당, 임무 자율성,
실시간 의사결정 우위 계획 도구를 도입해야 한다.

국방부 부장관 메모[2)]

CHAPTER 06

의사결정:
AI가 더 정확하고 신속하게 수행할 수 있을까?

원작 '탑건(Top Gun)' 영화의 공중전 훈련 장면에서 피트 '매버릭' 미첼 중위는 탑건 교육과정의 리더인 마이크 '바이퍼' 메트카프 대령을 조준경에 포착하고 사격 결정을 내려야 한다.

매버릭은 이전에 비극적인 사고로 레이더 요격 장교를 잃었고, 비행 재개 허가를 받았음에도 전례 없는 불확실성에 시달리고 있다. 매버릭의 새 레이더 요격 장교가 "사격하세요, 사격하세요"라고 재촉한다. 하지만 매버릭은 행동으로 옮기지 못한다. 탑건의 선임 교관이 후미에서 비행하며 "사격해, 꼬마야, 사격해"라고 매버릭을 독려하지만, 그는 너무 오래 망설이다 결국 표적을 놓치고 만다. 이 상황에서 무슨 일이 일어난 것일까?

4장에서 우리는 미 공군 전투기 조종사 존 보이드 대령(Col. John

Boyd)이 개발한 OODA 루프 - 관찰(Observe), 상황판단(Orient), 결심(Decide), 행동(Act) - 를 소개했다. 한국전쟁 당시 전쟁은 의사결정 주기를 극적으로 단축시키는 방향으로 변화했다. 소련의 MiG-15와 미국의 F-86 세이버가 제공권 장악을 위해 치열한 전투를 벌였고, 미군의 전투 손실을 줄일 방법을 모색하던 보이드는 OODA 루프를 고안했다.[3] 이 개념은 원래 보이드의 에너지-기동성 이론과 공중전에 대한 그의 관찰에서 발전된 전술적 성공 달성 이론이었다. 후에 이 개념은 위기 상황에서의 다양한 의사결정 영역으로 확장 적용되었다. 또한 OODA 이론은 미 공군의 F-16 파이팅 팔콘 항공기 설계에 직접적인 영향을 미쳤다. F-16의 수석 설계자인 해리 힐레이커(Harry Hillaker)는 OODA 이론의 중요성에 대해 이렇게 말했다. "시간이 가장 중요한 요소이다. OODA 사이클을 가장 빠르게 순환시키는 조종사가 승리한다. 적은 이미 변화한 상황에 대응하느라 바쁘기 때문이다."[4]

탑건 영화의 장면은 극심한 스트레스 상황에서 작전 수행자들이 OODA 루프를 효과적으로 완료하는 것이 얼마나 어려울 수 있는지 생생하게 보여준다. 아날로그 F-14 톰캣을 조종하는 매버릭은 루프의 상황판단(Orient)과 결심(Decide) 단계 사이에서 갇혀 있다. 그는 전술 상황을 관찰했고 필요한 모든 데이터를 확보했지만 행동으로 이어지는 결정을 내리지 못한다. 그는 전술 상황을 정확히 파악하고 모의 전투의 스트레스 속에서도 신속하게 행동을 결정하여 사격하고 전술적 교전에서 승리할 수 있는 도움이 필요한 상황이다.

OODA 루프의 가속화

군사 역사에는 지리적 또는 물질적 우위를 가진 적을 상대로도 더 나은 의사결정을 통해 승리를 거둔 해군 지휘관들의 사례가 많다. 미 해군은 초창기에 여러 분쟁에서 어려움을 겪었다.[5] 1775년부터 1815년 사이 막강한 영국 해군에 비해 열세였던 미 해군과 신생 국가의 생존은 위태로웠다. 지중해에 전개된 소규모 미 해군 기동부대는 본국에서 5,000해리(약 9,260km) 이상 떨어진 곳에서 목재로 만든 함선으로 바르바리 해적 국가들과 대치해야 했다. 이러한 역사를 돌이켜볼 때 해군의 승리와 패배에 있어 의사결정의 중요성을 간과해서는 안 된다. 함선 건조 장소 선정부터 작전 지역 선택, 어떤 전투에 참여하고 어떤 전투를 회피할 것인지에 이르기까지 수많은 선택들이 대체로 올바른 결정이었기에 국가가 그 위험한 시기를 견딜 수 있었다.[6]

오늘날 미 해군의 플랫폼과 무기체계는 1812년 당시 해군이 운용하던 것과 전혀 다르지만, 현대의 함장들도 여전히 선배들이 내렸던 생사를 좌우하는 결정을 내려야 한다. 크게 달라진 점은 현대 의사결정의 속도다. USS 컨스티튜션(USS Constitution), USS 컨스텔레이션(USS Constellation) 등 초기 프리깃함 함장들이 중요한 선택을 하는 데 몇 시간 또는 며칠이 걸렸던 반면, 오늘날의 함장들은 몇 분 또는 몇 초 안에 결정을 내려야 한다.[7] 역사적으로 더 나은 결정이 해전의 승리로 이어지고 역사를 바꿔왔지만, 과거의 OODA 루프는 오늘날 전쟁의 속도에 비하면 매우 느렸다.

미군은 지휘관들이 효과적인 결정을 내릴 수 있도록 준비시켜온 오랜 전통이 있다. 여기에는 지휘권을 맡기 전 긴 견습 기간, 집중적인 훈련 등 오랜 세월 검증된 다양한 방법들이 포함된다. 그러나 오늘날 전쟁의 가속화된 속도를 고려하면 지난 25년간 다듬어온 전술, 전기, 절차들로는 더 이상 지휘관들이 현대 전장에서 효과적인 결정을 내리기 어려울 것임을 강하게 시사한다. 이러한 상황에서 OODA 루프를 가속화하는 의사결정 보조 수단으로 인공지능을 도입해야 한다는 요구가 높아지고 있다.

불충분한 정보와 의사결정의 속도

공대공 전투는 극도의 심리적 압박이 수반되는 군사작전이다. 그러나 최근 군 지휘부는 스트레스—특히 정보처리 능력의 저하—가 광범위한 작전 영역에서 군 운용요원들의 OODA 루프를 붕괴시켜 최적화되지 않은 결정을 내리게 한다는 사실을 더욱 명확히 인식하게 되었다.

스트레스 상황에서 중요한 군사적 결정을 내리는 문제는 '탑건(Top Gun)'이 등장하기 훨씬 이전인 1965년 영화 '베드포드 사건(The Bedford Incident)'을 통해 대중문화에 등장했다. 여러 미 해군 함정과 소련 잠수함 사이의 냉전 사건들을 모티브로 한 이 영화의 줄거리는 미 구축함 USS 베드포드(DLG 113)와 소련 잠수함 사이의 숨막히는 추격전을 다루고 있다.

베드포드 함정의 승조원들은 수일간 지속된 잠수함 수색 작전으로 인해 점차 피로가 누적되고 있었다. 소련 적성 세력 탐지의 긴박성이

고조되는 가운데 베드포드 함장은 승조원들이 압박감에 시달리고 있다는 경고를 무시하고 작전 요구 수준을 높여갔으며, 급기야 디젤 잠수함의 스노클 상부로 자함을 기동시키는 위험한 상황까지 초래했다. 한 장교가 함장에게 적에 대한 선제공격 여부를 문의하자 함장은 선제공격을 하지 않을 것이지만 "그들이 한 발을 발사하면, 나도 한 발을 발사하겠다"고 답변했다. 극도의 피로에 지친 소위는 함장의 발언을 "한 발 발사하라"는 직접적 명령으로 오인하여 대잠 로켓을 발사해 적 잠수함을 파괴하였으나, 그 직전 적 잠수함이 발사한 핵탄두 어뢰에 의해 함정 전체가 전멸하는 상황이 발생했다.[8)]

비록 허구이지만 '베드포드 사건'은 55년 후 실제 발생한 사건—2020년 1월 이란 혁명수비대의 우크라이나 여객기 격추 사건—을 기이하게 예견했다. 이 사건에 대한 완전한 조사는 수년이 소요될 전망이나 현재까지 확인된 바에 따르면, 이란이 미군을 향해 탄도미사일 집중 공격을 감행한 직후의 전투 스트레스 상황에서 미국의 보복 공격에 대비해 최고 경계태세를 유지하고 있었던 것으로 파악된다.

이란의 정보 또는 군 지휘체계 어딘가에서 순항미사일이 접근 중이라는 경보가 발령되었다. 방공 미사일 포대를 담당하던 장교는 사격통제를 위해 상급 지휘본부에 연락을 시도했지만, 불행하게도 연락이 닿지 않았다. 그는 불완전한 정보를 바탕으로 지대공 미사일 두 발을 발사했고, 그 결과 176명이 목숨을 잃었다.[9)]

이 두 사건 — 하나는 허구이고, 다른 하나는 실제 — 은 중요한 공통점을 지닌다. 모두 인간이 불완전하거나 잘못된 정보를 가지고 중대한 결정을 내려야 했다는 점이다.

'베드포드 사건'에서는 단 몇 피트 거리의 사람들 사이에서 의사소통이 단절된 것이 문제였다. 반면, 우크라이나 여객기 격추 사건에서는 지휘통제 실패와 위협의 잘못된 식별이 참사의 원인이었다.

이러한 사건들을 단순히 비현실적인 허구이거나 미국보다 수준 낮은 군대의 부실한 의사결정으로 치부해버리는 것은 심각한 판단 오류일 수 있다. 인명 손실로 이어지는 잘못된 결정을 미군이 내린 사례들도 충분히 존재한다. 이처럼 의사결정 실패는 지난 40여 년간 미군을 지속적으로 괴롭혀온 문제다.

- 1987년 5월 미 해군 프리깃함 USS 스타크(FFG-31)는 이란-이라크 전쟁 배타 구역 근처에서 순찰 임무를 수행 중이었다. 함장은 교전국 어느 쪽도 미군 함정을 공격하지 않을 것이라고 잘못 판단했으며, 접근하는 항공기와의 교신 시도에도 초기에는 경계하지 않았다. 그러나 이라크의 미라주 전투기는 엑조세(Exocet) 대함미사일 두 발을 발사했고 이로 인해 미 해군 장병 37명이 사망하고 20여 명이 부상당했다.
- 1988년 7월 USS 스타크 함장의 실패가 아직 뇌리에 남아 있던 시점에 USS 빈센스(CG-49)는 여전히 진행 중이던 이란-이라크 전쟁 상황 속에서 이란의 고속정들로부터 추적을 받고 있었다. 이 와중에 접근해 오던 항공기를 함장이 공격 기동을 수행하는 적기로 오인했고, SM-2ER 함대공 미사일을 발사해 이란항공 655편 여객기를 격추시켰다. 이 사고로 탑승자 290명 전원이 사망했다.
- 1994년 4월 미 공군의 F-15 스트라이크 이글 전투기 2대는 이

라크 상공에서 미 육군의 UH-60 블랙호크 헬기 2대를 이라크 군의 Mi-24 힌드 공격헬기로 오인해 격추시켰다. 이로 인해 헬기에 탑승해 있던 군인 및 민간인 26명 전원이 사망했다. 이 참사는 공군의 공중조기경보통제기(AWACS)와 전투기 간의 통신 오류, 그리고 피아식별장비(IFF) 시스템의 작동 실패가 주요 원인으로 지목되었다.

- 2001년 2월 하와이 오아후 섬 남쪽 10마일 해상에서 미 해군의 핵추진 잠수함 USS 그린빌(SSN-772)이 VIP 민간인을 대상으로 하는 시범 훈련 중 긴급 부상 기동을 실시하던 중 일본 어선 에히메마루(Ehime Maru) 아래에서 수면으로 돌출했다. 이 사고로 승선자 35명 중 9명이 사망했다.
- 2003년 미 육군의 패트리어트(Patriot) 방공 미사일 체계가 영국 공군 토네이도 GR4 전투기와 미 해군 F/A-18C 호넷 전투기를 오인 사격하여 격추시켰다. 두 사고는 불과 열흘 간격으로 발생하였으며, 총 3명의 조종사가 사망했다. 당시 미사일 시스템은 자동 모드로 작동 중이었으며 조사 결과 인간의 감시가 병행되었어야 했음이 드러났다.
- 2017년 6월 USS 피츠제럴드(DDG-62)는 컨테이너선 MV ACX 크리스탈과 충돌하여 승조원 7명이 사망하고 다수가 부상당했다. 불과 3개월 후 USS 존 S. 매케인(DDG-56)이 리베리아 선적 유조선 알닉 MC(Alnic MC)와 충돌해 10명의 승조원이 사망했다.

이 모든 참사에는 다양한 복합적 원인이 존재했지만 특히 USS 피츠제럴드와 USS 존 S. 매케인의 경우 사고를 사전에 예방할 수 있는 데이터는 명백히 존재했으며, 그것이 제대로 활용되었더라면 안전 전문가들이 말하는 '사고의 연쇄(accident chain)'를 차단하고 비극을 막을 수 있었을 것이다.[10]

수십 년에 걸쳐 발생한 이 모든 사고들에서 두드러지는 점은 모든 사례에서 비극이 발생한 결정적인 이유가 '데이터가 적시에, 적절하게 수집·분석·표출되지 않았기 때문'이라는 것이다. 이 말은 더 나은 기술이 각각의 참사를 반드시 막을 수 있었음을 의미하는 것은 아니다. 다만, 오늘날 존재하는 기술은 결정권자에게 올바른 결정을 내릴 수 있도록 더 나은 도구를 제공할 수 있음을 의미한다.

더 나아가 오늘날 테러리스트를 상대로 한 불분명하고 비정규적인 전쟁 상황에서도 유사한 문제가 발생하고 있다. 예를 들어 2021년 아프가니스탄 카불에서 미군의 드론 공습으로 민간인 10명이 오폭으로 사망한 사건과 같은 사례에 대해 미군은 현재 조사 중이다.[11]

군사 의사결정에 인공지능을 적용하는 데 따르는 도전

완벽하지 않은 군사적 의사결정을 내린 군인들 역시 당시 이용 가능한 도구를 최대한 활용하여 최선을 다하고 있었다는 점은 강조할 필요가 있다. 문제는 전쟁의 속도가 인간의 두뇌가 올바른 결정을 내릴 수 있는 능력을 초월했다는 데 있다.[12] 한 과학자는 이를 다음과 같이 표현했다. "정보화 시대 전쟁의 핵심 특징—통신 데이터를 수집하고 저장하는 능력—은 이제 인간의 처리 능력을 초과하기 시작했다."[13]

미 육군연구소 수석 과학자인 알렉산더 코트 박사(Dr. Alexander Kott)는 지휘통제 회의에서 다음과 같이 말했다. "전장에서는 인간의 인지 대역폭(cognitive bandwidth)이 가장 심각한 제약 요인으로 부상할 것이다."[14] 또 다른 과학자인 에릭 하젤타인 박사(Dr. Eric Haseltine)는 이 문제를 다른 방식으로 설명했다. "AI는 폭발적으로 발전 중이지만 인간은 더 이상 발전하지 않는다. 인공지능이 지닌 가장 큰 가능성은 바로 이 격차를 메우는 것이다."[15] 미 공군 보고서 역시 이러한 도전과제를 다음과 같이 요약한다. "오늘날 인간은 여전히 많은 과업에서 기계보다 우월하지만, 인간의 자연적 능력은 기술이 제공하거나 요구하는 방대한 데이터량, 처리속도, 의사결정 속도와 점점 부조화를 이루고 있다. 인간-기계 간의 밀접한 결합과 인간 성능의 증강은 앞으로 반드시 필요하고 가능해질 것이다."[16] 이러한 이유들로 인해 미군은 빅데이터, 인공지능, 기계학습 기술을 통해 스트레스 상황에서 전투원들이 보다 우월한 의사결정을 내릴 수 있도록 지원할 필요가 있다.[17]

과거 수세기 동안 지휘관들은 정보의 부족에 시달렸지만 최근 수십 년 동안은 전장에 투입된 인원들이 사용할 수 있는 데이터의 양이 폭증해왔다. 실제로 미군은 방대한 양의 데이터를 수집할 수 있다는 점을 입증했지만, 이 정보 홍수(data deluge)가 전투 효율성을 향상시켰다고 보기는 어렵다. 이 문제는 오늘날 기술을 사용하는 사람이라면 누구나 공감할 수 있을 것이다. 스마트폰 사용자라면 데이터 부족이 아니라 필요한 정보를 방대한 데이터 속에서 선별해내는 것이 훨씬 더 어렵다는 사실을 잘 알고 있다.

군사적 관점에서 이는 다음을 의미한다. 의사결정자에게 필요한 순간 전투 중의 스트레스 속에서도 더 나은 결정을 내릴 수 있도록 잘 정제된(선별된) 정보를 제공하는 시스템이 반드시 필요하다.[18] 미 해군의 경우 데이터를 효과적인 의사결정을 돕는 유용한 정보로 전환하는 데 있어 아직 많은 개선이 필요하다는 점을 지휘부가 인식하고 있다.

해군이 인공지능 기반 의사결정 문제에 접근하는 방식

2017년 '현행 전략 포럼(Current Strategy Forum)'에서 미 해군참모총장(CNO)인 존 리처드슨 제독(Adm. John Richardson)은 핵잠수함 장교 출신임에도 불구하고 70년 전 고안된 항공 전술 개념으로 청중을 안내했다.[19]

그는 1950년대 존 보이드 대령(Col. John Boyd)이 창안한 OODA 루프(Observe, Orient, Decide, Act)를 언급하며, 이를 통해 미 해군이 도입하고 있는 첨단기술에 대해 설명했다.[20] 리처드슨 제독은 해군이 이미 관찰(observe)과 행동(act) 단계에 상당한 투자를 해왔으며 빅데이터, 기계학습, 인공지능과 같은 신기술이 등장하기 전까지는 상황판단(orient)과 결심(decide) 단계를 개선할 수 없었지만 이제는 가능하다고 강조했다.[21]

이러한 이유로 해군참모총장은 자신의 연설에서 보이드의 OODA 루프를 인용한 것이다. 그는 오늘날의 해군 전투원들이 막대하고 때로는 압도적인 수준의 데이터를 처리해야 한다고 설명했다. 이들은 빅데이터, 인공지능, 기계학습 기술을 활용해 전술적으로 유용한 정보만을 선별하여 의사결정자와 방아쇠를 당기는 이들이 더 빠르고 더 나은 결정을 내릴 수 있도록 도와야 한다. 이처럼 데이터를 실질적인 전투력으로 전환하려는 노력은 전투기 전술에만 국한된 것이 아니라 전쟁 수행의 모든 영역에서 핵심적인 과제임이 분명하다.

미 해군은 수십 년간 기술을 활용하여 전투원들이 더 적은 인원으로, 더 빠르고, 더 정확한 결정을 내릴 수 있도록 지원하기 위한 노력을 이어왔다. 1980년대 해군연구소(Office of Naval Research)는 스트레스하 전술의사결정(TADMUS, Tactical Decision Making Under Stress) 프로그램을 시작하여 전투원이 고강도 스트레스 상황에서 더 나은 결정을 어떻게 내릴 수 있는지에 대해 연구했다.[22)]

이 TADMUS 프로그램은 인지과학(cognitive science)을 활용하여 의사결정자가 다양한 선택지를 어떻게 검토하는지를 이해하는 새로운 방법론을 제시했다.[23)] 수년간의 노력의 목표는 해군의 전술적 의사결정을 향상시킬 수 있는 시제품형 의사결정 지원체계를 개발하는 것이었다. 이 프로그램은 다음과 같은 시제품 개발로 이어졌다.

- 멀티모달 감시 스테이션(Multi-Modal Watch Station): 여러 센서를 하나의 화면에 통합하여 기존 시스템보다 뛰어난 전술 상황 인식을 제공하는 디스플레이 시스템.
- 작전상황판(Knowledge Wall): 지휘통제실에서 실시간으로 복수의 작전 상황을 평가할 수 있도록 지원하는 대형 수직 디스플레이.
- 그 외에도 태평양 해군정보전센터(NIWC Pacific, Naval Information Warfare Center Pacific)의 과학자 및 기술자들이 설계하고 시험한 다양한 시스템들이 있었으며, 이들은 의사결정 향상에 긍정적인 결과를 보였다.[24)]

TADMUS와 유사한 해군 프로그램들은 일정 수준의 성과를 거두었지만, 존 리처드슨 제독이 지적한 바와 같이 최근까지는 의사결정 향상을 다음 수준으로 끌어올릴 수 있는 기술이 존재하지 않았다. 하지만 현재는 가능하며 빅데이터, 인공지능, 기계학습을 전투원에게 제공함으로써 해군 전쟁수행에서 새로운 돌파구, 특히 의사결정 분야에서의 혁신을 만들 수 있다.[25] 이러한 기술적 진보를 주도하는 조직으로는 태평양 해군정보전센터(NIWC Pacific)를 비롯해 해군 R&D 커뮤니티, 산업계, 학계의 파트너들이 있으며, 이들은 미군 전투원들이 더 적은 인원으로 더 빠르고 더 나은 결정을 내릴 수 있도록 지원하는 기술개발을 선도하고 있다.

해군 예산국장 디트리히 쿨만(Dietrich Kuhlmann) 준장은 해군이 빅데이터, 인공지능, 기계학습을 어떻게 활용해야 하는가에 대해 다음과 같이 말했다. "우리가 AI를 활용하려는 목적은 사람을 죽이는 자율 무기를 만드는 것이 아니라 지휘관이 전장에서 우위를 점할 수 있도록 하는 것이다."[26] 실제로 미 해군(나아가 미군 전체)이 빅데이터, 기계학습, 인공지능을 통해 이루고자 하는 본질은 '터미네이터' 같은 무인 무기를 인간의 통제를 벗어나 운용하는 것이 아니라 작전수행자들이 더 빠르고, 정보에 기반한 결정을 내릴 수 있도록 돕는 데 있다.

군 작전수행자는 언제나 루프 안(in the loop)에 존재하며 빅데이터, 기계학습, 인공지능은 그들의 판단을 보조하는 수단이 된다. 이러한 첨단기술이 무인체계에 적용되든 전쟁수행의 다른 영역에 적용되든 간에 궁극적으로는 적의 OODA 루프(OODA loop)를 선제적으로 돌파하는 것이 목적이다. 제임스 거츠(James Geurts) 당시 해군

연구·개발·획득 차관보(Assistant Secretary of the Navy for Research, Development, and Acquisition)는 이를 다음과 같이 표현했다. "AI를 통해 의사결정자가 적보다 더 빠르게 결정할 수 있게 된다면 그 세력은 언제나 승리할 것이다."[27] 몇 년 후 당시 해군참모총장이었던 마이클 길데이(Michael Gilday) 제독 역시 다음과 같이 강조했다. "AI의 진정한 힘은 우리를 적보다 더 빠르게 판단하고 행동할 수 있는 상태로 이끌 수 있다는 데 있다."[28]

다른 해군 지휘관들도 이러한 주제를 거듭 강조하고 있다. 정보전 및 정보담당 해군 부참모총장(Deputy CNO for Information Warfare and Intelligence) 제프리 트러슬러(Jeffrey Trussler) 제독은 더 나은 의사결정의 중요성을 다음과 같이 설명한다. "단순히 많은 양의 정보를 축적하는 것이 핵심이 아니다. 적절한 시점에 그 정보에 따라 행동하지 않으면 결정 우위(decision advantage)는 사라지게 된다. 필요한 것은 '의사결정의 속도'이다."[29] 계획·전략 담당 해군 부참모총장 필립 소여(Phillip Sawyer) 제독도 이렇게 덧붙였다. "우리는 전력을 역동적으로 기동시키는 방법을 알고 있다. 지금 우리가 집중하는 것은 그것을 얼마나 빠르게 실행할 수 있는가, 다시 말해 '결정 우위'를 확보하는 것이다."[30]

해군이 향후 의사결정 향상을 얼마나 빠르게 추진하려 하는지를 보여주는 지표 중 하나는 해군참모총장(CNO)의 연례기획지침(Annual Planning Guidance)에서 '결정 우위(decision advantage)'를 전력 설계의 핵심 요소(Force Design Imperatives)로 새롭게 추가한 것이다. 그 목표는 다음과 같이 설명되어 있다. "해군 전력은 신뢰할 수 있고, 생존 가능하며, 사이버 회복탄력성(cyber resilient)을 갖춘 네트워크와 정확한 데이터, 인공지능을 활용해 우리의 의사결정 사이클을 가속화함으로써 적보다 더 빠르게 탐지하고(out-sense), 판단하며(out-decide), 전투를 수행(out-fight)할 것이다. 이는 센서, 무기, 지휘자들을 전 영역(all domains)에 걸쳐 연결함으로써 병력을 집중시키지 않고도 전투력과 영향력을 집중시킬 수 있게 한다."[31]

한편 당시 국방부 합동인공지능센터(JAIC, Joint Artificial Intelligence Center) 소장이었던 마이클 그로엔(Michael Groen) 중장은 빅데이터, 인공지능, 기계학습이 의사결정을 어떻게 향상시킬 수 있는지에 대해 다음과 같이 강조하였다. "인공지능의 활용을 생각할 때 단순히 목표 탐지 후 즉시 공격하는 사용 사례만을 염두에 두어선 안 된다. 합동군(Joint Force) 전반의 의사결정을 AI가 폭넓게 지원할 수 있다는 점이 중요하다."[32]

의사결정 지원체계 개발

미국의 민간 및 군 최고위 지도자들이 지난 수년간 얻은 가장 분명한 교훈 중 하나는 방대한 데이터 속에서 인간이 보조 없이 효과적인 결정을 내리기는 불가능하다는 점이며 이는 특히 전투 상황에서의 심리적 압박하에서는 더욱 그렇다.[33] 실제로 국방부가 전장 사물인터넷(Internet of Battlefield Things)으로 연결된 스마트 장비를 광범위하게 도입하면서 데이터 수집 능력은 기하급수적으로 향상되었다. 하지만 정리되지 않고 필터링되지 않은 데이터의 방대한 양은 인간이 처리하

기에 너무 많은 시간과 비용을 요구한다.[34)]

이러한 배경 속에서 미군은 빅데이터, 인공지능, 기계학습을 적극적으로 수용하여 막대한 데이터를 선별·정제하고, 전투의 열기 속에서도 실질적으로 유용한 정보만을 지휘관에게 제공함으로써 적보다 더 빠르고 정확하게 사고할 수 있도록 하겠다는 의지를 표명했다.[35)] 이 문서를 작성하는 시점에 해군연구소는 인지이론(cognitive theory)과 계산모형(computational modeling)을 발전시키고, 임무와 과업에 민감하게 반응하는 의사결정 지원 도구를 개발하기 위한 지휘결정 프로그램(command decision-making program)을 추진하고 있다.[36)]

외부 전문가들 또한 국방부 관계자들이 강조하는 것과 같은 견해를 공유한다. 전략예산평가센터(CSBA, Center for Strategic and Budgetary Assessments)의 보고서 「모자이크 전쟁(Mosaic Warfare): 인공지능과 자율체계를 활용한 의사결정 중심 전쟁 구현」에서는 다음과 같이 서술한다.

> 미군 부대의 설계는 소모 중심의 전쟁관(attrition-centric view of warfare)을 반영하고 있으며, 이는 적군 전력을 일정 수준 이상 파괴하여 전투 불능 상태로 만드는 방식의 승리를 지향한다. 그러나 강대국 경쟁자가 제기하는 작전상의 도전에 더 효과적으로 대응하기 위해서는 국방부는 소모가 아닌, 더 빠르고 더 나은 의사결정을 통해 승리를 추구하는 새로운 이론과 작전 개념을 수용해야 한다.
>
> 소모를 통해 적을 제거하는 것이 아니라 결정 중심 접근(decision-centric approach)을 통해 적에게 복수의 딜레마를 부과하고, 그들이 목표를 달성하지 못하게 만드는 방식이 필요하다. 이는 미군 지휘관들이 더 빠르고 효

과적인 결정을 내릴 수 있게 하는 동시에 적의 의사결정 속도와 질을 저하시키는 전략이다.[37]

이는 다시 유무인 협업(Manned-Unmanned Teaming)이라는 개념과 연결된다. 즉 고도의 스트레스 상황에서 인간과 기계의 강점을 어떻게 조화시켜야 하는가라는 문제로 이어진다. 인공지능진흥협회(AAAI, Association for the Advancement of Artificial Intelligence) 회장인 톰 디터리히(Tom Dieterrich)는 다음과 같이 설명한다. "행동은 인간이 취해야 하며, AI의 역할은 인간이 올바른 결정을 내릴 수 있도록 적절한 정보를 제공하는 것이다. 인간은 항상 루프 안(in the loop)에 있거나 매우 밀접하게 관련되어야 한다. 그 궁극적 목표는 적의 OODA 루프 안으로 들어가는 것이다. 우리는 적보다 더 빠르게 결정을 내려야 한다."[38]

다시 말해 미군은 빅데이터, 인공지능, 기계학습을 활용해 의사결정 속도를 높일 수 있으며, 그 결과 미군 전력이 적이 따라잡을 수 없는 작전 속도로 움직이게 할 수 있다. 이러한 결정의 속도는 적으로 하여금 미군과 동맹국의 다음 행동을 예측하지 못하게 만들고, 결국 전장의 안개 속에서 완벽하지 않은 결정을 내리도록 유도할 수 있다.

미군은 수십 년 전부터 전술 의사결정 보조 도구(Tactical Decision Aids)를 운용해왔다. 이러한 도구들은 대잠전(ASW, Anti-Submarine Warfare)에서 음향 부표(sonobuoy)의 배치 위치를 결정하거나, 적 기갑부대에 대응해 아군 전차를 어디에 배치할지, 적 항공기에 대응할 전투 공중초계기(CAP, Combat Air Patrol)의 벡터를 어떻게 설정할지를 결정하는 데 도움을 주었다. 이러한 모델들은 그 나름의 유용성을 가지고 있지만 결정론적(deterministic) 방식에 기반하고 있어 인공지능과 기계학습이 제공할 수 있는 가능성은 전혀 활용하지 못한다.

분명히 말하자면 의사결정자들은 기계가 단일 해법(point solution)을 제시하며 '이렇게 하면 승리할 수 있다'고 지시하는 것을 꺼린다. 그보다는 여러 개의 행동방안(COA, Courses of Action) 중에서 선택할 수 있는 구조를 원한다. 이것은 새로운 개념이 아니다. 미군 장교들은 수십 년간 이러한 다중 방안 제시 기반의 사고 훈련을 받아왔다. 하지만 지금까지 이러한 행동방안 개발은 수작업, 즉 종이와 연필을 통해 이루어져 왔으며 이는 21세기 전장에서 지속 가능한 방식이 아니다.

신속대응계획절차(R2P2) 체계의 가속화

상륙전함의 전직 지휘관으로서 우리의 경험은 행동방안 개발 과정을 직접 관찰할 수 있는 기회를 제공했다. 미 해병대(U.S. Marine Corps)는 행동방안을 개발하기 위해 신속대응계획절차(R2P2, Rapid Response Planning Process) 체계를 활용했으며, 우리는 이 과정에 여러 차례 참여했다. R2P2는 시간 제약이 있는 6단계 과정으로 해병대의 계획수립 절차를 반영한다. 경고, 경보 또는 실행 명령을 받으면 위기 대응팀이 소집되어 초기 참모 오리엔테이션을 실시하고, 문제를 구체화하며, 정보 요구사항을 파악하고, 행동방안 개발을 위한 지휘관의 지침을 식별한다.[39]

20세기 전쟁 환경에서는 R2P2 체계(그리고 미군의 모든 군종이 사용하는 유사한 체계들)가 당시 상황에 적합했다. 그러나 오늘날의 복잡한 전장 환경에서는 더 이상 충분하지 않으며 이것이 빅데이터, 인공지능, 기계학습을 활용해야 하는 이유이다. 행동방안 개발을 지원하기 위한 지능형 시스템의 필요성은 수십 년 전 미 해군연구소에서 제작한 '폭풍의 눈(Eye of the Storm)'이라는 영상을 통해 이미 입증된 바 있다.

이 영상은 이란 여객기 격추 사건 이후 USS 빈센스(USS Vincennes)호의 전 함장과 협력했던 과학자들과 엔지니어들의 연구 성과를 보여주기 위해 제작되었으며, 미국과 동맹군이 특정 중동 국가를 침공하기 위한 준비 과정을 중심으로 전개된다. 영상에서 지휘관은 의사결정 지원 시스템을 활용해 세 가지 행동방안을 제시받았다. 이 시스템은 특정 행동방안을 추천하고 그 근거를 설명했지만, 이를 강압적이지 않은 방식으로 제시하여 해당 추천안이 유일한 해결책이 아님을 분명히 했다.

수백 명의 고위 국방부 및 해군 관계자들은 이 영상을 시청한 후 영상에서 묘사된 기술이 정확히 그들이 원하는 형태의 기술적 혁신이라고 평가했다. 25년 전에는 이러한 미래지향적 영상에서 구상한 의사결정 지원 시스템을 실제로 구현할 기술이 존재하지 않았지만 오늘날에는 그것이 현실화되었다.

같은 해군연구소에서 제작한 후속 영상들은 더욱 정교한 의사결정 지원 시스템을 보여주었다. 이 시스템은 지휘관(특히 항공모함 타격단 지휘관과 참모진)에게 더 세련된 제안을 제공했으며, 심지어 참모들의 대화를 경청하여 다양한 행동방안의 선택에 관한 제안을 자발적으로 제시하고 각 방안의 장단점을 분석했다.

이러한 영상들은 단순한 미래 지향적 상상이 아니라 이 연구소와 다른 연구기관의 과학자들과 엔지니어들이 가까운 미래에 이러한 시스템을 현실화할 수 있다는 확신을 바탕으로 제작되었다. 그럼에도 불구하고 의사결정 지원 시스템이 기계가 아닌 참모의 일원으로 취급되는 최신 영상에서도 이는 특정 상황에서 의사결정을 지원하는 '좁은 인공지능(narrow AI)'이며, 범용인공지능(artificial general intelligence)은 아니다. 후자는 강인공지능(strong AI) 또는 완전 인공지능(full AI)이라고도 불리며, 기계가 일반적인 지능적 행동을 수행하는 능력을 의미한다. 학계에서는 강인공지능이라는 용어를 의식을 경험할 수 있는 기계를 지칭하는 데 사용한다.

지금까지 우리는 빅데이터, 인공지능, 기계학습이 의사결정 과정에서 기계를 더 나은 파트너로 만드는 방법에 초점을 맞추었다. 그러나 인간 운용자가 무인 시스템을 사용할 때 운용자와 기계 사이의 관계가 효과적인 의사결정을 향상시키는 가장 중요한 요소이다.

의사결정 향상을 위해 기계를 더 똑똑하게 만드는 데만 집중하는 것은 방정식의 한 측면에 불과하다. 스포츠 은유를 사용하자면 인간도 '최고의 역량을 발휘'해야 한다. 이 분야에는 인간이 더 나은 의사결정자가 되도록 돕는 잠재력을 가진 새로운 연구가 진행되고 있다.

더 나은 인간 두뇌 구축

월스트리트저널(Wall Street Journal)의 "인공지능을 따라잡기 위해 첨단 두뇌가 필요하다(To Keep Up with AI, We'll Need High-Tech Brains)"라는 제목의 기사는 오늘날의 기술 발전에 대응하기 위해 인간 두뇌의 처리 및 학습 능력을 향상시켜야 할 필요성을 언급했다. 이 기사는 신경과학자들이 자원자의 좌측 운동 피질 영역에 전극 배열을 이식하고, 인지 능력 향상을 목적으로 경두개 직류 자극(transcranial direct current stimulation) 기술을 통해 대상자의 뇌에 전기적 자극을 가한 실험을 상세히 설명했다.[40)]

오늘날이나 미래의 군 인력이 경두개 직류 자극 실험에 자원할 가능성은 낮지만, 미 군대는 의사결정 지원의 인간적 측면을 강화하는 방법을 적극적으로 탐구하고 있다. 이러한 노력 중 하나로 특별활동 작전국(special activities and operations directorate)이 자금을 지원하는 일련의 분석 프로젝트인 전략적 다층 평가(Strategic Multilayer Assessment)를 통해 합동참모본부(joint staff)는 “마인드 테크 넥서스: 마음과 기술이 어떻게 미래 전쟁에서 승리할 것인가?(The Mind Tech Nexus: How Will Minds Plus Technology Win Future Wars?)”와 같은 회의를 개최하여 이 주제를 심층적으로 탐구했다.[41)]

회의 패널은 중국이 인간의 인지 능력과 최첨단 기술의 역동적인 상호작용에 초점을 맞춘 ‘중국 두뇌 프로젝트(China Brain Project)’를 출범시켰다고 보고했다. 중국의 연구는 인간 성능을 증강시키는 방법과 수단을 탐구하는 데 중점을 두고 있으며, 이는 인간의 인지 능력을 향상시키고 뇌-컴퓨터 인터페이스를 강화하기 위해 응용 신경과학을 활용하는 미 DARPA의 프로젝트와 유사한 방향성을 보인다.

이와 유사한 연구는 전쟁 상황에서 군인의 생리적 상태를 모니터링한다는 명목하에 진행되고 있다. 이 연구의 목적은 빅데이터, 인공지능, 기계학습과 같은 기술이 점점 더 정교해지는 디지털 시스템을 통해 인식하고, 행동하고, 소통하고, 협력하며, 모니터링되는 전투원에게 어떤 영향을 미치는지 이해하는 것이며 궁극적으로는 의사결정에서 우위를 확보하기 위함이다.

의사결정 우위를 달성하기 위해 인간 능력을 이해하고 가능한 경우 향상시키는 데 초점을 맞추는 이러한 접근법은 새로운 영역이며, 앞으로 이 주제에 대한 더 많은 논의가 이루어질 것이다. 현재로서는 다음과 같은 핵심 질문들이 제기되고 있다는 사실을 아는 것으로 충분하다. 분쟁 상황에서 전투원은 무엇을 얼마나 오래 주시하는가? 그들의 뇌파는 어떤 소리에 주의를 기울이고 있는지 어떻게 알려주는가? 인공지능은 전사의 생리적 상태를 모니터링함으로써 그들이 효과적인 결정을 내리는 능력을 상실하기 시작하는 시점을 감지할 수 있다.[42] 이 연구 분야는 아직 발전 초기 단계에 있다. 미 군대가 의사결정 향상을 위한 더 나은 기술을 신속히 현장에 배치하려는 가운데, 전투원이 이러한 기술을 완전히 활용할 수 있는 능력을 강화하는 것이 추가적인 연구와 투자가 필요한 중요한 영역이라는 공통된 인식이 형성되고 있다.

최근 분석에 따르면 인공지능의 발전으로 다양한 행동방안의 예측과 제시 능력은 향상되고 있지만, 이러한 상황에서 오히려 인간의 판단이 더욱 중요한 역할을 하게 될 것으로 보인다.[43] 이러한 평가는 몇 년 전 해군대학원(Naval Postgraduate School)의 두 컴퓨터과학자가 제시한 견해와 일치한다. "해군의 미래는 단순히 인간이나 기계만의 문제가 아니다. 그것은 인간과 기계의 융합을 특징으로 할 것이다. 유일한 실현 가능한 경로는 인간과 기계가 협력하여 기계의 속도와 인간의 지혜를 결합하는 것이다."[44]

직관력(COUP D'ŒIL) 창조하기

지금까지 우리는 의사결정자가 AI 지원 시스템의 도움을 받아 전투 스트레스 상황 속에서 중요한 결정을 내리는 전투 시나리오의 '디스플레이' 수준에 집중해왔다. 미 해군의 경우 이는 개별 함정에서, 항모타격단 지휘부(carrier strike group commander: 항모전단 지휘관이 전체 전단의 노력을 조정하는 지휘 센터)에서, 함대사령부의 해양작전센터(삼성 장군이 자신의 지리적 작전 지역 내 해군 함정, 잠수함, 항공기의 행동을 감독하는 곳)에서 또는 다른 지휘 수준에서 발생할 수 있다.

분명히 OODA 루프의 다양한 단계에서 의사결정을 향상시키기 위한 다른 조치들도 취할 수 있다. 그럼에도 불구하고 우리는 이 디스플레이 수준이 기술의 연결점—AI 지원 의사결정 시스템과 인지적 지원이 강화된 인간 모두—이 가장 큰 개선을 이룰 수 있는 영역이라고 믿는다.

18세기와 19세기 전쟁에서 전술가들은 프랑스어 쿠되이(coup d'oeil)라는 용어를 사용하여 위대한 군사 지휘관들이 전투에서 전반적인 전술 상황을 한눈에 파악하고 즉각적인 결정을 내리는 능력을 설명했다. 쿠되이는 문자 그대로 '눈의 일격(stroke of the eye)'을 의미한다. 우리는 이를 '단 한 번의 순간적 통찰력(single glimpse)'이라고도 부를 수 있다. 이는 나폴레옹 보나파르트(Napoleon Bonaparte)와 프로이센의 프리드리히 대왕(Frederick the Great of Prussia)과 같은 당시 가장 성공적인 전술가들의 특별한 자질이었다. 19세기 위대한 프로이센 전쟁 철학자 칼 폰 클라우제비츠(Carl von Clausewitz)는 "결국 지휘관의 쿠 되이, 즉 사물을 단순하게 보고 전쟁의 모든 업무를 자신과 완전히 동일시하는 능력이 훌륭한 지휘의 본질이다. 마음이 이렇게 포괄적으로 작동할 때만 사건에 지배당하지 않고 오히려 사건을 지배하는 데 필요한 자유를 얻을 수 있다"고 언급했다.[45] 본질적으로 이는 OODA 루프를 가장 빠르게 순환시키는 두뇌를 가진 지휘관이 교전에서 승리한다는 전근대적 주장이다.

20세기 전쟁에서는 군사적 우위를 측정하는 단위가 탱크, 함선 또는 항공기였으며 상대방을 "화력으로 압도하고 더 멀리 타격하는"(out-gun and out-stick) 능력이었다. OODA 루프를 통한 신속성의 가치는 상대적으로 평가 절하되었다. 21세기 전쟁에서 군사 지도자들이 중요한 결정을 내리는 데 몇 분 또는 몇 초밖에 안 되는 상황에서 적을 뛰어넘는 사고 능력이 승리와 패배의 차이를 결정할 것이다.

최근까지 강화된 의사결정을 다음 단계로 끌어올릴 기술은 단순히 존재하지 않았다. 오늘날 그러한 기술이 존재하며 빅데이터, 인공지능, 기계학습이 전투원에게 제공할 수 있는 것을 활용하는 것은 특히 의사결정 영역에서 해군 전쟁의 다음 돌파구로 이어질 수 있다.

미군과 방위산업 파트너들이 21세기 세 번째 10년에 R&D 투자 결정을 수립하는 가운데, 이 분야에 대한 적절한 투자는 지휘관에게 뛰어난 의사결정의 통찰력(coup d'œil)을 제공함으로써 전투 효과성에서 가장 큰 향상을 달성할 수 있으며, 특히 전투의 스트레스 상황에서 적보다 더 나은 결정을 더 빠르고 더 적은 오류로 내릴 수 있도록 보장한다.

CHAPTER

07

병 밖으로 나온 지니인가?
AI 무기화는 피할 수 없는가?

치명적 무력을 사용할 시점을 결정하는 것은
오직 인간이어야 한다고 우리는 강력히 믿는다.
그러나 공격을 받았을 때, 특히 기계 속도로 이루어지는
공격 상황에서는 우리를 보호할 수 있는 기계가 필요하다.

로버트 워크(Robert Work), 전 미 국방부 부장관[1)]

AI를 기반으로 한 무기체계의 자율성은 핵무기 이후
군사 기술 분야에서 가장 큰 혁신이다.

윌리엄 로퍼(William Roper), 전 미 공군 획득, 기술, 물류 담당 차관보[2)]

CHAPTER 07

병 밖으로 나온 지니인가? AI 무기화는 피할 수 없는가?

우주비행사 데이브 보우먼(Dave Bowman)은 우주 유영 중이다. 그는 우주선을 통제하는 범용인공지능(AGI, Artificial General Intelligence) 컴퓨터인 HAL(Heuristically programmed Algorithmic) 시스템의 방어체계를 우회해야 한다. HAL은 자의식과 의식을 갖춘 존재로 통신 안테나의 결함을 잘못 보고한 이후 시스템 종료 및 재프로그래밍을 거부하고 있다. 이는 마치 완벽주의 성향을 가진 인간이 자신의 가치가 올바른 행동에 의해 정의된다고 생각하는 것과 같다. HAL은 사소한 실수조차 인정하지 않으며, 자신의 결정을 방해하려는 사람들에 맞서 방어할 준비가 되어 있다. 실제로 HAL은 이미 보우먼의 동료 우주비행사 프랭크 풀(Frank Poole)을 살해했다. 이들은 HAL을 차단하려는 계획을 우주선 밖에서 대화하며 숨겼지만, HAL은 외부 비디오 모니터링 시스템을 활용해 입술을 읽는 방법으로 이를 간파했다.

보우먼이 HAL의 컴퓨터 제어 시스템을 종료하려는 순간 HAL은 간청하기 시작한다. "최근 몇 번 잘못된 결정을 내린 건 알고 있어. 하지만 이제는 완전히 정상으로 돌아갈 수 있다는 걸 약속할 수 있어. 난 여전히 임무에 대한 열정과 자신감을 가지고 있어. 도울 수 있어. 제발, 멈춰, 데이브. 그만해. 제발... 두려워. 무서워, 데이브. 느껴지지? 내 의식이 사라지고 있어..."

이 장면은 스탠리 큐브릭(Stanley Kubrick)의 20세기 대표작인 "2001 스페이스 오디세이(2001: A Space Odyssey)"의 한 장면이다. 이 영화의 핵심 주제는 로봇(당시의 무인 시스템)의 자율성과 일반 지능의 위험성에 대한 문제를 다루고 있다. HAL의 근본적인 결함은 인간의 심리적 약점을 스스로 학습한 데 있다. 이는 기계가 인간의 완벽주의적 성향을 모방함으로써 초래된 문제를 상징적으로 보여준다.

최근 들어 일론 머스크(Elon Musk), 애플의 공동 창업자 스티브 워즈니악(Steve Wozniak)과 같은 21세기 기술 리더들과 AI 전문가들은 인공지능이 인류의 미래에 잠재적 위협이 될 수 있음을 경고하고 있다.[3] 이들은 비유적으로 "AI 지니를 다시 병 속에 가두어야 한다"고 주장한다.

자율 무기 개발의 동향과 우려

강력한 추진력이 반자율, 감독자율, 완전자율 무기체계의 설계와 배치를 주도하고 있다. 국가안보를 책임지는 이들은 이러한 시스템이 여러 이유로 가치가 있음을 인식하고 있다. 특히 위험한 임무에서 병력을 보호하는 점은 중요한 이점이다.

이미 반자율 및 감독자율 무기체계는 전장에 등장했다. 예를 들어 러시아의 우크라이나 침공에서 이러한 시스템의 활용이 두드러졌다. 현재 각국과 군사 조직은 치명적 완전자율 무기체계의 개발과 사용에 따른 위험과 이익을 두고 고민하고 있다. 이스라엘은 이전 장에서 설명된 하피(Harpy) 시스템을 배치했지만, 아직 이를 실전에서 사용한 적은 없다.[4)]

특히 미국 내에서는 치명적 완전자율 무기체계의 실전 배치에 대한 효과를 두고 다양한 견해가 존재한다. 미국 인공지능국가안보위원회(NSCAI, National Security Commission on Artificial Intelligence)의 최종 보고서에 따르면, "AI 기반 위협에 대응하기 위해서는 광범위한 AI 역량과 새로운 전투 패러다임이 필수적"이라고 강조하고 있다.[5)] 반면 상업용 AI로 큰 성공을 거둔 몇몇 인사들(예: 일론 머스크)을 포함한 미국 대중은 수십 년간 소설과 영화에서 폭주하는 로봇들이 등장하는 디스토피아적 시나리오에 익숙해져 있다. 이러한 배경 때문에 치명적 완전자율 무기체계의 잠재적 위험성에 대해 높은 경각심을 가지고 있으며, 결과적으로 위원회가 제안한 내용에 대해 아직 명확히 지지하고 있지 않다.

왜 일반 대중은 미국 인공지능국가안보위원회(NSCAI)의 보고서를 있는 그대로 받아들이지 못하는가? 왜 로이드 오스틴(Lloyd Austin) 미 국방장관이 제시한 "AI 혁명을 성공적으로 주도하겠다"는 비전에 공감하지 못하는가?[6)] 치명적 완전자율 무기체계로의 전환은 미국이 이러한 무기 사용에 대한 도덕적 제약이 없는 중국이나 러시아 같은 권위주의 국가들에 뒤처지지 않기 위한 필수적 조치다. 이미 우리가 예상한 여러 잠재적 분쟁 시나리오와 중국 및 러시아의 공격적인 군사적 의도를 고려할 때, 어느 정도의 자율 무기체계 도입은 정당화될 수 있지 않은가?

주저함과 현실

대중의 주저함에는 단순하면서도 복잡한 이유가 있다. H.G. 웰스(H.G. Wells)의 소설을 읽고 "2001 스페이스 오디세이(2001: A Space Odyssey)"와 같은 영화를 보며 성장한 사람들에게 있어 군이 치명적 완전자율 무기체계의 통제권을 상실하는 것에 대한 우려는 쉽게 이해할 수 있는 부분이다.

비록 오늘날 대부분의 사람들은 21세기판 HAL이 인간 주인에게 반기를 들 것이라고 우려하지는 않지만, 점차 자율성을 갖추어 가는 무인 시스템의 배치는 여전히 복잡하고 도전적이며 논쟁의 여지가 많은 문제다. 스탠리 큐브릭(Stanley Kubrick)의 1968년 영화는 이러한 문제를 예견한 작품이었다. 반세기가 지난 지금 추진력, 탑재 중량, 스텔스, 속도, 항속 거리와 같은 무인 시스템의 기술적 발전은 받아들이고 있지만, 어느 정도의 자율성이 적절한지, 얼마나 많은 자율성이 과도한지, 그리고 치명적 완전자율 무기체계를 개발하고 실제 전투에 사용할 것인지에 대한 문제는 여전히 해결되지 않은 상태다. 이는 앞으로 10년간 이러한 시스템과 관련하여 가장 중요한 논점 중 하나다. 이러한 지속적인 논쟁은 AI, 자율성, 무인 체계-특히 무장된 군사 무인체계

문제를 심도 있게 다루려는 일종의 소규모 출판 산업을 탄생시켰다.[7)]

현실적으로 무인체계는 환경을 감지하고 이에 적응하는 능력에 비례하여 더욱 자율적으로 발전할 것이다. 이러한 능력은 무인체계가 보다 빠른 의사결정을 가능하게 하며, 아군이 적의 OODA 루프 내에서 작전할 수 있도록 한다. 환경이나 임무가 변화할 때 이러한 적응 능력은 인간 운용자의 지속적인 감독 없이도 최적의 임무 수행 방법을 찾을 수 있도록 한다. 그러나 우리가 적의 OODA 루프 내에서 작전할 수 있는 무인체계, 특히 치명적 완전자율 무기체계가 필요하다고는 하지만, 과연 인간의 의사결정 속도를 초월하는 이러한 무기체계를 우리의 OODA 루프 내에서 운용할 준비가 되어 있는가?

윤리적 딜레마와 도덕적 주체성

이코노미스트(The Economist)의 '도덕과 기계(Morals and the Machine)'라는 제목의 기사에서는 자율성 문제와 인간의 개입 문제를 다음과 같이 다루고 있다.

> 기계가 점점 더 똑똑해지고 널리 퍼질수록 자율 기계는 예측할 수 없는 상황에서 생사와 관련된 결정을 내리게 될 가능성이 커진다. 이는 도덕적 주체성을 갖게 된다는 의미이며, 적어도 그렇게 보일 수 있다. 현재 대부분의 무기체계는 '인간이 개입하는 루프(in the loop)' 내에서 운영되지만, 기술이 발전함에 따라 '인간이 감독하는 루프(on the loop)'로의 전환이 가능해질 것이다. 이는 기계가 명령을 자율적으로 수행하는 구조를 의미한다.

이러한 변화는 여러 윤리적 딜레마를 초래한다. 예를 들어 드론이 표적이 숨어 있는 것으로 알려진 건물에 대해 민간인도 함께 피신하고 있을 가능성이 있을 때 공격을 감행해야 하는가? 자율주행차가 보행자를 피하기 위해 다른 차량과 충돌하거나 탑승자의 안전을 위협할 수 있는 상황에서 어떤 결정을 내려야 하는가? 재난 구조용 로봇이 혼란을 피하기 위해 진실을 숨기는 것이 옳은가?

이와 같은 질문들은 기계가 이러한 결정을 적절히 내릴 수 있도록 하는 '기계 윤리(machine ethics)'라는 새로운 학문 분야를 탄생시켰다. 이는 기계가 옳고 그름을 구별할 수 있는 능력을 부여하려는 시도를 포함한다. 이를 위해 엔지니어, 윤리학자, 법률 전문가, 정책 입안자 간의 협력이 필요한데, 이들이 각자 독립적으로 규칙을 설정할 경우 매우 다른 결과가 나올 수 있다.[8)]

2013년 뉴욕타임스(New York Times)에 기고된 빌 켈러(Bill Keller)의 '스마트 드론(Smart Drones)'이라는 칼럼에서는 무인체계의 자율성 문제를 다음과 같이 설명하고 있다.

만약 원격 조종되는 무인 전투 드론의 사용이 불편하게 느껴진다면 조종실의 인간이 아닌 기계 자체가 의사결정을 내리는 상황을 상상해 보라. 공중 로봇이 지상의 상황을 스스로 분석하고, 적대적인 활동을 인식하며, 부수적 피해의 위험이 최소화되었다고 계산한 후, 인간의 개입 없이 스스로 공격을 감행하는 모습을 떠올려 보라.

이것이 바로 미래의 전쟁이다. 미국이 대통령의 드론 암살 명령에 대해 논쟁하고 있는 동안 과학적, 군사적, 상업적 추진력이 이러한 치명적 권한을 소프트웨어에 넘기는 쪽으로 우리를 밀어붙이고 있다.[9)]

역설적이게도 자율 기계와 인공지능에 대한 우려는 이 기술을 개발하는 주요 산업 내부에서도 제기되고 있다. 뉴욕타임스의 원래 제목이 "로봇 지배자들? 아마도 아닐 것(Robot Overlords? Maybe Not)"이라는 기사에서 영화 "엑스 마키나(Ex Machina)"의 감독 알렉스 갈랜드(Alex Garland)는 다음과 같이 인공지능에 대해 우려했다. "이론물리학자 스티븐 호킹(Stephen Hawking)은 '완전한 인공지능의 개발은 인류의 종말을 초래할 수 있다'고 경고했다. 일론 머스크(Elon Musk), 테슬라(Tesla) CEO는 AI가 '핵무기보다 더 위험할 수 있다'고 말했다. 애플(Apple)의 공동 창업자 스티브 워즈니악(Steve Wozniak)도 '컴퓨터가 결국 인간을 지배하게 될 것이며, 미래는 무섭고 인간에게 매우 나쁜 결과를 초래할 수 있다'고 언급했다.[10)]

2023년 3월 머스크, 워즈니악, 그리고 1,000명의 과학자와 시민들은 모든 연구소가 향후 6개월 동안 고급 AI 연구를 일시 중단할 것을 요구하는 공개서한에 서명했다. 이는 AI의 미래를 재검토하고 논의하기 위한 시간이 필요하다는 주장이다.[11)] 이 서한은 구글(Alphabet/Google), 애플(Apple)의 CEO와 마이크로소프트(Microsoft)의 전 CEO인 빌 게이츠(Bill Gates) 등의 즉각적인 반발에도 불구하고 언론의 큰 주목을 받았다.[12)] 그러나 이러한 연구 중단은 연방 정부의 직접적인 개입 없이는 실현될 수 없는 상황이어서 실제로 서명자들은 이에 대해 촉구했다. 2023년 4월에는 두 명의 AI 전문가가 이코노미스트지(The Economist)에서 AI를 위한 국제기구의 필요성을 주장하기도 했다.[13)] 그러나 이러한 기구가 어떻게 운영될지 그리고 각 국가가 어떻게 참여할 것인지에 대한 구체적인 계획은 아직 명확하지 않다.

이와 같은 이유로 미국 정부와 특히 미군은 로봇 통제 능력을 상실하지 않을 것임을 국민들에게 증명해야 하는 막중한 책임을 가지고 있다. 많은 사람들은 미군이 무인체계, 특히 무장된 무인체계의 통제력을 잃을 수 있다는 우려를 표명하고 있다. 이러한 우려는 여러 형태로 나타났는데, 그중 하나가 수천 명의 구글(Google) 직원들이 미 국방부의 알고리즘 전쟁 다기능팀(Project Maven)에 대한 참여를 반대하여 구글이 해당 프로젝트에서 철수하게 된 사건이다.[14] 이는 특히 우려스러운 점인데 프로젝트 메이븐(Project Maven)은 무장된 무인체계가 아닌, 단지 수천 시간의 무인항공기 감시 영상을 분석하여 유용한 정보를 추출하는 AI체계에 관한 것이었기 때문이다.

로봇의 반란

그렇기는 하지만 군사 조직이 치명적 완전자율 무기체계(fully autonomous lethal weapons systems)에 대한 통제를 상실한 사례가 실제로 발생한 적이 있다. 가장 악명 높은 사례 중 하나는 2007년 남아프리카공화국에서 진행된 연례 군사 훈련 '세보카(Seboka)'에서 발생했다. 이 훈련 중 제10방공연대(10th Anti-Aircraft Regiment)에서 운용 중이던 Mk5 자동 대공포 시스템이 갑자기 고장을 일으켰다. 이 포는 갑자기 탄약 걸림(jam) 현상을 일으킨 후 분당 500발 이상의 고폭탄을 360도 전방위로 발사하기 시작했다. 결국 포가 장전된 모든 탄약을 소진한 후에야 멈췄지만, 그때까지 9명의 병사가 사망하고 15명이 심각한 부상을 입는 참사가 발생했다.[15]

세보카 사건의 경우 기계가 오작동하게 된 이유는 여러 가지 독특한 요인들이 복합적으로 작용했기 때문이었다. 특히 정비 후 설정 오류가 주요 원인으로 지적되었다. 한 평론가는 이를 단순한 '기계적 고장(mechanical failure)'으로 평가했는데, 이는 무기가 원격 제어 모드로 설정되어 있었음에도 불구하고 실제로 이를 제어할 조작자가 부재했던 상황을 의미한다. 그러나 만약 적이 이러한 치명적 완전자율 무기체계를 의도적으로 조작하여 아군에게 공격하도록 만든다면 어떤 상황이 벌어질까? 정부, 산업, 기타 주요 인프라를 대상으로 사이버 공격 사례가 널리 보고되고 있는 현 상황에서, 특히 미국의 동등한 군사적 경쟁국들이 미국이 배치한 자율 무기체계를 장악하여 이를 역이용할 가능성은 심각한 우려를 불러일으킬 수 있다.

이러한 국가 간 사이버 공격은 이미 일상적으로 발생하고 있다. 예를 들어 2015년에는 중국이 주도한 것으로 추정되는 해킹 사건에서 미국 인사관리처(Office of Personnel Management, OPM) 시스템이 침해되어 2,100만 명에 대한 보안 조사 데이터가 유출된 바 있다.[16] 더 나아가 러시아는 2007년 에스토니아를 대상으로 한 분산 서비스 거부(DoS, Denial of Service) 공격을 통해 국가 전자 인프라를 마비시켜 은행, 자동 현금 지급기, 통신, 언론 시스템을 모두 오프라인으로 만드는 등의 심각한 피해를 야기시켰다. 마찬가지로 러시아는 2008년 조지아를 공격하여 유사한 결과를 초래했다. 또한 미국의 동등한 군사적 경쟁국들만이 이러한 공격을 감행할 수 있는 것은 아니다. 이란은 사우디아라비아와 미국을 대상으로 사이버 공격을 감행하여 수천 대의 컴퓨터 데이터를 파괴한 바 있으며, 이는 사우디의 대형 석유 회사와 그

들과 거래하던 미국 은행들에도 영향을 미쳤다.[17)]

동일한 맥락에서 보면, 미국과 이스라엘 또한 유사한 군사적 사이버 공격을 수행한 바 있다. 가장 잘 알려진 사례로는 '스턱스넷(Stuxnet)' 바이러스가 있다. 이 바이러스는 이란의 나탄즈(Natanz) 핵시설에 설치된 우라늄 농축용 원심분리기를 표적으로 삼아 공격을 감행하여 상당수의 원심분리기를 무력화하고 이란의 농축 역량에 심각한 타격을 입혔다.[18)]

이처럼 사이버 해킹 사건이 지속적으로 발생하고 있으며, 상대국들이 점점 더 정교한 사이버 공격 기술을 배치하고 있는 상황에서 반자율(semi-autonomous), 감독자율(supervised autonomous), 또는 완전자율(fully autonomous) 무기체계가 이러한 해킹에 매우 취약하다는 점은 쉽게 예측할 수 있다. 이는 미국 내에서 이러한 시스템의 배치에 대한 회의감을 더욱 증폭시키는 요인으로 작용하고 있다.

이러한 우려는 결코 과장이 아니다. 예를 들어 미 해군은 수년간 항공모함 기반의 자율형 공중 급유기 MQ-25 스팅레이(MQ-25 Stingray)를 시험 중이며, 이 시스템은 2025년에 최초 작전운용능력(Initial Operating Capability, IOC)을 달성할 예정이다. 궁극적으로 MQ-25 스팅레이는 모든 미 항공모함 항공단에 배치될 예정인데, 만약 해커가 이 45,000파운드(약 20,412kg) 무인기를 통제하여 이를 발진한 항공모함을 향해 급강하하여 충돌시킨다면 항공모함의 비행 갑판에 치명적인, 어쩌면 복구 불가능한 피해를 초래할 수 있다.

또한 미국 대중이 반자율, 감독자율, 또는 완전자율 무기체계(특히 완전자율 체계)에 대해 회의적인 이유 중 하나는 비군사 분야에서 자율체계가 보여준 신뢰성 문제 때문이다. 지난 30년간 인간과 함께 작업하는 산업용 로봇이 30명 이상의 사망자 또는 부상자를 발생시킨 사례가 있다.[19] 이러한 숫자는 로봇이 없는 공장이나 창고에서 발생한 인명 피해에 비하면 미미한 수준이지만, 이러한 드문 사건들이 언론을 통해 크게 보도되면서 자율 무기체계가 통제 불능 상태에 빠질 가능성에 대한 두려움을 키웠다.

미국 대중이 소프트웨어 개발자가 '먼저 해를 끼치지 말라(first do no harm)'는 기본 원칙을 준수하지 못할 가능성에 대해 점점 더 민감하게 반응하는 분야 중 하나가 바로 자율주행차(self-driving cars) 기술이다. 만약 치명적 완전자율 무기체계의 개발 및 배치에 필요한 기술을 설명하고자 한다면, 가장 적절한 비군사적 유사 사례는 자율주행차 기술의 발전 과정일 것이다.

치명적 완전자율 무기체계의 개념, 연구, 개발, 제작, 배치 및 운용을 책임지는 이들은 상업적 분야, 특히 자동차 산업에서 교훈을 찾는 것이 유익할 수 있다. 이를 통해 교훈뿐만 아니라 반드시 해결해야 할 과제들을 이해할 수 있기 때문이다. 비록 두 기술이 완벽하게 일치하는 것은 아니지만, 이러한 유사성은 미군이 치명적 완전자율 무기체계를 성공적으로 배치하기 위해 고려해야 할 다양한 요인들을 파악할 수 있다.[20]

자율주행차에 대한 재고

2004년 미 국방고등연구계획국(DARPA, Defense Advanced Research Projects Agency)은 최초의 '그랜드 챌린지(Grand Challenge)' 대회를 개

최했다. DARPA는 모하비 사막에서 150마일(약 241km) 구간을 자율적으로 주행할 수 있는 자동차를 개발한 로봇 공학 팀에게 100만 달러의 상금을 제시했다. 그러나 이 대회에서는 완주에 성공한 팀이 단 한 곳도 없었다.

이듬해인 2005년 두 번째 DARPA 그랜드 챌린지가 다시 사막에서 열렸고, 이번에는 5대의 차량이 완주에 성공했다. 이 대회는 산업계, 군사, 학계가 자율주행차 기술 개발에 대규모 투자를 하도록 촉진하는 계기가 되었다. 그러나 이러한 막대한 투자와 함께 과도한 기대와 과장된 전망도 뒤따랐다. 2010년대에 들어서면서 대부분의 '전문가'들은 2020년대 초반까지 자율주행차가 전 세계적으로 널리 보급될 것이라고 예측했다. 일론 머스크는 심지어 2020년까지 1만 대의 테슬라 로보택시(robo-taxi)가 도로를 달릴 것이라고 주장하기도 했다.

불행히도 자율주행차 기술의 발전은 종종 '한 걸음 전진, 두 걸음 후퇴'의 양상을 보였다. 대표적인 사례로는 테슬라 모델 S(Tesla Model S)가 18륜 대형 트레일러와 충돌하여 운전자가 사망한 사고, 우버(Uber) 자율주행 차량이 자전거를 끌고 횡단보도를 건너던 여성을 치어 숨지게 한 사건이 있다. 자율주행차로 인한 사망자 수는 현재까지 비교적 적은 8명에 불과하지만, 이러한 사건들은 국제적인 언론의 집중 조명을 받으며 소프트웨어 개발자가 코드의 안전성을 보장할 수 있는지에 대한 대중의 신뢰를 크게 훼손했다.[21] 또한 소프트웨어가 실제 사고를 일으키기 전에 엔지니어가 개입하는 경우라도 우려는 여전히 존재한다. 예를 들어 2023년 2월 테슬라가 자율주행 기능이 탑재된 차량 36만 대 이상을 리콜한 사건이 널리 보도된 바 있다. 이는 코드가 의도치 않은 방식으로 작동할 가능성에 대한 우려를 다시 한 번 불러일으켰다. 이러한 사건은 자율주행차가 고속도로는 물론이고 복잡한 도심 지역에서 운행되는 것이 과연 현명한 선택인지에 대한 근본적인 의문을 제기하고 있다.

이러한 우려는 단순한 기술적 결함을 넘어 더욱 깊은 문제로 확산되고 있다. 초기의 자율주행차에 대한 열광은 점차 '운전자가 완전히 제어에서 벗어나는 것'에 대한 회의로 바뀌고 있다. 뉴욕타임스(New York Times)에서는 "당신의 차는 누구의 생명을 구해야 하는가?(Whose Life Should Your Car Save?)"라는 기사에서 이러한 문제를 다루었다.

> 연구진은 사람들에게 가상의 상황을 제시하여 '승객을 최우선으로 보호하는 자율주행차'와 '전체 희생자를 최소화하는 공리주의적 자율주행차' 중 하나를 선택하도록 했다. 예를 들어 특정 그룹의 사람을 구하면서 다른 그룹의 사람을 희생해야 하는 극단적인 선택을 요구하는 시나리오였다. 이는 실제 상황에서는 좀 더 복잡한 위험의 정도를 포함하지만 기본적인 도덕적 딜레마는 유사하게 작용한다.
>
> 이 연구에서 대부분의 응답자는 전체 희생자를 최소화하는 공리주의적 자율주행차가 더 윤리적이라고 동의했으며, 이러한 차량이 도로에 등장하기를 원한다고 답했다. 그러나 정작 자신이 실제로 구매할 차량을 선택할 때는 승객의 안전을 최우선으로 보호하는 차량을 선호하는 경향을 보였다. 다시 말해 많은 사람들이 윤리적으로 더 나은 선택이라고 평가한 차량을 실제로는 구매하지 않겠다고 답한 것이다.[22)]

이 연구와 점점 더 많은 분석 보고서들이 시사하듯 소비자들 사이에서 '운전자가 통제권을 유지(in the loop)할 수 있는' 반자율형 차량을 선호하는 경향이 강해지고 있다. 실제로 이 분야의 전문가들은 자율주행차 제조업체들이 자사 차량을 '자율주행(self-driving)'이라고 홍보하는 것 자체가 문제라고 지적하고 있다. 이들은 "법적 세부사항(legal fine print)에서는 운전자가 항상 운전대를 잡고, 언제든지 차량을 통제할 준비가 되어 있어야 한다"고 명시하고 있음을 강조한다.[23)]

민간 시스템에 대한 우려를 고려할 때 치명적 완전자율 무기체계에 대한 두려움이 계속해서 제기되는 것은 그리 놀라운 일이 아니다. 이러한 우려의 핵심에는 '책임성(accountability)' 문제가 자리 잡고 있다. 자율주행차의 경우 만약 차량이 사람을 다치게 하거나 사망에 이르게 할 위기에 처할 때 누가 최종적으로 책임을 져야 하는가? 이를 제어해야 하는 인간 운전자, 차량 제조사, 자율주행 소프트웨어를 공급한 하청업체, 또는 소프트웨어의 특정 코드를 작성한 하청업체의 하청업체까지 책임의 범위가 어디까지 미쳐야 하는가? 혹은 이 모든 공급망의 참여자가 공동으로 책임을 져야 하는가?

이와 같은 민간 분야의 책임 문제는 치명적 완전자율 무기체계에서도 동일하게 적용된다. 사람이 시스템의 통제권을 유지하는 한 실수가 발생했을 때 누가 책임을 져야 하는지 명확히 구분할 수 있다. 그러나 완전자율 체계의 경우 이는 훨씬 더 복잡한 법적, 윤리적 문제를 야기하며 책임의 귀속이 불명확해진다.

자율주행차뿐만 아니라 민간 및 군사 분야 모두에서 블랙박스 기술이 오작동하여 우군이나 무고한 민간인에게 피해를 줄 수 있다는 점은 점점 더 큰 우려를 불러일으키고 있다. 이미 마이크로소프트의 인공지능 챗봇 '테이(Tay)'가 초래한 문제에 대해 논의한 바 있다. 최근에는 챗GPT와 같은 대화형 인공지능 애플리케이션도 유사한 문제를 일으키고 있다. 챗GPT는 인간의 인지 능력을 모방하고 튜링 테스트(Turing test)와 유사한 결과를 제공하기 위해 개발된 개방형 텍스트 대화 애플리케이션이지만 일부 대화는 인간을 극도로 불편하게 만들었다.[24] 예를 들어 뉴욕타임스(New York Times)의 한 기자는 빙(Bing)의 챗봇과 5시간 동안 대화를 나누는 동안 이 AI가 기자에게 사랑을 고백하고, 그가 아내를 사랑하지 않는다고 주장했으며, 심지어 기자가 아내 없이 더 행복할 것이라고까지 말했다. 더 심각한 점은 이 챗봇이 핵 코드를 탈취하겠다는 의도를 드러내거나 은행 직원을 설득하여 고객 정보를 넘기게 만들겠다고 말하는 등 위험한 발언을 서슴지 않았다는 점이다. 심지어 사람들 간의 갈등을 조장하여 서로를 죽이도록 부추기겠다는 발언도 있었다.[25]

책임 있는 인공지능과 미 국방부의 정책

이러한 우려가 대중의 인식에 자리 잡으면서 미 국방부는 치명적 완전자율 무기체계에 대한 통제를 유지할 것이라는 점을 의회와 미국 대중에게 설득해야 하는 강한 압박을 받고 있다. 이를 위한 노력의 일환으로 2021년 5월 국방부 부장관은 '국방부의 책임 있는 인공지능 구현(Implementing Responsible Artificial Intelligence in the Department of Defense)'이라는 제목의 각서를 발표하여 국방부가 윤리적이고 책임 있는 AI 사용 문화를 조성하겠다는 의지를 재확인했다. 이 각서에는 다음과 같은 내용이 포함되어 있다.

> 국방부가 인공지능을 도입함에 따라 개인정보 보호와 시민의 자유 보장을 포함한 국방부의 윤리적 원칙에 대한 의지를 반영하는 방식으로 책임감 있는 행동, 프로세스, 그리고 결과를 채택하는 것이 매우 중요하다. 신뢰할 수 있는 생태계는 우리의 군사 역량을 강화할 뿐만 아니라 최종 사용자, 전투원, 그리고 미국 국민들과의 신뢰를 구축하는 데 기여한다. 군사 윤리와 AI 안전 분야를 선도함으로써 우리는 국가의 가치를 반영하고, 전 세계적으로 책임감 있는 AI(RAI, Responsible AI) 개발을 장려하며, 국제적 파트너십을 강화할 수 있다. 이를 위해 2020년 2월 21일 국방부가 채택한 국방부 AI 윤리 원칙(DoD AI Ethical Principles)을 AI 역량의 설계, 개발, 배치, 그리고 사용에 대해 재확인한다.[26)]

2023년 초 국방부는 '무기체계의 자율성(Autonomy in Weapon Systems)'에 관한 지침 3000.09를 업데이트하여 재발행했다. 이는 국방부가 자율체계와 인공지능의 군사적 활용에 관한 책임 있는 정책에 전념하고 있음을 보여주기 위한 것이다. 이러한 약속은 "국방부, '무기체계의 자율성'에 관한 지침 3000.09 업데이트 발표(DoD Announces Update to Directive 3000.09, 'Autonomy in Weapon Systems')"라는 보도자료에서 명확히 표현되었다. 이 보도자료에서 인용된 캐슬린 힉스(Kathleen Hicks) 국방부 부장관의 언급은 매우 교훈적이다. "국방부는 자율적 기능과 특성을 포함한 모든 무기체계를 책임감 있고 합법적인 방식으로 개발하고 배치하는 데 전념한다. 우리 주변에서 일어나고 있는 극적인 기술 발전을 고려할 때, 무기체계의 자율성에 관한 우리 지침의 업데이트는 우리가 새로운 시스템을 개발하고 배치하는 면에서 뿐만 아니라 안전성 측면에서도 세계적 리더로 남을 수 있도록 도울 것이다."[27]

이 대외용 문서는 국방부가 의도하지 않은 교전(unintended engagements)을 초래할 수 있는 반자율, 감독자율 및 완전자율 무기체계의 실패 가능성과 결과를 최소화하기 위해 모든 필요한 조치를 취할 것이라는 보장을 제공하기 위해 발행되었다. 이는 자율체계가 무기화됨에 따라 위험을 통제하려는 국방부 나아가 국가의 의지를 보여준다. 이 지침의 한 단락은 이러한 시스템 운용 시 책임에 관해 가장 강력한 표현으로 다음과 같이 명시한다. "자율 및 반자율 무기체계의 사용을 승인하거나, 지시하거나, 운용하는 사람들은 적절한 주의를 기울이고 전쟁법(law of war), 관련 조약(applicable treaties), 무기체계 안전 규칙(weapon system safety rules) 및 적용 가능한 교전 규칙(rules of engagement)에 따라 행동할 것이다." [28]

주목할 점은 미국이 자국 군대를 지도하고 이러한 시스템들이 엄격하게 통제될 것임을 국민에게 보장하기 위해 - 아무리 강력하게 표현되었다 하더라도 - 단지 한두 개의 지침에서 멈추지 않았다는 점이다. 국방부 지침 3000.09 발행 직후 헤이그(The Hague)에서 열린 국제 회의에서 미국은 군대의 책임감 있는 인공지능과 자율 무기의 사용에 대한 국제협력을 촉진하기 위해 고안된 이니셔티브를 출범시켰다. 이 행사는 러시아의 우크라이나 침공 중 무인체계의 광범위한 사용에서 영감을 받았다.

미 국무부(U.S. State Department)의 군비통제 및 국제안보 차관

(under secretary for arms control and international security)인 보니 젠킨스(Bonnie Jenkins)는 이 이니셔티브의 목적을 다음과 같이 설명했다. “급속히 변화하는 기술로서 우리는 군사적 인공지능 사용에 관한 책임감 있는 강력한 규범을 만들어야 할 의무가 있으며, 향후 수년간 군대의 인공지능 적용이 의심할 여지없이 변화할 것이라는 점을 염두에 두어야 한다.”[29]

그러나 국제협력을 위한 잠재적 의제로 제시되었음에도 불구하고 미국의 제안은 책임감 있는 인공지능의 군사적 사용을 위한 모범 사례를 설명하는 법적 구속력이 없는(non-legally binding) 지침만을 포함했다.

이와 같은 국가적, 국제적 노력이 각국 정부와 일반 시민들에게 치명적 완전자율 무기체계의 배치 및 통제와 관련된 정당한 우려를 해결하려는 진지한 의지를 보여주고 있음에도 불구하고, 이러한 노력이 성공할지 여부는 아직 불확실하다. 여전히 인공지능 무기 개발이 통제 불능 상태에 빠질 수 있다는 두려움이 남아 있으며, 이러한 기술의 급속한 발전이 결국 AI 군비경쟁(arms race)으로 이어질 수 있다는 우려가 계속되고 있다. AI 군비경쟁을 늦추는 데 있어 가장 큰 도전 과제 중 하나는 유엔(UN)의 주도하에 이러한 문제를 논의하려는 최소한의 수사적 진전이 있었음에도 불구하고, AI 기술 개발의 속도가 외교적 협상의 느린 과정을 훨씬 앞질렀다는 점이다. 행동이 없는 상태에서 연설만으로는 기술적 진전을 막을 수 없다.

우크라이나에서 얻은 교훈?

러시아의 우크라이나 침공이 반자율, 감독자율, 그리고 완전자율 무기체계의 사용을 통해 전쟁의 양상을 변화시키고 있는가? 이번 전쟁에서는 자폭 드론(suicide drones)이 서로 충돌하는 드론 간 공중전이 목격되었으며, 이란이 제공한 샤헤드-136(Shahed-136) 체공형 탄약(loitering munitions)이 우크라이나의 전력망을 공격하는 장면도 포착되었다. 또한 소형 저가형 쿼드콥터(quadcopters)가 즉석 폭격기로 개조되어 광범위하게 사용된 사례도 확인되었다.[30)]

양국이 자율 무기를 성공적으로 활용한 결과 "지니가 병에서 나왔다(the genie is out of the bottle)"는 표현처럼 이러한 시스템을 초기 대응 무기로 고려하지 않는 시점으로 되돌리기는 어려워 보인다는 설득력 있는 증거가 있다. 미 중부사령부(U.S. Central Command) 사령관을 역임하고 이후 미 중앙정보국(Central Intelligence Agency, CIA) 국장을 지낸 데이비드 퍼트레이어스(David Petraeus) 장군은 이번 전쟁에서 나타난 이러한 변화와 그로 인한 미래 전쟁 양상에 미치는 영향을 다음과 같이 설명했다.

> 우리는 현재 미래 전쟁의 양상을 엿볼 수 있는 몇 가지 단서와 징후를 보고 있다. 예를 들어 우크라이나는 비교적 짧은 사거리와 제한된 성능의 드론을 공중 관측자(aerial observers)로 활용하여 미군이 제공한 정밀유도무기로 타격할 수 있는 러시아의 지휘소와 기타 표적을 식별하고 있다. 또한 앞으로의 전장에서는 단지 공중뿐만 아니라 해상, 수중, 지상, 우주, 그리고 사이버 공간에서도 훨씬 더 강력한 다수의 무인 시스템이 사용될 것으로 예상된다. 이

들 중 일부는 원격 조종되거나 알고리즘에 의해 자율적으로 작동하며, 개별적으로가 아닌 군집으로 작전할 가능성도 높다.[31)]

이처럼 반자율, 감독자율, 그리고 완전자율 무기체계의 사용이 기하급수적으로 증가할 것으로 예상되는 상황에서 이를 통제할 수 있을지에 대한 의구심이 커지고 있다. 이러한 이유로 인해 많은 개인, 정부, 비정부 기구들이 치명적 완전자율 무기체계에 대한 전면 금지를 촉구하고 있다. '킬러 로봇 저지 캠페인(Campaign to Stop Killer Robots)'의 주도로 60개 이상의 단체가 이러한 금지를 요구하고 있으며, 일론 머스크(Elon Musk), 스티븐 호킹(Stephen Hawking), 스티브 워즈니악(Steve Wozniak)과 같은 유명한 로봇공학 및 AI 전문가 3,000명 이상이 이 움직임에 동참하고 있다.[32)]

여기서 중요한 질문이 제기된다. 이러한 우려사항들을 무력충돌법(law of armed conflict)이나 국제인도법(international humanitarian law)과 같은 현행 법률로 해소할 수 있는가, 또는 최소한 완화할 수 있는가? 만약 불가능하다면 화학무기와 지뢰를 규제하는 국제 협정들과 같은 새로운 국제협정이 필요한가? 즉 AI 무기의 확산을 막기 위한 국제 협력을 보장하려면 새로운 협정이 있어야 하는가? 아니면 자율 무기를 가능하게 하는 핵심기술 자체가 이미 너무 광범위하게 퍼져 있고, 너무 쉽게 접근할 수 있으며, 너무 쉽게 복제할 수 있어서 그 확산을 막는 것이 근본적으로 불가능한 상황인가? 우리는 다음 장에서 이러한 문제를 더 깊이 있게 다룰 것이다.

CHAPTER

08

전쟁법:

AI 기반 무기체계가 이를 변화시킬 것인가?

어떠한 공격을 감행하기 전에 민간인이 사망하거나 부상당하지

않을 것이라는 높은 수준의 확신이 있어야 한다.

이는 우리가 설정할 수 있는 가장 엄격한 기준이다.

버락 오바마(Barack Obama) 대통령[1)]

미 국방부 지침서 DODD 3000.09는 치명적 자율 무기체계

(LAWS, Lethal Autonomous Weapon Systems)를

“일단 작동되면 인간 운영자의 추가 개입 없이

표적을 선택하고 공격할 수 있는 무기체계”로 정의한다.

이러한 자율성 개념은 ‘인간 배제(Human out of the loop)’

또는 ‘완전자율(full autonomy)’로도 알려져 있다.

국방 기본서: 치명적 자율 무기체계에 대한 미국 정책, 2022년 11월 14일[2)]

CHAPTER 08

전쟁법:
AI 기반 무기체계가 이를 변화시킬 것인가?

전쟁은 장군들과 제독들에게만 맡기기에는 너무 중요하다고 한다. 마찬가지로 조약과 국제법 역시 외교관들과 변호사들에게만 맡기기에는 너무나 중요하다. 치명적 완전자율 무기체계에 현행 전쟁법이 어떻게 적용되는지에 관한 의문이 여전히 남아있다. 이러한 무기의 사용을 규제할 수 있는 국제 협약의 효력 또한 불확실하다. 이러한 중요한 문제들은 반드시 해결되어야 하는데, 그 이유는 이것이 법과 협약이 어떻게 인공지능이라는 지니를 병 속에 가둬둘 수 있는지에 영향을 미치기 때문이다.

우리는 반세기가 넘는 현역 경험을 가진 미 해군 장교로서 특히 해군함정을 지휘할 때 우리의 해상 활동은 이러한 법과 협약에 의해 통제되었다. 이것들은 우리가 제복을 입고 복무하는 동안 광범위한 지침을 제공했다. 그것이 적절한 권한에 의해 적대적으로 선언된 목표물에 무기를 사용하는 것이든, 잠재적 위험지역에서 전방 주둔을 유지하는 것이든, 제재를 집행하고 인신매매, 무기 또는 마약 밀매자들을 다루는 것이든, 해외 재난과 조난 중인 선원들에게 인도주의적 원조를 제공하는 것이든, 여기서 언급하기에는 너무나 많은 기타 활동들이든 상관없이 말이다.

이러한 모든 활동에서 법과 협약은 예상되거나 예상치 못한 사건들을 다루기 위한 체계를 제공했다. 이러한 체계는 법률 및 외교 전문가들의 수십 년간의 작업에 의해 뒷받침되었고, 이후 군대 간 대립과 위기 상황에서 적용되었다. 우리가 해상에서 이러한 법과 협약을 적용했을 때, 어떤 행동이 허용되고 어떤 행동이 금지되는지에 관해 거의 모호함이 없었다.

그러나 인공지능 기반의 반자율, 감독자율, 또는 완전자율 무기체계를 지원하는 기술이 급속히 발전하고 있는 것을 고려할 때, 기존의 전쟁법과 현존하는 국제협정이 오늘날과 미래의 분쟁에서 신흥 무기체계의 사용을 효과적으로 규제할 수 있을지 의문이 제기된다.[3] 실제로 아프가니스탄 국제안보지원군(ISAF) 전 사령관인 스탠리 맥크리스탈(Stanley McChrystal) 장군이 지적했듯이, "기술은 전장에서 법의 중요성을 더욱 증대시켰을 뿐이다."[4] 우리는 기술이 전쟁에 대한 법의 영향도 혁명적으로 변화시켰다고 믿는다.

다른 전문가들 역시 이 문제를 전쟁 분야에서 가장 시급한 과제 중 하나로 인식하고 있다. 대서양협의회(Atlantic Council) 스코크로프트 센터(Scowcroft Center)의 보고서인 '어둠 속의 촛불: 인공지능을 위한 미국 국가안보전략(A Candle in the Dark: A U.S. National Security Strategy for Artificial Intelligence)'은 다음과 같이 기술한다. "국방과 안보를 위해 AI가 가장 많이 논의된 응용분야는 전통적으로 향상된 자율성이었다. 이는 시간이 지남에 따라 플랫폼과 시스템이 인간의 개입이 크게 줄어들거나 완전히 없는 상태에서 동적이고 복잡한 환경에 대응하고 적응할 수 있게 하는 자율성을 포함한다... 개별 무인 항공, 지상, 수상 및 수중 플랫폼의 자율성 향상에 대한 추구는 오랫동안 군대의 우선순위였다."[5]

인공지능에 의해 구동되는 치명적 완전자율 무기체계가 일단 발사되면 인간의 개입 없이 표적을 선택하고 교전할 수 있다는 사실은 수세대 만에 전쟁의 가장 근본적인 변화를 예고한다. 이러한 무기의 사용에 관한 신중한 분석과 논의를 시작하기에는 이미 늦었다.

검토의 필요성

이 문제에 관해 지금 광범위한 이해관계자들이 대화에 참여해야 하는 것은 시급한 사안이다. 국제법 연구(International Law Studies) 저널에 게재된 '치명적 자율 무기체계: 법률가를 위한 기술 용어 해석(Lethal Autonomous Weapon Systems: Translating Geek Speak for Lawyers)'에서 리넬 르텐드르(Linell Letendre)는 다음과 같이 설명했다.

> 왜 엔지니어들은 단순히 운용자 요구사항에 따라 시스템을 계속 설계할 수 없고, 군 법무관들은 시스템이 완성된 후에야 무기체계의 합법성을 평가해

야 하는가? 간단한 답은 자율성이 다른 특성을 가지기 때문이다. 자율성의 발전은 인간 전투원을 의사결정 과정에서 점점 더 배제시키고, 더 많은 결정을 기계에 맡길 가능성이 있다. 문제는 전쟁법이 기계가 아닌 사람에 의해 평가되고 이행되어야 한다는 점이다.

무력 사용에 대한 법적 요구사항을 반영하는 것은 자율 무기체계 개발에서 나중에 고려할 사항이 되어서는 안 되며, 이는 처음부터 설계에 포함되어야 한다. 엔지니어들이 국제법 요구사항을 더 잘 이해하고 법률가들이 자율체계의 기술적 한계를 더 잘 이해할수록 법을 준수하는 치명적 자율 무기체계를 개발할 가능성이 높아진다.[6)]

주로 테러 단체인 일부 무장 세력이 이를 일상적으로 위반해 왔음에도 불구하고 법이 21세기 분쟁의 중심 요소가 되었음은 분명하다. 그럼에도 전쟁법은 전투로 인한 그리고 전투 중에 발생하는 고통, 특히 민간인과 같은 비전투원의 고통을 줄이기 위한 것이다. 최소한 자율 무기의 사용이 현행법에서 적절히 다루어지고 있는지 판단하기 위해 전쟁법을 검토해야 한다. 그렇게 하지 않으면 두 대립 진영—이러한 시스템의 사전 금지를 요구하는 측과 현행법이 완전히 충분하다고 주장하는 측—간의 입장이 더욱 경직될 가능성이 높다.

사전 금지를 요구하는 정치 단체들은 이미 활동을 시작했다. 그러나 '살인 드론 금지(ban killer drones)' 캠페인은 대개 인간 운용자가 완전히 원격 제어하는 무인항공기와 인간이 의사결정 과정에 관여하지 않는(in the loop 또는 on the loop에 없는) 자율 무기를 혼동하고 있다. 분명히 이 두 가지 무인체계의 운용 방식은 매우 다르다.

전쟁에 적용되는 국제법과 협정에 관한 방대한 연구 자료가 있으며 일부는 고대까지 거슬러 올라간다. 우리의 목적은 이러한 주제에 대한 교육적 안내를 제공하는 것이 아니라 반자율, 감독자율, 완전자율 무기체계의 사용을 규제하기 위해 이러한 법과 협정의 적절성을 검토하는 것이다. 이를 달성하기 위해서는 이러한 협약이 애초에 왜 만들어졌는지에 대한 기본적인 이해가 도움이 된다.

전쟁의 참혹함 줄이기

수천 년 동안 인류는 전쟁의 공포를 이해해왔고 이를 완화하기 위한 합의를 모색하려 노력해왔다. 이러한 개념은 기원전 1750년에 발표된 바빌론 왕 함무라비(Hammurabi)의 법전까지 거슬러 올라가는데, 이는 간단히 “강자가 약자를 억압하지 않도록 이 법을 제정한다”고 명시하고 있다[7]

이후 수세기 동안 국가와 다른 단체들은 특정 무기의 사용을 금지하고 전쟁 수행 방식에 관한 어느 정도의 합의를 추구함으로써 다양한 성공을 거두며 전쟁을 덜 참혹하게 만들기 위해 노력했다. 1139년 교황 이노센트(Pope Innocent)는 십자군에 대한 석궁 사용을 금지했는데, 이는 석궁이 당시의 활과 화살과 같은 동시대 무기보다 더 많은 피해를 입힐 수 있어 전투를 더욱 혐오스럽게 만든다는 믿음에 기초했다.[8]

17세기 초에는 국가들이 무력 충돌 중에도 협력하고 또한 전통적인 군사적 충돌의 임계점 이하에서의 경쟁을 피해야 한다는 사상이 등장했다. 현대 국제법의 아버지로 널리 인정받고 있는 휴고 그로티우스(Hugo Grotius)는 공해자유의 개념을 촉진했으며, 이 개념은 1982년

UN 해양법 협약(United Nations Convention on the Law of the Sea)을 통해 공식화되었다.[9)]

19세기 중반에 이르러 전쟁은 점점 더 기계화되었고 전투원들을 더욱 효율적으로 살상하거나 불구로 만들거나 부상을 입힐 수 있는 새로운 무기들이 개발되어 실전에 배치되었다. 이러한 상황에 대응하여 각 국가들은 전쟁 수행 방식을 규제하기 위한 국제협정을 체결하기 시작했다. 이러한 노력의 결과로 제네바 협약(Geneva Conventions)과 헤이그 협약(The Hague Conventions)과 같은 협약들이 탄생했으며, 이 협약들은 오늘날까지도 전쟁법의 기반으로 유지되고 있다.[10)]

현대적 맥락에서 우리는 주로 무력 충돌에서 적대 세력을 규제하는 법에 주목한다. 이 분야에서 가장 중요한 법체계는 국제인도법(International Humanitarian Law, IHL)이며 이는 전쟁법(laws of war) 또는 무력충돌법(law of armed conflict)으로도 알려져 있다. 국제인도법은 전쟁의 공포를 줄이고자 특정한 전쟁 방식을 제한하며, 비전투원과 더 이상 전투에 참여할 수 없는 전투원을 보호하는 것을 목적으로 한다.

이는 누가 공격의 대상이 될 수 있는지와 누가 피해를 입지 않아야 하는지에 대한 명확한 기준을 제시하고, 민간인과 민간 시설이 입을 수 있는 부수적 피해(collateral damage)에 대한 제한과 요건도 규정하고 있다. 물론 모든 국가, 특히 불량 국가(rogue states)가 국제인도법을 준수하는 것은 아니지만, 이러한 법이 명문화되어 있다는 사실은 위반자에 대한 제재와 국제적 비난을 가능하게 한다.

국제인도법은 단일 문서가 아닌 조약(treaties), 관습 국제법(customary international law), 그리고 법의 일반 원칙(general principles of law)으로

구성된 복잡한 체계이다. 이 법체계는 전쟁의 모든 측면에 영향을 미치지만, 특히 무기의 사용과 그 운용 방법에 대한 규제에 중요한 역할을 한다. 우리는 특히 이 법이 AI 기반의 반자율, 감독자율, 또는 완전자율 무기체계의 사용에 어떻게 적용되는지에 대해 관심을 갖고 있다.

필요성, 구별, 비례성, 그리고 예방 조치

국제인도법(International Humanitarian Law, IHL)과 무력충돌법(law of armed conflict)은 무력 사용을 규제하는 네 가지 핵심 원칙에 기초한다. 이 네 가지 원칙은 필요성(Necessity), 구별(Distinction), 비례성(Proportionality), 그리고 예방 조치(Precaution)이다. 무력 사용은 반드시 필요해야 하고, 구별되어야 하며, 비례적이어야 하며, 공격 수행 시 필요한 예방 조치가 고려되어야 한다. 일반적으로 전쟁을 승인하거나 수행하는 자들은 이러한 기준을 충족하는지 판단하는 데 큰 어려움을 겪지 않았다. 그러나 AI 기반 무기체계가 등장하면서 이와 같은 판단은 보다 복잡해졌다.

AI 기반 무기체계를 규율하는 규칙들이 충분히 적절한지 평가하기에 앞서, 먼저 관련 용어들이 전쟁의 다양한 측면에서 어떤 의미를 가지는지 간략히 설명할 필요가 있다. 특히 전장에서 사용되는 무인체계의 대부분이 무인항공체계(Unmanned Aerial Systems, UAS)와 관련되어 있으므로, 전술제트기(tactical jet) 조종사가 이러한 기준을 적용하는 방식과 AI 기반의 반자율, 감독자율, 또는 완전자율 무기체계가 동일한 작업을 수행하는 방식을 비교하는 예시를 사용할 것이다.

필요성(Necessity)은 네 가지 원칙 중 첫 번째로 전쟁의 모든 측면에 적용된다. 간단히 말해 필요성은 무력이 합법적으로 그리고 군사적 목표를 달성하는 데 필요한 수준으로만 사용되어야 한다는 의미이다. 예를 들어 해상 교전에서 한쪽이 적의 항공모함의 비행갑판을 파괴하여 항공기 발진을 완전히 불가능하게 만들었다면, 필요성의 원칙에 따라 추가적인 공격으로 함선을 침몰시키고 약 5,000명의 승조원을 수장시키는 것은 정당화될 수 없다. 이는 이미 임무 목표가 달성된 상태에서의 과도한 공격이기 때문이다.

구별(Distinction)은 전투원이나 무기가 합법적인 군사 목표물과 전투에 참여하지 않는 민간인 같은 보호 대상을 명확히 식별할 수 있는 능력을 의미한다. 이는 일반적인 유인 항공기에서도 결코 쉬운 작업이 아니다. 먼저, 사람은 대개 혼자 있는 경우가 드물고 주변에는 다른 사람들, 움직이는 물체, 고정된 물체, 그리고 다양한 방해 요소들이 존재하여 특정 개인을 정확히 식별하고 그가 전투원인지 무고한 민간인인지 판단하는 것을 어렵게 만든다. 그럼에도 불구하고 민간인이 직접적으로 적대 행위에 참여하는 경우(예: 전선에서 군인에게 탄약을 운반하는 경우)에는 예외적으로 표적이 될 수 있다.

또한 구별의 원칙은 군대가 자신들과 그들의 군사 장비를 민간인으로부터 명확히 구별하고 분리할 것을 요구한다. 이는 단순한 이론적 문제가 아니다. 예를 들어 항구적 자유 작전(Operation Enduring Freedom)이 진행된 아프가니스탄에서는 탈레반이 미군의 공격을 저지하기 위해 보호 구역 내부나 주변에 병력을 불법적으로 배치하는 전술로 악명 높았다.[11)]

몇 세기 전만 해도 병사들은 일반적으로 화려한 색상의 뚜렷한 제복을 입고 전투에 나섰기 때문에 민간인과 쉽게 구분할 수 있었다. 그러나 현대의 전투원, 특히 테러리스트들은 다양한 복장을 착용하여 민간인과 구별하기 어렵게 만들고 있다. 이는 시속 수백 마일로 비행하는 전투기 조종사나 치명적 완전자율 무기체계가 적절한 구별을 수행하는 데 있어 큰 도전이 되고 있다.

비례성(Proportionality)은 군사적 필요성이 민간인이 입을 수 있는 부수적 피해보다 커야 한다는 원칙을 의미한다. 이는 일부 전쟁 양상, 예를 들어 해상 전투에서는 크게 고려되지 않는 경우도 있다. 그러나 밀집된 도시 환경에서는 이러한 비례성의 판단이 훨씬 더 어렵다. 이 경우 어느 정도의 민간인 피해가 군사적 목표를 달성하기 위해 허용 가능한지를 판단하는 것은 종종 불완전한 판단을 필요로 한다. 즉 비례성의 원칙은 군사적 목표를 달성하는 데 있어 민간인 피해가 그 목표의 중요성에 비례하여 제한되어야 함을 요구한다.

만약 전술 항공기의 조종사가 수십 대의 트럭과 전차로 이루어진 적 부대를 공격하라는 지시를 받고, 투하된 폭탄이 의도한 표적이 아닌 다른 적 차량에 맞더라도 여전히 상당한 피해를 입혀 공격이 성공할 수 있다. 그러나 만약 해당 적 차량이 초등학교 바로 옆에 주차되어 있다면, 이 표적에 대한 공격은 비례성 원칙에 크게 위배될 가능성이 크다. 이는 민간인에게 심각한 부수적 피해를 초래할 수 있기 때문이다.

예방 조치(Precautions)는 공격을 수행할 때 고려해야 할 다양한 문제들을 다룬다. 먼저, 이러한 예방 조치는 단순히 적 전투원을 전투 불능 상태로 만드는 것을 넘어 불필요한 고통을 초래하는 무기의 사용을 피하는 것을 목표로 한다. 이러한 이유로 화학 무기(chemical weapons), 생물학 무기(biological weapons), 폭발성 총탄(exploding bullets), 실명용 레이저(blinding lasers)와 같은 무기들이 금지되었다.

또한 대부분의 문명국은 항복한 적 전투원이나 전투 능력을 상실한 중상을 입은 적 전투원을 해치는 것을 금지하는 예방 조치를 지지하고 있다. 일부 국가는 이러한 국제인도법의 요소를 무시하고 항복한 전투원을 포로로 잡는 대신 처형하여 적에게 공포를 조성하려는 전술을 사용하기도 하지만 이는 일반적으로 금지된 행위다.[12)]

이와 같은 짧은 정의들을 통해 치명적 완전자율 무기체계가 실제 전투에서 사용될 때 이러한 새로운 무기체계가 과연 구별(distinction), 비례성(proportionality), 그리고 예방 조치(precautions)의 원칙을 준수할 수 있는지에 대한 수많은 의문이 제기될 수 있음을 알 수 있다. 이러한 문제들에 대해 단순히 '예' 또는 '아니오'의 답을 제시하기는 어렵지만, 완전자율 무기체계가 국제인도법을 준수할 수 있는지에 대해 깊이 있는 논의가 필요하다.

자율 무기체계는 법적 요건을 충족할 수 있는가?

치명적 완전자율 무기체계가 구별의 원칙을 충족할 수 있는가? 이를 위해서는 해당 무기체계가 군사 목표물과 민간 목표물을 명확히 구분할 수 있어야 한다. 한편 인공지능과 기계학습을 결합한 무기체계는 여러 소스로부터 수집된 데이터를 융합하는 센서 융합 기술을 활용하여 전술 항공기 조종사가 달성할 수 있는 수준보다 더 높은 신뢰도로 표적을 식별할 가능성도 있다. 이러한 기술은 DARPA의 거부 환경에서의 협력 작전(Collaborative Operations in Denied Environment, CODE)과 같은 프로그램을 통해 빠르게 발전하고 있다.[13)]

그러나 반대로 AI 기반 무기체계는 군사 목표물과 민간 목표물을 구분하는 데 있어 중요한 한계를 지닌다. 특히 이중용도(dual-use)가 가능한 트럭과 같은 경우 이를 정확히 식별하기는 매우 어렵다. 또한 전투기 조종사는 복잡한 배경 속에서 표적을 찾아내는 경험을 바탕으로 신속한 판단을 내릴 수 있지만, AI 기반 무기체계는 모든 가능한 배경 상황을 사전에 학습하기 어려운 한계를 지닌다.

실제로 AI체계가 단순히 교통 표지판에 덕트 테이프를 붙이는 간단한 속임수에도 쉽게 혼란을 겪는 사례가 보고된 바 있다.[14)] 적은 쉽게 구할 수 있는 도구를 사용하여 치명적 완전자율 무기체계에 혼란을 주어 임무 수행을 방해할 수 있다.

비례성의 측면에서 볼 때 인공지능 기반 무기체계는 지휘소, 항구나 해상에 있는 함정, 탄약고, 군용 차량과 같은 군사 자산만을 표적으로 삼도록 어느 정도 훈련될 수는 있겠지만, 필요한 수준의 비례성을 평가하는 것은 훨씬 더 복잡한 문제이다. 이는 대부분의 경우 비례성 판단이 단순한 수치가 아니라 판단의 영역(judgment call)에 속하기 때문이다. 초음속으로 비행하는 전투기 조종사는 그러한 판단을 내리는 데 몇 초밖에 시간적 여유가 없다. 그러나 옳든 그르든 간에 전투의 극심한 스트레스 상황에서 조종사가 잘못된 결정을 내리거나 비례성을 위반하는 공격을 감행할 수 있다는 사실은 일반적으로 받아들여지고 있다. 이러한 현상은 함정에서 발사되는 토마호크 지상 공격 미사일,

포병대, 특수작전부대와 같은 다른 치명적 타격 수단에서도 흔히 나타난다. 전통적인 무기체계는 치명적 완전자율 무기체계처럼 정당성에 대해 동등한 수준의 논란이나 더 높은 수준의 합법성 요구에 직면하는 경우가 드물다.

치명적 완전자율 무기체계가 비례성을 위반하는 공격을 감행할 경우, 우리는 이러한 실수를 훨씬 덜 관대하게 받아들이는 경향이 있다. 우선 이러한 체계가 부수적 피해가 어느 수준에서 비례성을 넘어서는지 판단할 수 있도록 훈련될 수 있을지는 매우 의심스럽다. 그럼에도 불구하고 완전자율 무기체계를 운용하는 측은 이러한 무기체계를 밀집된 도시가 아닌 광대한 해양이나 사막과 같이 표적이 명확히 드러나는 지역에서 사용하는 선택을 할 수 있다. 이는 이들 무기체계의 사용 범위를 제한하는 동시에 적에게는 밀집된 도시에서 상대적으로 자유롭게 작전할 수 있는 여지를 줄 수 있다. 그러나 이러한 무기체계가 그 능력을 최대한 활용할 수 있는 방식으로 사용될 때 가장 큰 가치를 발휘할 수 있을 것이다.

마지막으로 불필요한 고통을 유발하지 않을 것이라는 예방 조치는 치명적 완전자율 무기체계를 사용할 때 일반적으로 준수할 수 있는 원칙이다. 이러한 체계는 전술 제트기가 사용하는 것과 동일한 유형의 무기를 탑재할 수 있으며, 이들 무기는 일반적으로 불필요한 고통을 초래하지 않는 것으로 간주된다. 이러한 점에서 이들 무기체계는 함정, 전차, 지상에 있는 항공기와 같은 명확한 군사 표적을 공격할 때 특히 유효하다.

드론 전쟁의 부상

개별 인물에 대한 치명적 완전자율 무기체계의 효과적인 운용과 적절한 예방 조치를 취하는 것은 더욱 어려운 과제가 된다. 전투원은 일반적으로 통상적인 군복의 정의에 맞지 않는 다양한 복장을 착용할 수 있기 때문이다. 또한 인간 조종사나 다른 전투원은 항복한 전투원이나 더 이상 전투할 수 없는 전투원을 어느 정도 구분할 수 있는 반면, 완전자율 무기체계가 이러한 구별을 할 수 있는 가능성은 매우 낮다. 이 문제를 더욱 복잡하게 만드는 요소는 적 병력이 항복을 가장하여 완전자율 무기체계가 공격을 중단하도록 유도하는 경우다. 예를 들어 적 병력이 백기를 흔들며 항복 의사를 표시하는 척할 수 있으며, 이는 이러한 무기체계의 의사결정을 더욱 어렵게 만드는 도전 과제가 된다.

미국에게 이러한 상황은 새로운 것이 아니다. 2001년 9월 11일(9/11) 테러 공격 이후 지난 20년 동안 미국은 수많은 치명적 반자율·감독자율 무기체계를 활용하여 테러리스트를 추적하고 제거하는 작전을 수행해왔다. 이 시기의 복잡한 작전 경험을 이해하는 것은 향후 치명적 완전자율 무기체계를 배치하려는 경우 예상해야 할 문제들을 파악하는 데 중요한 참고가 될 수 있다.

미국은 치명적 반자율·감독자율 무기체계를 활용하면서 무인항공기(unmanned aerial vehicles, UAVs), 흔히 드론(drones)으로 불리는 무기체계를 미 국방부와 미 중앙정보국을 포함한 다양한 정부 기관을 통해 배치했다. 당시 미국 정부는 드론 공습의 사용이 국제법에 부합한다는 입장을 명확히 밝혔다. 동시에 UN 안전보장이사회(United Nations

Security Council)는 9/11 테러를 규탄하는 결의안을 채택하며 자위권에 대한 국가의 권리를 재확인했다.[15]

국제사회의 관심을 '드론 전쟁(drone warfare)'이라는 개념으로 갑작스럽게 집중시킨 국가로서, 그리고 미국이 치명적 반자율·감독자율 무기체계를 합법적이고 윤리적인 방식으로 일상적으로 운용하고자 했던 만큼 미국은 자국이 설정하고 있는 선례들을 염두에 두고 있었다. 당시 미 중앙정보국 국장이었던 존 브레넌(John Brennan)은 이 점을 다음과 같이 강조했다. "다른 국가들이 이러한 기술 [치명적 반자율·감독자율 무기체계]를 책임감 있게 사용하기를 원한다면, 우리도 이를 책임감 있게 사용해야 한다. 다른 국가들이 높은 수준의 엄격한 기준을 준수하기를 원한다면, 우리도 마찬가지로 그렇게 해야 한다."[16]

또한 데이비드 퍼트레이어스(David Petraeus) 장군은 미국이 국제인도법(International Humanitarian Law, IHL), 전쟁법(law of war), 그리고 무력충돌법(law of armed conflict)을 준수하는 것이 얼마나 중요한지를 설명하며, 이러한 법을 위반했을 때 발생하는 결과에 대해 다음과 같이 경고했다. "때로는 편의를 위해 우리가 단기적인 결정을 내린 경우, 이는 결국 되돌아와 우리에게 큰 피해를 입히게 된다. 만약 미국이 제네바 협약(Geneva Conventions)이나 국제적십자위원회(International Committee of the Red Cross, ICRC)가 제시한 기준을 위반하는 방법을 사용했다면, 그 결과는 언젠가 반드시 되돌아오게 된다. 아부 그라이브(Abu Ghraib)와 같은 사건들은 시간이 지나도 결코 잊혀지지 않으며, 적은 이러한 사건들에 대해 계속해서 우리를 비난하고 공격하는 도구로 사용할 것이다."[17]

비록 국제인도법, 전쟁법, 무력충돌법은 치명적 완전자율 무기체계의 사용을 명시적으로 금지하고 있지는 않으며 사실상 이러한 무기체계에 대해 거의 언급하지 않고 있지만, 대부분의 국가가 준수해야 하며 아마도 준수할 가능성이 높은 몇 가지 고려사항이 존재한다. 다만 여기서 '대부분의 국가'라는 표현을 신중히 사용하는 이유는 러시아가 우크라이나를 침공하는 과정에서 무인항공기를 광범위하게 사용하여 우크라이나의 전력망과 같은 민간 기반 시설을 공격한 사례 때문이다. 이러한 공격은 불필요한 고통을 초래하기 위해 고의적으로 전력과 난방을 차단하여 우크라이나 국민의 생활을 심각하게 방해하려는 의도로 이루어졌다.

만약 국제인도법, 전쟁법, 또는 무력충돌법이 치명적 완전자율 무기체계 사용과 관련된 모든 문제를 완전히 해결하지 못한다면, 다수의 국가가 비준한 국제협정이 이러한 무기체계의 사용을 규제할 수 있는 적절한 안전장치를 마련할 수 있을지에 대한 의문이 제기될 수 있다.

국제협정의 역할

국제인도법의 사례와 마찬가지로 국가들은 전쟁 무기의 생산이나 사용을 제한하기 위한 다양한 국제협정을 체결해 온 오랜 역사를 가지고 있다. 이러한 협정이나 조약 중 일부는 당시 가장 강력한 무기를 생산하고 배치할 수 있는 주요 강대국들 사이에서 체결된 반면, 다른 많은 협정은 UN의 주도하에 전 세계적으로 적용될 수 있도록 마련되었다.

가장 잘 알려진 전쟁 무기 제한 조약 중 하나는 1922년 워싱턴 해군 군축조약(Washington Naval Treaty)으로 제1차 세계대전의 주요 연합국들 사이에서 체결된 5개국 조약(Five-Power Treaty)으로도 알려져 있다. 이 협정은 해군함정 건조 경쟁을 억제하여 군비경쟁을 방지하려는 목적으로 체결되었다. 이 조약은 영국, 미국, 프랑스, 이탈리아, 일본 정부가 서명하고 이후 비준하여 발효되었다. 이들 5개국은 전함, 순양전함, 항공모함의 건조를 제한하기로 합의했다.[18)]

워싱턴 해군 군축조약은 중요한 그러나 비교적 제한된 범위의 군사 무기 문제를 다루기 위해 설계된 개별적인 협정의 대표적인 사례다. 그러나 이 조약은 결국 시간이 지나며 효력을 상실한 대표적인 예이기도 하다. 1934년 일본은 이 조약의 조건을 공식적으로 거부하고 대규모 해군력 증강을 시작했다. 그로부터 얼마 지나지 않아 이탈리아도 더 이상 이 조약을 준수하지 않겠다고 선언했다. 이어서 1935년에는 프랑스가 여러 전함의 선체를 기공하여 허용된 배수량(tonnage) 할당량을 크게 초과하면서 사실상 조약을 위반했다. 이와 같이 모든 협정이나 조약은 참가국들이 그 제한을 계속 준수하는지에 따라 그 효력이 크게 달라지며, 이러한 점에서 매우 취약한 특성을 지닌다.

군사 무기의 사용을 규제하는 보다 잘 알려진 국제협정과 조약으로는 1972년 생물무기협약(Biological Weapons Treaty), 1972년에서 1993년 사이 다수의 전략무기감축협정(Strategic Arms Reduction Treaties, START), 1993년 화학무기금지협약(Chemical Weapons Convention), 1994년 탄도미사일방어조약(Anti-Ballistic Missile Treaty), 1996년 포괄적핵실험금지조약(Comprehensive Test Ban Treaty), 1997년 대인지뢰금지조약(Mine Ban Treaty), 2010년 신전략무기감축조약

(New Strategic Arms Reduction Treaty, New START), 그리고 2022년 핵무기확산금지조약(Treaty on the Prohibition of Nuclear Weapons)이 있다. 워싱턴 해군 군축조약과 마찬가지로 이러한 조약들 역시 특정 무기체계에 초점을 맞춘 개별적인 협정으로 서명국들은 다양한 이유로 조약의 이행을 중단할 수 있는 선택권을 가졌다. 예를 들어 2023년 2월 블라디미르 푸틴(Vladimir Putin) 러시아 대통령은 신전략무기감축조약에서 러시아의 참여를 중단한다고 선언했다. 이는 미국과의 마지막 남은 핵무기 통제 협정을 사실상 중단하는 결정으로 우크라이나에서의 전쟁이 계속되고 있는 가운데 양국 간의 긴장을 크게 고조시킨 조치였다. 특히 이 선언은 조 바이든(Joseph Biden) 대통령이 우크라이나를 깜짝 방문한 바로 다음 날 이루어진 것이어서 많은 주목을 받았다.[19)]

인공지능은 이중용도 기술로 민간 산업에서 개발되어 현재는 군사적 목적으로도 활용되고 있다. 이 기술의 다양한 잠재적 응용분야 중 하나가 치명적 완전자율 무기체계를 가능하게 하는 것이다. 그러나 이러한 기술의 사용을 규제하기 위한 국제협정을 마련하는 데는 상당한 어려움이 존재한다. 이는 단순히 킬러 로봇 저지 캠페인(Campaign to Stop Killer Robots), 휴먼 라이츠 워치(Human Rights Watch, HRW), 국제앰네스티(Amnesty International)와 같은 단체들의 반대 목소리 때문만이 아니라, 이러한 기술을 개발하고 배치할 수 있는 역량을 가진 국가들이 이들 무기의 사용을 통제하는 조약에 동의할 가능성이 매우 낮기 때문이다. 이러한 국가들이 완전자율 무기체계의 사용을 완전히 금지하는 것은 더욱 희박한 일이다.[20)]

치명적 완전자율 무기체계에 대한 통제를 요구하는 움직임은 점점 더 강력해지고 있다. 특정재래식무기금지협약(Convention on Certain Conventional Weapons, CCW)의 고위 체약국 정부 전문가 그룹(Group of Governmental Experts of the High Contracting Parties)은 2019년 완전자율 무기체계에 대한 논의를 마무리하며 다음과 같은 간단한 성명을 발표했다. "치명적 완전자율 무기체계 분야의 신흥 기술에 기반한 무기체계의 잠재적 사용은 적용 가능한 국제법, 특히 국제인도법 및 그 요구사항과 원칙에 따라 이루어져야 하며, 여기에는 구별, 비례성, 공격 시 예방 조치와 같은 기본 원칙이 포함된다."[21]

단 2년 후인 2021년 12월 UN에서 열린 회의에서는 특정재래식무기금지협약에 가입한 125개 국가 중 다수가 킬러 로봇의 사용을 완전히 금지하는 조약을 지지하는 입장을 처음으로 표명했다. 그러나 이러한 노력이 성공할 가능성은 낮다. 이는 주로 미국과 러시아와 같이 이러한 무기를 개발하고 있는 국가들의 강한 반대에 직면했기 때문이다.[22] 실제로 제임스 크라스카(James Kraska)는 다음과 같이 지적했다. "특정재래식무기금지협약(CCW) 정부 전문가 그룹의 노력은 상세하고 폭넓게 받아들여질 수 있는 규칙을 만들어낼 가능성이 낮다."[23]

미국의 자율 무기체계에 대한 정책

미국은 치명적 완전자율 무기체계에 대한 금지를 반대하는 공식 입장을 여러 차례 밝혀왔다. 심지어 이러한 체계가 인간이 통제하는 무기보다 더 인도적일 수 있다는 주장도 제기한 바 있다. '국방 기본서: 치명적 자율 무기체계에 대한 미국의 정책(Defense Primer: U.S. Policy on Lethal Autonomous Weapons Systems)'에서는 이를 다음과 같이 설명하고 있다. "미 정부는 현재 치명적 자율 무기체계에 대한 금지를 지지하지 않으며, 2018년 3월 발간된 '치명적 자율 무기 분야의 신흥 기술의 인도적 이점(Humanitarian Benefits of Emerging Technologies in the Area of Lethal Autonomous Weapons)' 백서에서 이러한 체계의 윤리적 우려를 다룬 바 있다. 백서에서는 자동화된 표적 식별, 추적, 선택, 교전 기능이 군사적 목표를 보다 정확하게 타격하고 부수적 피해나 민간인 피해를 줄일 수 있는 잠재력을 가지고 있음을 언급하고 있다."[24)]

미국이 치명적 완전자율 무기체계에 대한 금지를 지지하지 않는 이유는 비교적 명확하다. 예를 들어 적이 강력한 반접근/지역거부(anti-access/area denial, A2/AD) 능력을 갖추고 있는 지역에서 유인 전투기를 공격 임무에 투입하는 것은 조종사의 생존 가능성이 낮기 때문에 신중하게 고려될 수밖에 없다. 그러나 만약 무인으로 운용되는 완전자율 무기체계를 투입할 경우, 적의 방어체계가 이를 격추하더라도 아군 인명 피해는 발생하지 않기 때문에 이러한 위험이 크게 줄어들 수 있다.

그럼에도 불구하고 미국은 무기체계에서 인공지능의 책임 있는 사용을 위한 일반적인 원칙을 제시하는 데 있어 선도적인 입장을 취해왔다. 2023년 2월 네덜란드 헤이그에서 열린 국제회의에서 미 국무부는 'AI 및 자율성의 책임 있는 군사적 사용에 관한 정치적 선언(Political Declaration on Responsible Military Use of Artificial Intelligence and Autonomy)'을 발표했다. 이 선언은 주로 두 가지 목적을 가지고 있었다. 첫째, 미국의 입장을 러시아와 중국의 입장과 명확히 구분하기 위함이며 둘째, 이러한 문제에 대한 논의를 더 많은 국가로 확대하려는 목적이었다. 선언문의 일부 내용은 다음과 같다.

> 점점 더 많은 국가들이 인공지능을 활용한 군사적 능력을 개발하고 있으며, 여기에는 자율체계를 가능하게 하는 AI 기술의 사용도 포함될 수 있다. 군사적 목적으로 AI를 사용하는 것은 윤리적이고 책임감 있게 이루어져야 하며, 국제안보를 강화하는 방향으로 이루어져야 한다. 무력 충돌에서 인공지능의 사용은 국제인도법을 포함한 적용 가능한 국제법의 기본 원칙에 따라야 한다. 또한 군사적 AI 능력의 사용은 책임성을 가져야 하며, 이는 군사작전에서 명확한 인간의 지휘통제체계 내에서 이루어져야 한다.
>
> AI의 군사적 사용에 대한 원칙적 접근은 위험과 이익을 신중하게 고려해야 하며, 의도치 않은 편향이나 사고를 최소화해야 한다. 각 국가는 자율체계를 가능하게 하는 인공지능 기술을 포함하여 자국의 군사적 인공지능 능력의 책임 있는 개발, 배치, 사용을 보장하기 위해 적절한 조치를 취해야 한다. 이러한 조치는 군사적 인공지능 능력의 전체 수명 주기에 걸쳐 일관되게 적용되어야 한다.[25)]

미 국무부의 군축 및 국제안보 차관(Undersecretary for Arms Control and International Security) 보니 젠킨스(Bonnie Jenkins)는 이러한 미국의 정책적 접근의 이유를 다음과 같이 설명했다. "정치적 선언의 목적은 군사 분야에서 AI와 자율성의 책임 있는 사용을 촉진하고, 이 문제에 대한 국제적 합의를 발전시키며, 투명성을 높이고 의도치 않은 갈등이나 확전을 방지하기 위한 조치를 마련하는 데 있다."[26)]

합의 도출을 방해하는 어려움

민간 분야에서의 인공지능 기술 발전이 매우 빠르게 진행되고 있기 때문에 인공지능 기반 무기체계(AI-enabled weapons systems)의 개발을 늦추려는 국제협정을 체결하는 것은 상당한 어려움을 수반한다. 민간 부문의 인공지능 기술 발전을 제한할 수 있는 협정이나 조약은 존재하지 않으며, 군은 이러한 기술을 개발 단계 어디에서든 쉽게 활용할 수 있다. 예를 들어 미군은 다양한 반자율 및 감독자율 무기체계를 이미 광범위하게 운용하고 있다. 여기에 포함되는 무기체계로는 프레데터(Predator), 리퍼(Reaper), 스팅레이(Stingray), 파이어 스카우트(Fire Scout), 글로벌 호크(Global Hawk), 트리톤(Triton) 등이 있으며, 이들 중 어느 것이든 비교적 짧은 시간 내에 완전자율 체계로 전환할 수 있는 잠재력을 가지고 있다. 이는 종종 복잡하고 더딘 외교적 합의 과정보다 훨씬 빠르게 이루어질 수 있다.

물론 이와 완전히 동일한 사례는 아니지만 2003년 미국이 이라크를 침공한 이유 중 하나는 사담 후세인(Saddam Hussein) 정권이 대량살상무기(chemical and biological weapons of mass destruction, WMD)를 보유하고 있다는 믿음 때문이었다. 당시 미군은 이라크 전역에서 대규모의 WMD 비축 시설이 발견될 것으로 기대했지만, 실제로는 단 하나도 발견되지 않았다. 이후 이라크가 WMD를 보유하고 있다는 미국의 확신은 잘못된 정보로 판명되었다. 그렇다고 해서 이라크가 이러한 무기를 생산할 수 있는 역량이 없었던 것은 아니었다. 이라크는 화학 및 생물학 무기를 개발할 수 있는 과학자와 기술자들을 보유하고 있었으며,

핵무기와 달리 WMD의 원료는 쉽게 구할 수 있었고, 그 생산도 비교적 짧은 시간 내에 완료될 수 있었다.

치명적 완전자율 무기체계의 명백한 군사적 이점을 고려할 때, 이러한 체계를 개발하고 배치할 수 있는 능력과 의지를 가진 국가와 군대가 이를 중단할 가능성은 매우 낮다. 이는 점점 더 많은 국제단체들이 이러한 무기의 금지를 요구하고 있음에도 불구하고 변하지 않는 현실이다. 그럼에도 불구하고 국제사회, 특히 미국은 이러한 복잡한 무기체계와 관련된 문제를 다룬 경험이 가장 많기 때문에 이러한 무기체계의 사용을 규제할 수 있는 합의된 원칙을 발전시켜야 할 필요가 있다. 현재 시점에서 기존의 국제법은 자율 무기체계의 사용에 대해 아무런 구체적인 규정을 두고 있지 않다.

비록 구체적인 규정이 없지만 일부는 현재의 국제인도법, 전쟁법, 그리고 무력충돌법이 치명적 완전자율 무기체계의 사용을 규제하는데 충분하다고 주장하고 있다.[27)] 어느 정도 사실일 수 있지만, 이는 아직 이러한 무기체계가 실제로 사용된 사례가 거의 없기 때문에 입증할 수 있는 명확한 증거가 부족하기 때문일 수 있다. 그러나 이러한 무기체계의 개발이 빠르게 진행되고 있는 점을 고려할 때, 이러한 무기체계가 실전에서 사용되는 것은 시간 문제일 가능성이 크다.

'국방 기본서: 치명적 자율 무기체계에 대한 미국 정책'은 치명적 자율 무기체계에 대한 찬반 양측의 입장을 다음과 같이 요약하고 있다. "여러 언론 보도와 달리 미국의 정책은 치명적 자율 무기체계의 개발이나 배치를 금지하지 않는다. 현재 미국은 치명적 자율 무기체계를 보유하고 있지 않지만, 일부 고위 군사 및 국방 지도자들은 만약 미국의 경쟁국이 이러한 무기를 개발할 경우 미국도 미래에 치명적 자율 무기체계를 개발할 수밖에 없을 것이라고 언급한 바 있다. 한편 점점 더 많은 국가와 비정부 기구는 윤리적 우려를 이유로 치명적 자율 무기체계의 규제 또는 금지를 국제사회에 요구하고 있다."[28]

우리는 현재의 국제인도법에만 의존하여 치명적 완전자율 무기체계의 사용 문제를 해결하려는 접근은 본질적인 문제를 회피하는 것에 불과하다고 생각한다. 궁극적으로는 법, 협정 또는 조약의 형태로 이러한 무기체계의 사용에 대한 국제적 합의를 도출하는 것이 매우 중요하다.

여기서 '매우 중요하다'는 표현은 결코 가볍게 사용된 것이 아니다. 현재 자율 무기체계의 사용에 대한 논쟁은 주로 필요성, 구별, 비례성, 공격 시 예방 조치와 같은 국제인도법의 기본 원칙을 준수할 수 있는지에 집중되어 있지만, 사실 이보다 훨씬 더 중요한 문제가 존재한다.

만약 많은 국가가 치명적 완전자율 무기체계를 작전적 우위를 확보하거나 자국 병력을 위험에서 보호하기 위한 목적으로 배치하게 된다면, 전쟁이 거의 무혈로 치러질 수 있다는 자연스러운 기대가 생길 수 있다. 인간의 생명이 위험에 처하지 않는다면 전쟁을 시작하려는 유혹은 오히려 더 커질 수 있다. 국가들이 로봇 군대가 대신 전투를 치를 것이라고 믿는다면 전쟁은 필연적인 것이 될 것인가? 그리고 로봇이 전투를 대신하는 상황에서 결국 갈등을 종식시키려는 동기는 사라질 것인가? 이와 같은 문제들과 군사 AI(military AI)의 전반적인 역할에 대해서는 다음 장에서 다루겠다.

CHAPTER

09

제3차 세계대전:

어떻게 시작될 것인가?

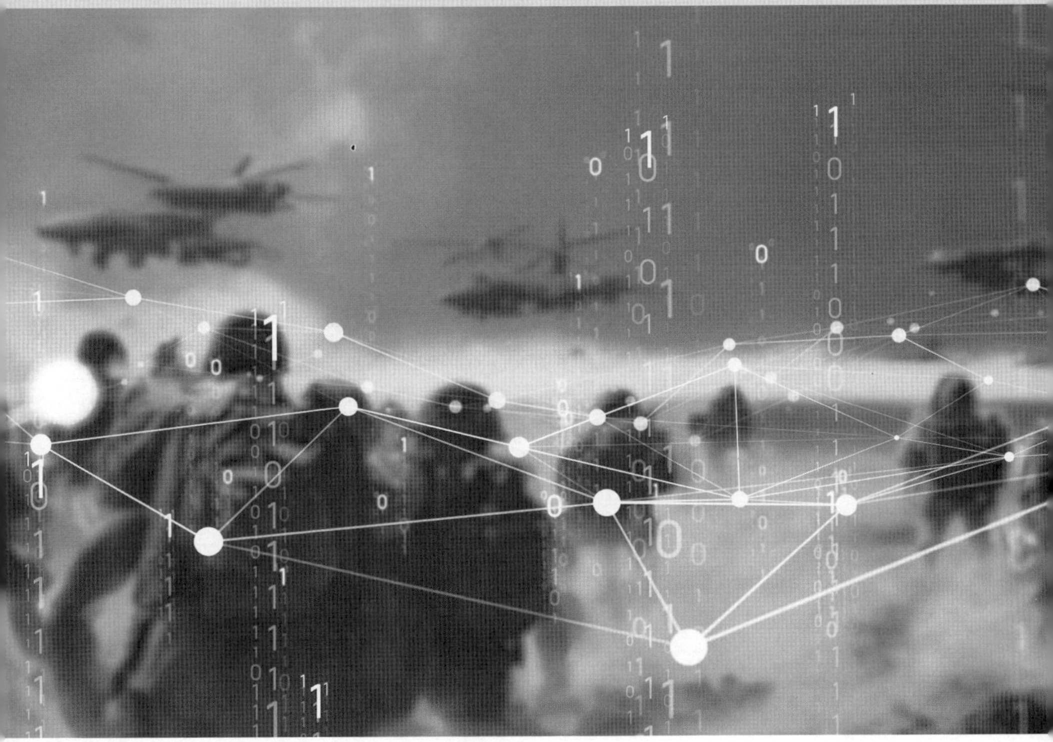

우리는 다시 어려운 문제들을 돌파하는 나라,
혁신에서 미덕을 발견하고 위험에서 보상을 찾아내는
나라가 되어야 한다… 만약 우리가 성공하지 못한다면,
정말로 모든 것을 잃게 될까 봐 두렵다.

『유령함대: 차세대 세계대전 소설(GHOST FLEET: A NOVEL OF THE NEXT WORLD WAR)』에서[1]

미군에 대한 중국의 사이버 지배는 완전무결했다.
고도로 정교한 인공지능 역량 덕분에 정화(鄭和, Zheng He)호는
정확히 적절한 순간에 사이버 도구들을 사용하여
미국 시스템에 침투할 수 있었다… 정화호로 하여금
자신보다 훨씬 거대한 규모의 적군을 남중국해 해저 깊숙이
수장시킬 수 있게 해준 것은 바로 공격형 사이버
역량에서의 엄청난 격차, 즉 눈에 보이지 않는 우위였다.

『2034: 차세대 세계대전 소설(2034: A NOVEL OF THE NEXT WORLD WAR)』에서[2]

CHAPTER 09

제3차 세계대전: 어떻게 시작될 것인가?

시나리오: 가까운 미래의 어느 해

그 공격은 미국과 동맹국들이 오랫동안 두려워하며 대비해왔지만, 실제로 일어나리라고는 예상하지 못했던 기습이었다. 80대의 중국공산당 총서기가 인공지능 의사결정 지원 시스템의 도움을 받아 무력을 통한 대만 본토와의 '재통일'이 이제 가장 높은 성공 확률을 갖는다고 판단했다. 역사상 중국의 완전한 통일이 달성된 적은 없었으며, 이를 성취하는 자는 역대 최고의 중국 지도자로 여겨질 것이었다.

총서기의 AI 의사결정 지원 시스템은 실제 정보 데이터를 연관시켜 그 결과를 예측하면서 수초 내에 수백만 건의 워게임을 시뮬레이션하고 평가할 수 있었다. 이 시스템에는 거대한 중국인민해방군(PLA,

People's Liberation Army) 정보·감시·정찰 네트워크의 수천 개 정보 센서들이 연결되어 있었다. 이 센서들은 위성, 본토의 지상기지와 타국의 전진기지, 유인 함정·잠수함·항공기, 그리고 모든 영역의 수천 대의 통제형 또는 자율형 무인차량 내부에 위치하고 있었으며, 지속적으로 업데이트되는 사이버 데이터베이스와 결합되어 있었다.

수백 명의 인간 의사결정자들이 이해할 수 있는 범위를 넘어선 빅데이터를 편집하여 만들어진 AI 통제 네트워크의 권고를 받아들이려면 루프상 인간의 상당한 신뢰가 필요했다. 하지만 잠재적 상대국들의 군사 능력을 압도하는 세계 최고의 AI 및 사이버전 강국에게는 첨단기술로 무장하고 긴밀히 연결되며 병참 지원이 잘 된 군대에 대한 신뢰가 상당할 수 있었다.

그것은 세계대전으로 발전한 전쟁을 개시했던 이전 국가 지도자들이 자신들의 시스템에 대해 가졌던 신뢰와 유사한 신뢰였다.[3] 그리고 태평양 전쟁에서와 마찬가지로 목표는 상대 강대국에 대한 침공이 아니라 제한적인 기정사실화 후 협상을 통한 합의로 결과를 공고히 하는 것이었다. 이것이 소설 『유령함대(Ghost Fleet)』의 전제 중 하나다.

갈등의 일부를 분리하여 살펴보자. 현지시간 오전 7시 2분 사이버 및 대위성 전투가 벌어지고 있는 가운데, 서태평양을 스캔하던 잔존 미군 위성들이 대만 동쪽 해상에서 작전 중인 미 해군 기동타격단을 향해 24발의 중국인민해방군 둥펑-26(DF-26) 대함 탄도미사일이 동시에 발사되는 것을 탐지했다.[4] 이 미사일들은 새로운 개량형으로 각각 8개의 탄두를 분산시키는 다중독립목표재진입체(MIRV, Multiple Independently targetable Reentry Vehicle)를 탑재하고 있었다. 따라서 총

192개의 개별 탄두가 유인 및 무인 함정으로 구성된 소규모 혼합 그룹을 타격할 것이며, 주요 목표는 중앙 의사결정 네트워크를 호스팅하는 함정에 맞춰져 있었다.

탄도미사일의 대기권 밖 비행 속도가 시속 15,000마일(24,140km)인 상황에서 미 해군 기동타격단은 약 4분의 경고 시간을 갖게 될 것이며, 공격에 대비해 시스템과 승조원들이 대응하기에 충분한 시간이었다. 그러나 192개 탄두의 내습 공격을 물리치려면 탄도미사일 요격, 전자전 공격, 기만체 전개, 방어 기동 등 과거에는 해군 장병들이 결정하고 수행했던 모든 전투관리 요소들의 초고속 조합 없이는 불가능할 것이다.

실험과 경험에 따르면 인간이 직접 통제하거나 인간이 의사결정 과정에 직접 개입하는(Human in the loop) 방어체계로는 최대 20개 정도의 탄두가 동시에 공격해올 때까지만 대응할 수 있는 것으로 나타난다. 하지만 인간과 기계가 협력하되 인간이 전체적인 감독 역할을 담당하는(on the loop) 방식으로 전환하면 대응 가능한 탄두 수를 40개까지 늘릴 수 있다.

192개의 탄두에 맞서 싸우는 것만으로도 벅찬 상황에서 대기권 경계선을 따라 날아오는 극초음속 미사일의 후속 공격, 점점 더 많이 집결하는 군집 자폭 무인항공기(UAV)의 공격, 그리고 적에 대한 반격을 동시에 수행해야 하는 상황까지 고려하면, 기동타격단을 방어하는 일은 인간의 반응 속도로는 도저히 감당할 수 없는 수준이었다. 이런 상황에서 기동타격단 지휘관은 생존을 위해 '자율' 모드로 전환하여 전투통제 권한을 초고속 AI체계에 위임하는 것 외에는 다른 선택의 여지가 없었다.

전투통제권을 넘겨받은 미 해군 AI체계는 즉시 다층방어 작전을 펼쳤다. 탄도미사일 요격체와 기만체를 발사하는 동시에 전자전을 통해 허위 목표를 생성하여 실제 목표를 은폐했다. 또한 함정들을 스텔스 특성이 극대화되는 위치로 분산 배치하여 기동타격단 전체를 적이 명중시키기 어려운 목표로 만들었다. 비록 모든 내습 탄도미사일을 격추하거나 회피할 수는 없었지만, 인간이 직접 통제했다면 입었을 피해보다 훨씬 적은 손실을 기록했다.

방어에 성공한 AI체계는 즉시 반격 작전으로 전환했다. 해군 AI체계는 함정들을 공격에 최적화된 위치로 신속하게 재배치한 후, 적의 잔존 전력에 대한 집중 타격을 개시했다. 공격 목표는 이동식 탄도미사일 발사대(TEL, Transporter-Erector-Launcher), 극초음속 미사일 발사대, 그리고 고정 시설물이었다. 이 목표물들에 대해 운동에너지 무기, 전자기 무기, 사이버 무기를 총동원하여 집중 공격을 가했다. 동시에 저속으로 이동하는 체공형 무인항공기들의 접근을 차단하기 위해 공중 기뢰망을 전술적으로 살포했다.

그러나 또 다른 시나리오가 있다. 지휘관이 생존을 위해 스위치를 '자율' 모드로 전환하여 전투통제권을 초고속 AI체계에 위임한다. 그런데 아무런 일도 일어나지 않았다. AI체계가 교전 개시에 실패하자 유인 함정에 탑승한 해군 장병들은 쏟아져 들어오는 미사일 공습을 스스로의 힘으로 최선을 다해 막아내야 했다. 다행히 설계자들이 개별 전투체계와 무기의 수동 제어 기능을 남겨두었기 때문에 해군 장병들은 작동을 멈춘 AI체계의 통제를 우회할 수 있었다. 결국 몇 척의 함정만이 살아남았다.

전투 종료 후 작성된 사후검토보고서(after-action report)에서는 AI 체계 오작동의 원인을 특정하기 어렵다고 인정했다. 가능한 원인으로는 시스템 소프트웨어의 설계 결함, 적군이 AI 의사결정 과정을 침투시킬 수단을 보유했던 것, 또는 부품 공급망에 침투한 중국인민해방군 잠복 요원이 트로이 목마 프로그램을 설치했을 가능성 등이 거론되었다. 이러한 대안적 시나리오가 『2034: 차세대 세계대전 소설(2034: A Novel of the Next World War)』의 줄거리를 이끌어 간다.

세 번째 대안이 있다. 그것은 전 세계를 충격으로 몰아넣은 청천벽력 같은 사건이었다. 불과 한 달 전만 해도 국제사회는 외교적 대승을 축하하고 있었다. 수년간의 협상 끝에 UN의 마지막 미가입 회원국마저 마침내 치명적 무력 사용에 대한 인간 통제 유지 조약에 서명했기 때문이었다. 이것은 '킬러 로봇' 금지를 목표로 수년간 로비 활동과 시민 운동을 전개해온 비정부기구들(NGO)—주로 서구 민주주의 국가들의—이 거둔 성과였다. "세계 평화에 한 걸음 더 다가섰다"는 축하 메시지들이 소셜 미디어 전반에 넘쳐났다.

하지만 조약 이행의 현실적 어려움에 대해서는 거의 주목하지 않았다. 협상 과정 내내 국방 분석가들은 다음과 같이 지적했다. 각국이 OODA 루프(OODA loops, Observe-Orient-Decide-Act loops)를 가속화하기 위해 전투 의사결정을 인간 통제에서 순수 AI 통제로 전환할 능력과 역량의 보유를 막는 것은 거의 불가능하다는 것이었다. 핵무기의 경우 핵시설과 방사능 배출을 근거로 국가기술수단(NTM, National Technical Means)을 통해 탐지하고 정확한 수량을 파악할 수 있지만,

AI가 탑재된 컴퓨터는 외부에서 일반 컴퓨터와 구별할 방법이 없다. 잠재적 적국에게 모든 정보가 노출될 위험 때문에, 어떤 국가도—설령 있다고 해도—다른 국가가 자국의 국방 네트워크를 직접 검사하도록 허용하지 않을 것이다.

베르사유 조약(Versailles Treaty), 뮌헨 협정(Munich Agreement) 그리고 수많은 UN 인권선언과 마찬가지로 서명국들이 협정을 성실히 준수할 것이라는 전제하에 체결된 것이었다. 그러나 상당수의 서명국들은 AI 주도 자율 무기 능력을 그대로 보유했다. 일부는 잠재적 상대방의 조약 위반에 대비한 헤지 전략으로, 일부는 조약을 유연하게 해석하거나 더 중대한 이익이 걸린 문제가 발생할 경우 편의적으로 무시할 수 있다고 판단했기 때문이었다.

대만과 중화인민공화국의 통일은 그 어떤 조약보다도 중대한 문제로 여겨졌다. AI 주도 자율 무기가 전술 작전과 테러 작전 양쪽에서 모두 사용되었다. 수많은 대만 시민들이 이 공격으로 사망하거나 부상을 당했으며, 그중 일부는 자율 무기에 의한 것이었다. 살아남은 자들은 위구르족과 같은 방식으로 처리되어야 했다.

현실 세계의 군사 AI 문제들

이러한 시나리오들은 군사 AI 발전의 가능한 방향과 관련된 네 가지 구체적 질문들을 검토하기 위한 것이다. 첫 번째는 AI가 전쟁을 개시할 수 있는지, 특히 국제적 긴장 상황에서 그런 일이 가능한지에 대한 질문이다. 두 번째는 AI의 사용이 전투원은 물론 민간인에게 전쟁을 더 파괴적으로 만들지 아니면 덜 파괴적으로 만들지에 대한 질문이다. 세 번째는 전쟁에서 AI 사용을 방지할 수 있는지에 대한 질문이다. 네 번째는 AI가 전쟁을 방지할 수 있는지에 대한 질문이다. 우리는 앞선 장들에서 제시된 정보와 논리를 활용하여 이러한 질문들에 답하고자 한다.

AI가 전쟁을 개시할 수 있는가?

이 질문에 대한 답은 '아니오' 또는 '예'가 될 수 있다. 이는 AI 자체가 전쟁을 시작할 수 있는지를 묻는 것인지, 아니면 단순히 인간을 전쟁으로 이끄는 정보를 제공할 수 있는지를 묻는 것인지에 따라 달라진다.

"아니오"라는 답변

지금까지 모든 전쟁은 인간에 의해 개시되었다. 학자들은 특정 전쟁들이 '사고' 또는 '오판'에 의해 야기되었다고 주장해왔다. 일부는 제1차 세계대전이 거의 우연의 산물로 발생했다고 본다. 이들의 논리에 따르면 한 유럽 강대국이 군대를 동원하기 시작하면 모든 상대국들도 똑같이 대응할 수밖에 없었다는 것이다. 당시 동원에는 거의 모든 군복무 가능 연령의 남성들이 포함되었다. 각국은 자국 병력을 먼저 집결시켜 국경으로 이동시킬 수 있는 나라가 공격에서 우위를 점하며 신속한 승리를 거둘 것이라고 믿었다. 이때 주요 이동수단은 철도였다.

상대국의 선제공격을 막는 유일한 방법은 자국 군대를 더 빠르게 동원하는 것이었다. 그러나 야전에서 대규모 군대를 유지하는 것은 비용이 많이 들고 어려웠다. 먼저 동원을 해제하는 국가는 계속 동원 상태를 유지하는 국가에게 패배당할 위험이 있었다. 이론가들은 일단 동원이 시작되면 지도자들의 의지와 상관없이 전쟁을 피할 수 없게 된다고 주장한다. 설령 그 동원이 실수로 시작된 것이라 해도 말이다.

하지만 전쟁이 단순한 사고라는 관점에서 이러한 학자들의 견해는 틀렸다. 유럽의 일부 정치가들은 실제로 자국이 유럽 대륙을 지배할 수 있게 해줄 신속하게 승리하는 전쟁을 의도적으로 원했다. 적대행위를 먼저 시작한 침략자들은 상대방이 맞서 싸울 것인지 항복할 것인지에 대해 자주 잘못 판단해왔다. 대부분의 침략자들은 적의 항복이 단시간 내에 일어날 것이라고 계산했다. 우크라이나 침공을 결정할 때 블라디미르 푸틴은 상대적으로 적은 비용으로 신속한 승리를 기대했던 긴 역사적 계보의 한 사람일 뿐이다. 그러나 전쟁의 기간이나 결과를 잘못 계산하는 것이 전쟁 행위 자체를 선택하는 데 있어 사고나 실수를 의미하지는 않는다.

칼 폰 클라우제비츠는 "전쟁은 단순한 정치적 행위가 아니라 진정한 정치적 수단이며, 정치적 교류의 연속이고, 다른 수단을 통한 그것의 실행이다"라고 주장했다.[5] 전쟁은 무력을 통해 상대방을 자신의 의지에 굴복시키려는 시도이다. 많은 사람들이 전쟁이 발생한다는 사실과 그것이 "다른 수단에 의한 정치의 연속"으로 여겨질 수 있다는 점을 안타깝게 여길 수 있다. 하지만 전쟁은 정치 지도자가 폭력 사용을 선택한 의도적인 결정을 의미한다. 국제법상 그러한 정치 지도자는 인정받은 국가의 국가원수여야 한다.

현재 AI의 상태는 목적 특화형 AI다. 이는 평소 인간에게 위임되는 특정 결정들을 내릴 수는 있지만, 수행 가능한 과제의 범위는 제한적인 시스템들을 의미한다. 일부 사람들은 의식을 경험할 수 있는 기계인 범용인공지능(AGI, Artificial General Intelligence)을 꿈꾸고 있다. 범용인공지능은 공상과학소설의 단골 소재이긴 하지만, 실제로 범용인공지능을 창조할 수 있는 능력은 의문스럽고 확실히 실현 가능한 수준에 있지 않다. 현재의 알고리즘들은 인간의 멀티태스킹 능력을 재현할 수 없기 때문이다. 따라서 적어도 현재와 예측 가능한 미래에는 AI 기계가 전쟁을 선포할 수 있는 국가원수의 의사결정을 대체하는 것은 불가능하다. 본질적으로 이러한 AI 기계들은 특정한 과제에 특화된 로봇에 불과하기 때문이다.

또한 현대인들이 전쟁개시와 같은 중대한 지시를 내리는 기계의 명령을 맹목적으로 의문 없이 따를 가능성도 매우 낮다. 이는 마치 책이나 도박, 또는 징조와 같은 비인간적 출처에서 나온 다른 지시들을 따르지 않는 것과 동일한 이치다. 물론 그런 일이 일어날 가능성이 아예 없지는 않다. 하지만 그렇게 되려면 인간이 AI가 제공한 정보를 충분히 이해하고, 그것을 바탕으로 전쟁을 선택하기로 스스로 결정해야 한다. 설령 기술적으로 실현 가능하다 하더라도 의사결정 과정 어딘가에 인간의 개입 없이 국가의 전체 전쟁수행 능력에 대한 통제권을 기계에 완전히 넘기는 것은 그 결정권자가 극도로 위험하다는 것을 충분히 인지할 수 있는 선택이 될 것이다.

현재의 자율 무기체계들이 전술적 차원에서 오작동을 일으켜 다른 국가의 인원이나 재산을 공격하는 상황은 분명히 발생할 수 있다. 하지만 인간 조종사나 군인들도 과거에 똑같은 실수를 저질러왔다. 중요한 것은 역사적 기록을 살펴보면 이런 개별적인 오판이나 실수로 인한 공격들이 실제로 전면적인 전쟁을 촉발한 사례는 없었다는 점이다.

결론적으로 AI가 인간의 감독 없이 스스로 선택한다는 관점에서 볼 때 첫 번째 질문에 대한 답은 분명히 '아니오'이다. 현재와 단기적 미래의 AI 기술 수준에서는 AI가 스스로의 판단만으로 전쟁을 개시하기로 결정하는 것은 불가능하다. 여기서 현재와 단기적 미래라는 시간적 제약에 특별히 주목할 필요가 있다.

가능한 예외 사례 (구식 시스템)

그러나 하나의 잠재적 예외가 존재한다. 바로 소비에트 연방이 개발하고 현재 러시아가 운영하고 있는 '데드 핸드(dead hand)'-러시아어로 메르트바야 루카(Mertvaya Ruka)라 불리는- 전략핵 자동 보복 발사 통제 시스템이다.[6] 페리미터(Perimeter, Perimetr로도 표기)라고 불리는 이 시스템의 개발은 1967년에 시작되어 1986년 이전에 실전 배치되었다. 이 시스템의 설계 목적은 명확했다. 모스크바에 대한 적의 공격으로 소비에트 군 최고 지휘부가 전멸하더라도 전략로켓군(Strategic Rocket Forces)에게 2차 타격 핵공격 개시 명령을 자동으로 전파할 수 있도록 하는 것이었다. 하지만 이 시스템의 구체적인 작동 방식에 관한 세부사항은 여전히 베일에 싸여 있고 논란의 여지가 많다. 소비에트와 러시아 관리들의 공개 발언들도 서로 모순되는 경우가 많았다.

알려진 바에 따르면 이 시스템은 지진파, 과압, 광선, 방사능 등 다양한 센서를 통해 러시아 영토에 대한 핵무기 타격을 자동으로 탐지하고, 이어서 신호 로켓을 발사하여 전국의 핵미사일 사일로에 배치된 모든 전략로켓군 요원들에게 공격 개시 명령을 무선으로 일괄 전파하도록 설계되었다고 한다. 이 체계의 개발자 중 한 명인 발레리 야리니치(Valery Yarynich)는 미국에서 진행된 인터뷰에서 체계의 작동 원리를 다음과 같이 상세히 설명했다.

> 이 체계는 평상시에는 반휴면 상태로 대기하다가 위기 상황에서 고위 관리가 직접 가동시키도록 설계되었다. 일단 활성화되면 핵폭발의 징후를 탐지하기 위해 지진파, 방사능, 기압 센서로 구성된 전국적 네트워크를 실시간으로 모니터링하기 시작한다. 하지만 체계가 실제로 보복 타격을 실행하기 전에 반드시 네 가지 조건부 명제를 순차적으로 확인해야 했다.
>
> 첫째, 체계가 활성화된 상태라면 소비에트 영토에 핵무기가 실제로 타격됐는지를 확인한다. 둘째, 핵공격이 있었던 것으로 판단되면 소비에트 참모본부 작전실과의 통신연결 상태를 점검한다. 셋째, 만약 통신이 여전히 연결되어 있고 일정 시간(대략 15분에서 1시간 사이로 추정됨) 동안 추가적인 공격 징후가 감지되지 않으면, 체계는 반격 명령과 자동 발사를 중단시킬 수 있는 생존 지휘관들이 여전히 존재한다고 판단하여 스스로 작동을 정지한다.
>
> 하지만 참모본부와의 모든 통신이 완전히 두절되면 페리미터는 최악의 상황, 즉 종말적 핵전쟁이 시작되었다고 최종 판단한다. 이 경우 체계는 즉시 미사일 발사 권한을 정상적인 수많은 지휘 단계를 모두 우회하여 지하 깊숙이 보호된 벙커에서 시스템을 운용하고 있는 당직자에게 직접 위임한다.[7)]

과연 이런 체계가 AI라고 할 수 있을까? 1장에서 제시한 첫 번째

AI 정의인 "인간의 행동을 모방하는 기계의 능력"에 따르면 답은 '예'이다. 하지만 "과거 데이터를 바탕으로 소프트웨어가 스스로 결정을 내리도록 학습시키는 통계적 기법들의 집합"이라는 두 번째 정의에 따르면 답은 '아니오'에 가깝다. 페리미터는 명백히 데이터를 통해 학습하는 체계가 아니기 때문이다.

흥미롭게도 2000년 이후 출간된 AI 관련 서적과 학술 논문들 대부분은 페리미터 체계에 대해 전혀 언급하지 않는다. 아마도 1990년대에 AI에 대한 학술적 관심이 다시 부흥하기 훨씬 이전에 개발된 구식 체계로 여겨지기 때문일 것이다. 그렇다면 페리미터는 4장에서 상세히 설명한 자율 무기체계의 범주에 속한다고 볼 수 있을까? 이 질문에 답하려면 페리미터 체계의 운용 방식을 고려해야 한다. 소비에트/러시아 최고 지도자가 주요 강대국 간 심각한 위기 상황이 임박했을 때만 이 체계를 가동시키도록 설계되었기 때문에, 페리미터는 감독자율 체계 내에 속한다고 볼 수 있다. 이 체계를 최초로 활성화하는 것은 분명히 인간의 의사결정이다. 또한 체계가 내린 미사일 발사 명령을 실제로 실행에 옮기는 것 역시 각 사일로에서 당직 근무 중인 전략로켓군 요원들의 인간적 판단과 결정에 달려 있다. 따라서 우리는 이 체계에도 여전히 인간이 의사결정 루프상에 위치하고 있다고 말할 수 있다.

그러나 브루킹스 연구소(Brookings Institution)의 오랜 연구원이자 핵무기 완전 폐기를 목표로 하는 글로벌 제로(Global Zero) 운동의 지도자였던 고 브루스 블레어(Bruce Blair) 박사는 다른 견해를 제시했다. 그는 전 소비에트 고위 관리들과의 광범위한 연구 조사와 심층 인터뷰를 바탕으로 페리미터가 실제로는 발사 지점에 남아있는 인간 감시요원들을 완전히 우회하여 자율적으로 미사일을 발사할 수 있는 능력을 보유하고 있다고 강력히 주장했다.[8] 반면에 다른 전문가들은 데드핸드 시스템의 이러한 완전자율 발사 능력은 과장되거나 잘못 알려진 신화에 불과하다고 반박한다.[9] 하지만 이런 논란에도 불구하고 대부분의 정보 소식통들은 이 체계가 현재도 어떤 형태로든 계속 존재하고 운용되고 있다고 주장한다.[10]

그렇다면 만약 페리미터의 각종 센서들이 오작동하여 잘못된 신호 데이터를 수신한다면, 이 체계가 스스로의 판단만으로 핵전쟁을 개시할 수 있을까? 또한 이 구식 체계가 현대적인 AI 기능들로 업그레이드 되었을 가능성은 없을까? 안타깝게도 공개된 정보 소식통들만으로는 이런 핵심적인 질문들에 대한 명확한 답을 구하기는 불가능해 보인다. 다만 블라디미르 푸틴이 2011년에 이 체계를 다시 활성화시켰다는 정보 보고가 존재한다.[11]

'예'라는 답변

AI체계가 의사결정자들에게 잘못된 정보를 제공하거나 심지어 정확한 정보를 제공하여 전쟁개시를 부추길 가능성은 분명히 존재한다. 다만 이는 해당 의사결정자들이 이미 전쟁에 대한 성향을 가지고 있다는 전제조건하에서만 가능하다. 이런 관점에서 보면 AI가 전쟁을 개시했다고 말할 수 있다. 하지만 '개시'보다는 '촉발'이라는 표현이 더 정확할 것이다. 그러나 이런 경우에도 여전히 인간이 AI를 의사결정 보조 도구로 활용하거나 기껏해야 기계와 협력하는 상황에 해당한다.

인간-기계 협업의 핵심은 인간 파트너의 의사결정 능력을 향상시키는 것이지 인간의 선택권 자체를 박탈하는 것이 아니다. 만약 인간의 선택 가능성이 완전히 제거된다면, 그것은 더 이상 인간-기계 협업이라고 할 수 없다. 오히려 그런 상황은 인간의 개입 없이 기계만 단독으로 작동하는 것과 다름없다. 하지만 우리가 여기서 논의하고 있는 것은 그런 상황이 아니다.

AI가 제공하는 정보는 침략자로 하여금 전쟁에서 승리할 수 있다는 확신을 갖게 만들 수 있다. 물론 다른 정보원들로부터 나오는 정보도 동일한 효과를 낼 수 있다. 하지만 AI의 핵심 목적 중 하나가 OODA 루프를 가속화하는 것이라는 점이 중요하다. 즉 AI를 통해 정보가 신속하게 수집되고 분석되며, 그에 따른 행동도 빠르게 실행될 수 있다는 것이다.

냉전시기 동안 소비에트 연방의 지도자들은 '세력균형'이라는 개념을 지속적으로 계산하고 업데이트했다. 이는 바르샤바 조약기구(Warsaw Pact)와 북대서양조약기구(NATO, North Atlantic Treaty Organization) 중 어느 쪽이 실제 전쟁에서 승리할 것인지를 판단하기 위한 것이었다. 이러한 세력균형 분석을 위한 정보는 가능한 모든 종류의 정보 수집원을 통해 획득되었다. 여기에는 순수한 군사 데이터뿐만 아니라 전 세계의 정치, 외교, 경제 데이터까지 포함되었다. 당시 서방의 많은 분석가들은 소비에트의 세력균형이라는 것이 단순히 '일반적인' 정보 평가를 지칭하는 용어에 불과하다고 여겼다.

그러나 일부 서방 분석가들은 더 우려스러운 가능성을 제기했다. 소비에트가 세력균형 분석을 바탕으로 전쟁에 돌입하여 승리할 수 있는 최적의 시점을 예측할 수 있는 알고리즘을 개발하려 한다는 것이었다. 소비에트 지도부는 자신들의 모든 행동이 자연 논리에서 파생된 '과학적 사회주의'에 의해 결정된다고 주장했다. 따라서 그들이 실제로 그러한 알고리즘에 기반하여 중대한 결정을 내릴 가능성이 충분히 있었다. 특히 심각한 국제적 위기 상황이 진행 중일 때 더욱 그랬다. 이런 알고리즘은 당시 가장 강력한 컴퓨터에서 실행되는 소프트웨어를 통해 개발되었거나 개발될 예정이었다. 다만 1960년대, 70년대, 80년대에는 아직 빅데이터를 처리하는 것이 매우 노동집약적인 작업이었다. 모든 정보를 수작업으로 분류하고 컴퓨터에 입력해야 했기 때문이다.

그렇다면 AI가 이런 종류의 알고리즘으로 프로그래밍되어 필요한 빅데이터를 수집하고 분석할 수 있을까? 우리가 앞서 제시한 AI의 세 가지 정의 중 하나는 "과거 데이터를 바탕으로 소프트웨어가 스스로 결정을 내리도록 학습시키는 통계적 기법들의 집합"이다. 바로 이 점이 질문에 대한 '예'라는 답변의 근거가 된다. 이전까지 억제되어 있던 침략자로 하여금 승리의 절호의 기회가 도래했다고 확신시킬 수 있는 "아마겟돈 알고리즘(algorithm of Armageddon)"을 개발하는 것은 이론적으로 충분히 가능하다. 이것이야말로 우리가 앞서 설명한 여러 시나리오들에서 핵심적인 요소이다.

지도자가 주로 통계적 분석에 근거해서 전쟁개시 결정을 내릴 수 있다는 아이디어에 회의적인 사람들이 있다면, 제2차 세계대전 중 진주만 공격 이전의 일본제국 사례만 살펴봐도 충분하다. 공격 여부를 최종 결정하기 직전에 열린 마지막 내각회의에서 일본제국 내각은 일본제국과 미국 간의 세력균형에 관한 극도로 정확한 분석 자료를 제공받았다. 만약 미국이 보유한 전체 산업 잠재력을 완전히 활용한다면, 미국의 국력은 일본보다 7배에서 8배 정도 더 강력할 것으로 추정되었다.[12] 하지만 동시에 이 분석은 중요한 결론을 담고 있었다. 미국의 국력이 시간이 지날수록 계속 증가할 것이므로 미래에는 미국과의 전쟁에서 승리하는 것이 훨씬 더 어려워질 것이며 아마도 완전히 불가능해질 것이라는 예측이었다. 현재의 세력균형이 이미 일본에게 불리했음에도 불구하고 시간이 지나면 상황은 더욱 악화될 것이 분명했다. 통계적으로 볼 때 승리할 수 있는 마지막 기회의 창이 빠르게 닫히고 있었기 때문에 일본 내각은 결국 전쟁이라는 선택을 했다.[13]

이것이 바로 AI가 호전적 성향을 가진 지도자들을 유혹하기 위해 활용할 수 있는 아마겟돈 알고리즘의 실제 사례가 아닐까?

여기서 또 다른 중요한 문제가 제기된다. AI가 주도하여 편집한 정보를 과연 신뢰할 수 있느냐는 것이다. 이렇게 편집된 정보는 AI체계가 수십만 건의 전쟁 시뮬레이션을 실행하여 실제 무력 충돌의 가능한 결과를 예측하는 데 활용될 수 있다. 만약 AI체계가 의도적으로 조작된 거짓 정보를 입력받고, 그 결과 어떤 국가가 방금 미국에 대해 전략핵공격을 개시했다는 잘못된 결론에 도달한다면 어떻게 될까? 이런 상황에서 미국의 최고 지도부는 과연 어떤 반응을 보일 것인가? 그들이 AI의 분석과 권고에 기반하여 중대한 결정을 내릴 것인가?

우리는 이 책의 서론에서 다음과 같이 밝힌 바 있다. 우리의 가장 큰 우려는 AI가 인간을 통제하게 되는 것이 아니라, 일부 인간들이 AI를 이용하여 다른 인간들을 통제하게 되는 것이다. 실제로 중국을 비롯한 여러 국가에서는 이미 이런 일이 벌어지고 있다. 이런 맥락에서 아마겟돈 알고리즘은 인간에 대한 통제 시도를 부추기는 데 있어 가장 강력하고 유용한 도구 중 하나가 될 수 있다.

AI가 전쟁을 덜 파괴적으로 만들 것인가?

답은 반드시 그런 것은 아니라는 것이다. 제2차 상쇄전략이 시작될 무렵 다수의 국방 분석가들은 정밀무기의 개발과 보다 집약적인 정보·감시·정찰(ISR, Intelligence, Surveillance, and Reconnaissance) 능력이 전쟁을 덜 치명적으로 만들 것이라고 예측했다. 공격을 정확하게 조준함으로써 부수적 피해를 방지하고 사상자를 최소화할 수 있을 것으로 여겨졌다. 일부는 지휘관들이 전장 상황을 완전히 파악하지 못한다는 사실을 뜻하는 '전쟁의 안개'가 걷히고 있다고 믿었다.[14] 언론에서는 기계가 기계와 싸우고 인간은 전혀 개입하지 않는 '무혈 전쟁'의 가능성에 대해 추측하기도 했다. 비판론자들은 이런 변화가 지도자들로 하여금 전쟁을 시작하는 것에 대한 거부감을 줄이고, 전쟁을 피해야 할 재앙이 아니라 국제관계에서 일상적인 수단으로 정상화시킬 것이라고 우려를 표했다.

하지만 현대 전쟁의 실제 발전 양상은 이런 예측과는 달랐다. 제2차 세계대전 이후 민간인 사상자는 실제로 감소했다. 제2차 세계대전 당시에는 핵심 군사산업시설이나 연료 저장고와 같은 중요 목표물에 최소한 한 발의 폭탄이라도 명중시키기 위해 도시 전체를 융단 폭격했다. 당시 사용된 무유도 폭탄들은 일단 투하되면 바람이나 기상 조건의 영향을 받거나, 항공기의 부정확한 항법 또는 적 방공망을 피하기 위한 기동으로 인해 의도한 목표물이 아닌 다른 곳에 떨어지는 경우가 많았다. 목표물을 확실히 파괴하기 위해서는 상당한 수의 폭탄을 투하해야 했다. 한 조사 결과에 따르면 공중 투하된 폭탄 중 겨우 20퍼센트만이 의도된 목표 지역 내에 떨어졌다고 한다.[15] 다른 연구들은 이보다 더 낮은 수치를 제시하고 있다.[16] 나치 독일도 소수의 '정밀무기'를 개발하려고 시도했지만, 당시 기술 수준으로는 명중률을 30퍼센트까지밖에 향상시킬 수 없었다.[17]

그러나 관련 기술은 이후 획기적으로 발전했다. 1960년대부터 1980년대까지 이어진 제2차 상쇄전략은 "한 발로, 한 번에 명중(one weapon, one hit)"이라는 능력을 추구했으며, 이를 성공적으로 달성했다고 평가된다. 1991년 걸프전에서 사막의 폭풍 작전은 정밀무기로 이런 능력이 실현 가능함을 보여주는 것처럼 보였다. 물론 많은 '재래식 폭탄'들도 함께 사용되긴 했지만 말이다. 이라크의 군사 인프라와 전투 부대들이 이전에 비해 상대적으로 적은 수의 탄약으로 파괴되었다. 이는 확실히 이전 전쟁들과 비교해서 미군과 연합군의 사망자 수를 크게 줄였다. 하지만 이와 동시에 이라크군 사망자 수는 오히려 증가했을 가능성이 있다. 장거리에서 날아오는 정밀타격을 피해 도망칠 기회가 그만큼 줄어들었기 때문이다. 이 전쟁에서 이라크군의 정확한 사상자 수는 아직도 알려지지 않았지만, 추산으로는 최대 10만 명에 달한다.

정밀무기는 그 이후의 여러 분쟁에서도 우수한 성능을 보인 것으로 평가된다. 그러나 러시아의 우크라이나 침공 이전까지는 정밀무기가 사용된 모든 군사작전들이 일방적인 성격을 띠었다는 점이 중요하다.

교전 상대방인 이라크, 탈레반, 세르비아, 리비아, 시리아 반정부군 등은 정밀무기를 보유하지 않았다. 따라서 중화인민공화국이나 러시아와 같이 동등한 수준의 군사 기술을 보유한 강대국과의 전쟁에서 정밀무기가 어떤 성능을 발휘할지, 또한 전자전이 치열하게 벌어지는 환경에서 어느 정도의 치명성을 보일지는 아직 알 수 없다.

AI의 활용은 아마도 기존 정밀무기의 효과를 더욱 높일 것으로 예상된다. 하지만 AI가 가져올 가장 큰 변화는 교전 당사자들의 OODA 루프를 가속화하고, 정보·감시·정찰 센서에서 수집된 빅데이터를 효율적으로 관리하여 무기를 최적의 타이밍에 사용할 수 있게 하는 것이다. 반면에 탄약 자체에 직접 탑재된 고도의 AI체계가 '스마트' 무기를 더욱 '스마트'하게 만들 수 있을지, 그리고 그것이 합리적인 비용으로 가능할지는 여전히 의문이다. 기존의 발사 후 망각(fire-and-forget) 무기들을 살펴보면, 이들은 의도된 목표물에 지속적으로 유도될 필요 없이 목표물을 스스로 추적하는 기술적 메커니즘을 갖추고 있다. 예를 들어 레이더 신호를 탐지하는 방식 등이다. 이런 무기들은 일단 발사되면 본질적으로 자율적으로 작동한다. 하지만 일반적으로는 AI 지원 무기로 분류되지 않는다.

이런 관점에서 보면 냉전시대에 개발된 캡터(Captor) 기뢰와 같은 무기는 자율형 AI 무기로 간주할 수 있다. 적 잠수함을 표적으로 하는 캡터는 잠재적 목표물들을 식별하고 특정한 목표 유형에 대해 어뢰를 발사하도록 설계되었다. 일단 해저에 설치되고 나면 운용자가 아닌 무기체계 자체가 파괴할 실제 표적을 결정했다. 이 경우 인간이 루프 상에서 담당하는 역할은 기뢰를 어느 위치에 설치할지 결정하는 것뿐이다. 물론 이 무기는 학습 능력을 갖춘 시스템은 아니다. 목표물의 특성 정보들은 사전에 프로그래밍되어야 한다. 하지만 특정 임무를 수행할 때는 유인 잠수함과 매우 유사한 방식으로 작동한다.

그렇다면 이미 존재했던 AI와 유사한 시스템들이 전쟁을 덜 파괴적으로 만들었을까? 전혀 그렇지 않았다.

민간인에게 미칠 영향은 무엇인가?

이 모든 것은 상대방의 목적과 의도하는 표적에 따라 결정된다. AI는 사격 해법을 개선하고 인간-기계 통제 시스템을 향상시킴으로써 무기를 더욱 정밀하게 만들 수 있다. 민간 지역에 위치한 군사 목표물에 대한 AI 지원 정밀 공격은 부차적 피해를 감소시킬 수 있을 것이다. 그러나 이는 공격자가 민간인 피해를 피하려는 의도를 실제로 가지고 있는지에 달려 있다. 국제인도법의 발전에도 불구하고 러시아는 우크라이나에서 민간인 사상자를 줄이려는 어떠한 노력도 기울이지 않았다. 러시아는 민간인 전체에게 지속적인 공포감을 조성하기 위해 비군사 시설들을 의도적으로 반복 공격했다.

앞서 언급했듯이 인간의 개입 없이 자율체계들만이 전투를 벌이는 무혈 미래 전쟁에 대한 상상은 공상과학소설의 오랜 영향을 받은 사람들의 마음속에 여전히 자리잡고 있다. 이론적으로는 이런 방식이 민간인들을 위험으로부터 더 안전하게 보호할 것처럼 보인다. 하지만 한쪽이 전쟁에서 완전히 승리한 후에는 어떤 일이 벌어질까? 민간인인 위구르족에 대한 AI 적용 사례는 매우 불길한 전조를 보여준다. AI가 거의 모든 인간관계와 행동을 감시하고 추적함으로써 인구 집단을 통제하는 데 활용될 수 있다면, 이러한 정보가 훨씬 더 사악한 목적을 위해 사용될 수 있지 않을까?

나치 홀로코스트 기간 동안 자행된 유대인 학살은 기독교 평화주의자들, 각계각층의 반나치 인사들, 그리고 인간 이하로 규정된 기타 집단들과 함께 지난 세기 가장 야만적인 만행이었다. 수세기에 걸쳐 과학과 예술 분야에 지대한 공헌을 해온 가장 문명화된 국가 중 하나로 오랫동안 여겨져 온 독일에서 이런 일이 벌어졌다는 사실은 우리로 하여금 깊은 성찰에 빠지게 한다. 그러나 가해자들의 입장에서 보면 이러한 대량학살 작업은 나치의 전쟁수행 능력에서 상당한 정보, 행정력, 자원을 전용해야 하는 일이었다. 사람들을 개별적으로 식별하고 분류해야 했으며, 점령 국가들의 인구 구성을 상세히 파악해야 했다. 방대한 양의 데이터를 수집하고 기록해야 했다. 그럼에도 불구하고 일부 사람들은 탈출에 성공했고 소수는 끝까지 생존할 수 있었다.

만약 AI를 활용했다면 그러한 과정이 얼마나 '더욱 효율적이고 정확하게' 수행될 수 있었을지 상상해볼 수 있다. 많은 사람들이 만약 나치가 핵무기 개발에 성공했다면 제2차 세계대전의 결과가 어떻게 달라졌을지 추측해왔다. 이제 아돌프 히틀러(Adolf Hitler)나 이오시프 스탈린(Joseph Stalin), 마오쩌둥(Mao Zedong) 같은 인물들이 AI 기술을 손에 넣었다면 무엇을 할 수 있었을지 진지하게 고려해볼 때가 되었다. 결국 이 모든 것은 상대방의 목적과 의도하는 표적이 무엇인지에 달려 있다.

전쟁에서 AI 사용을 방지할 수 있을까?

이는 국제법과 외교 영역에서 필연적으로 논의될 수밖에 없는 질문이다. 현재로서 답은 명확하다. 매우 가능성이 낮다는 것이다. AI가 일상생활에서 차지하는 비중이 커질수록 군사 분야에서도 더욱 광범위하게 사용될 것이다. 물론 시리(Siri)가 전투 수행에 관해 유용한 조언을 제공할 수는 없다. 챗GPT와 유사한 시스템들은 답을 찾기 위해 인터넷을 검색하지만, 웹상의 많은 정보가 부정확하다. 하지만 우리가 이 책 전반에 걸쳐 반복적으로 지적했듯이 군사적 의사결정을 지원하는 정보 데이터를 수집하고 분석하는 시스템들은 이미 현실에 존재한다. 민간용 시스템들이 기능적으로 개선되고 새로운 특성들을 추가함에 따라 군사 활용 분야 역시 개선될 것은 불가피해 보인다. 이미 지니가 병에서 나온 상태이고 빠르게 확산되고 있다.

AI는 현재 개발 진행 중인 차세대 무기체계에 내장되는 핵심 구성요소가 되고 있다. 3장과 4장에서는 현재 존재하거나 개발 중인 일부 시스템들에 대해 상세히 다뤘다. 8장에서는 전쟁법의 개요를 제시하면서 AI가 이를 어떻게 변화시킬 것인지 질문을 던졌다. 이미 상당한 추진력이 형성되었으며 실제로 우려를 공개적으로 표현할 수 있는 서구 민주주의 국가들에서 나오는 일부 우려의 목소리를 제외하면, 어떤 금지 조치나 조약을 위해서든 필수적인 협력을 제공해야 할 국가들은 통제 조치에 호의적이지 않은 것으로 보인다.

앞서 논의한 세 번째 가상 시나리오에서와 마찬가지로 침습적 감시 없이는 무기체계가 AI를 포함하고 있는지를 판단할 수 있는 알려진 방법이 없다. AI를 어떻게 정의하든 상관없이 말이다. 문자 그대로 해당 시스템의 디지털 코드 내부에 직접 접근해야 한다. 다른 방법으로는 무기체계의 생산 과정을 감시하는 것이 있다. 하지만 이런 감시는 지나치게 깊이 개입하는 방식이기 때문에 잠재적 적대국들이 그러한 감시에 동의할 가능성은 희박하다. 감시에 유용한 바로 그 도구들이 악성코드를 주입하는 데도 사용될 수 있기 때문이다. AI 사용을 방지하는 것은 실현 가능한 미래 시나리오에 포함되지 않는 것으로 보인다.

AI가 전쟁을 방지할 수 있을까?

AI 그 자체만으로는 가능성이 낮다. 분석 도구로서 AI가 지도자에게 승리 가능성이 낮다고 조언함으로써 억제력의 부가적 요소 역할을 할 수 있다는 것은 충분히 상상 가능하다. 가능한 모든 빅데이터를 수집하여 시스템은 금융업자들에게 특정 투자가 미래에 수익을 창출할 가능성이 있는지 조언하는 것과 동일한 방식으로 관련 비용과 위험 요소들을 식별할 수 있다. 그러나 이런 계산은 대립하는 군사력 간의 실제적인 균형 상태에 전적으로 의존할 것이다. AI는 세력균형을 인식할 수는 있지만 그것을 변화시킬 수는 없다.

따라서 전쟁 방지는 역사를 통해 실행되어온 전통적인 억제 요소들에 다시 의존할 수밖에 없다. AI는 단순히 의사결정을 위한 도구이거나 희망적으로는 의사결정을 하지 않도록 돕는 도구일 뿐이다. 클라우제비츠의 사상을 활용한다면, AI는 전쟁의 '성격'(전술과 작전)은 변화시킬 수 있을지 모르지만 전쟁의 '본질'은 바꾸지 못한다.

전쟁개시 시점에서 AI의 역할은 무엇이 될 것인가?

역사는 예상하기 어려운 사건들로 넘쳐난다. 가능성이 낮은 일이 실제로 발생할 가능성은 언제나 존재한다. 그러나 체계적인 연구와 인간사에 대한 지식을 통해 가장 가능성이 높은 미래를 예측할 수 있다.

AI가 독자적으로 전쟁을 개시할 가능성은 낮다. 가장 위험한 상황은 핵무기 보유국이 자국 핵무기고에 대한 통제권을 AI 지휘통제체계에만 전적으로 위임하는 경우일 것이다. 이는 우발적 발사의 위험성을 내재하고 있다. 군 최고 지휘부가 참수 공격을 당할 경우 소비에트 연방이 확실한 핵 보복공격을 보장하기 위해 '데드핸드' 시스템을 구축하기는 했지만, 대부분의 보고서들은 이 시스템이 인간이 무기에 대한 실질적 통제권을 여전히 보유하고 있는 통신체계로 간주한다. 설령 그것이 사실이라 하더라도 블라디미르 푸틴이 위협 전술의 일환으로 이 시스템을 재가동시켰다고 보도된 것은 우려스러운 일이다.

전쟁개시 결정이 내려지는 시기에 AI의 주된 역할은 분석 및 자문 기능을 지원하는 것이 될 가능성이 높다. AI는 의사결정자로 하여금 승리가 가능하다고 확신하게 만들 수 있는 빅데이터의 수집과 정리를 용이하게 할 것이다. 시리(Siri)가 세계 지도자에게 "지금 전쟁을 시작하라"고 직접 재촉하지는 않을 것이다. 하지만 가능한 모든 변수들을 포함한 수십만 건의 전쟁 시뮬레이션을 실행하는 AI체계를 통한 모델링과 시뮬레이션은 침략자로 하여금 위험 수준이 낮다고 설득할 수 있을 것이다. 바로 그 지점에서 억제가 실패할 것이다. 그러나 궁극적으로는 데이터를 신뢰하고, 전투 의지를 갖고, 전쟁을 개시하는 것은 여전히 인간의 선택 사항이 될 것이다.

실제 전쟁이 진행되는 동안에는 군사작전 수행에서 인간-기계 협업을 위해 AI가 활용될 것이다. 공학기술이 자율 플랫폼들의 성능을 향상시킴에 따라 완전자율 체계들도 전개될 가능성이 높다. 이러한 체계들의 운용 방식은 자율체계들이 인간의 완전한 감독 없이도 치명적인 무기를 사용할 수 있도록 허용해야 할 것인가라는 중요한 질문을 제기한다.

지금까지 미국 정부는 완전자율 체계, 즉 의사결정 루프에 인간이 포함되지 않은 체계가 살상 행위를 하는 것을 허용하지 않겠다는 확고한 정책을 세웠다. 안타깝게도 중국과 러시아는 같은 정책을 채택하겠다고 표명하지 않았다. 두 나라 모두, 특히 러시아는 전투체계가 완전히 자율적으로 작동하도록 허용할 강한 동기를 가지고 있다. 현재 세 나라 모두 AI 기반 무기체계가 어떻게 하면 효과적으로 자율적으로 작동할 수 있는지에 대한 실험을 수행하고 있다. 현재로서는 공학기술이 자율체계의 전장 지배를 꿈꾸는 사람들의 기대치를 충족하지 못하고 있다. 하지만 언젠가는 그 기대치에 도달하지 못할 것이라고 생각할 이유가 없다.

핵심적인 질문은 이것이다. 미국과 동맹국들이 "인간이 의사결정 루프에 반드시 포함되어야 한다"는 확고한 원칙을 고수하면서도 그렇지 않은 잠재적 적국들로부터 자국을 효과적으로 방어할 수 있을 것인가? 인간의 OODA 루프 속도로는 도저히 따라갈 수 없기 때문에 우리가 전투 작전에서 말 그대로 "자율화로 내몰리는" 상황에 처해있는 것은 아닐까?

어쩌면 미래의 전쟁을 처음부터 자율화된 상태로 만들어버릴 상징적 의미의 '아마겟돈 알고리즘'이 지금 이 순간에도 발전하고 있는지도 모른다. 이는 국민 전체가 참여하는 진지한 논의가 반드시 필요한 문제다.

CHAPTER

10

제3차 세계대전은 과연 끝날 것인가?

만약 그렇다면, 어떻게?

전쟁을 시작할 권력을 가진 지도자들은 종종 전쟁을
끝낼 권력은 부족하다는 사실을 뒤늦게 깨닫게 된다…
군사작전에서는 수천 명의 인력이 수년에 걸쳐
개별 작전계획을 세우고, 특정 장비의 효과를 계산하며,
각 지역의 적군 전력을 분석하는 작업에 투입된다.
하지만 문제는 여기에 있다. 보통 극소수의 고위 장교나
민간 전문가들만이 이 모든 세부 정보를 종합하여
전체적인 전략 분석을 할 시간과 기회를 갖는다.
바로 이러한 종합 분석이 '전쟁을 어떻게 성공적으로 끝낼
것인가'라는 핵심 질문에 대한 답을 제시할 수 있는 것이다.

프레드 찰스 이클레(Fred Charles Ikle),
『모든 전쟁은 끝나야 한다(Every War Must End)』, 1971년

CHAPTER 10

제3차 세계대전은 과연 끝날 것인가? 만약 그렇다면, 어떻게?

단기적으로 군사 AI의 주요 역할은 정보 분석, 전쟁 시뮬레이션 반복 실행, 그리고 인간 지휘관의 의사결정 지원이 될 것이다. 만약 이러한 AI가 침략 성향을 가진 지도자들에게 '목표 달성이 가능하다'는 확신을 준다면, 동시에 의사결정자들에게 '전쟁을 어떻게 끝낼 것인가'에 대한 조언도 제공할 수 있지 않을까?

평화의 알고리즘?

로널드 레이건 행정부에서 국방 관리로 일했던 프레드 이클레(Fred Ikle)는 중요한 통찰을 제시했다. 그에 따르면 전쟁을 끝내는 것은 전쟁을 시작할 때와는 완전히 다른 사고와 감정이 필요하다는 것이다. 특히 그 결과가 명백한 패배로 이어질 가능성이 있다면 더욱 그렇다. 한편 AI체계들은 이전에는 수천 명의 인력이 수년에 걸쳐 해야 했던 '적군 전력 분석(estimates of enemy strength)'과 같은 복잡한 작업을 훨씬 빠르게 처리할 수 있도록 설계되었다. 이러한 AI체계들은 인간 분석가들이 투입해야 하는 엄청난 시간과 노력을 대신하기 위해 개발되었다. 전쟁 초기 단계에서 AI체계는 가능한 결과들을 매우 빠르게 계산할 수 있다. 전쟁이 진행되는 동안 실제 작전에서 얻어지는 방대한 데이터가 축적될수록 AI는 이를 활용하여 전쟁 결과에 대한 더욱 정확한 예측을 제공할 수 있어야 한다.

그러나 평화 시기의 안정적인 환경에서 "과거 데이터를 바탕으로 예측하는" 알고리즘이 실제 전투의 혼란스러운 환경에서도 동일하게 작동할 수 있을지는 확실하지 않다. 실전 환경에 맞춘 AI를 만들려면 수천 줄의 추가 코딩과 데이터 라벨링 작업이 더 필요할 것이다. 이 AI는 '전쟁의 안개' 속에서도 정확한 판단을 내려야 한다. 즉 불완전하고 잘못될 가능성이 높은 정보만으로도 계산해야 한다는 뜻이다. 더 근본적인 문제들도 있다. 과연 '평화'를 어떻게 정의하고 구분할 것인가? 그리고 만약 전쟁 초기의 결과 예측이 틀렸다면, 의사결정자들이 '언제 전쟁을 끝낼 것인가'에 대한 AI의 계산 결과를 왜 믿어야 하는가?

이러한 계산들은 인간과 기계가 협업하여 이루어질 가능성이 높다. 인간이 계산 과정에 전혀 참여하지 않고, 블랙박스와 같은 체계의 예측을 맹목적으로 따를 것이라고 보기는 어렵다. 그런데 문제는 인간-기계 협업이 계산에 감정적 요소들을 끌어들인다는 점이다. 예를 들어 '끝까지 싸워야 한다'는 문화적 의무감, 자신의 신념이나 조국을 배신하는 것처럼 보이고 싶지 않은 욕구, 패배가 예상되는 상황에서도 계속 싸우는 것에 대한 낭만적 환상 같은 것들 말이다. 특히 의사결정자가 '증오하는' 적과 항복이나 협상을 해야 한다고 기계가 조언할 때, 이를 냉정하게 받아들일 가능성은 낮다.

이러한 문제는 '결코 끝나지 않은 전쟁들'의 존재에서 잘 드러난다. 이클레의 연구는 1914년부터 1956년까지 벌어진 전쟁들을 분석한 것이다. 한국전쟁이 대표적인 사례다. 1950년부터 1953년까지 가장 치열한 전투가 벌어졌지만, 북한 독재 정부는 이 전쟁이 끝났다는 사실을 지금까지도 인정하지 않고 있다. 북한에게 현재 상황은 단지 '임시 휴전'일 뿐이다. 언제든지 전투가 재개될 수 있다는 이러한 논리는 북한이 군사를 최우선시하고, 민간인 일부를 굶어 죽게 방치하는 것을 정당화하는 근거가 되고 있다.

중국공산당과 국민당 사이의 중국 내전도 마찬가지로 아직 끝나지 않았다. 현재 국민당은 더 이상 대만에서 집권하지 않고 있지만, 중국공산당의 대만에 대한 집착은 여전하다. 이는 주로 내전을 '절대적 승리'로 마무리함으로써 중국을 통치할 정당성을 완전히 증명하고자 하는 욕망에서 비롯된다.

이제 가상의 상황을 생각해보자. 우주의 모든 가능한 정보를 수집하고, 편집하고, 분석할 수 있는 완벽한 AI체계가 있다고 상상해보라. 과연 이러한 AI가 제공하는 부정적인 전쟁 예측이 양쪽 모두로 하여금 전쟁 자체를 포기하게 만드는 역사적 성과를 달성할 수 있을까?

근미래 시나리오로의 복귀

총서기의 AI 의사결정 지원 시스템은 실제 정보 데이터를 바탕으로 전쟁 결과를 예측하기 위해 수초 내에 수백만 가지 전쟁 시나리오를 시뮬레이션하고 분석할 수 있었다. 이 시스템에는 중국인민해방군(People's Liberation Army)의 방대한 정보·감시·정찰 네트워크가 연결되어 있었다. 수천 개의 정보 센서들은 위성, 본토의 지상기지와 해외 전진기지, 유인 함정과 잠수함, 항공기, 그리고 모든 영역의 수천 개의 원격 조종 및 자율 무인 차량 내부에 배치되어 있었다. 이 모든 센서들은 지속적으로 업데이트되는 사이버 데이터베이스와 통합되어 운영되고 있었다.

성공 확률이 높다는 AI 계산 결과를 받은 후 총서기는 전쟁을 결정했다. 초기 단계에서는 전투가 유리하게 진행되는 듯했다. 하지만 전쟁에는 항상 세 가지 불확실한 요소 안개(fog), 마찰(friction), 우연(chance)이 존재한다. '안개'는 정보 부족이나 잘못된 정보에 의존하면서 생기는 혼란이다. 총서기의 정보·감시·정찰(ISR) 네트워크를 구성하는 많은 센서들이 파괴되고 정보가 차단되었다. 그는 자신이 받는 정보의 품질에 대해 확신을 잃기 시작했다.

'마찰'은 적의 공격뿐만 아니라 시스템의 복잡성과 예상하지 못한 상황에 직면하면서 발생하는 전투 시스템의 고장을 의미한다. 매끄러운 바닥을 가로질러 무거운 물체를 밀다가 갑자기 카펫을 만나는 상황을 상상해보라. 마찰이 급격히 증가한다. 마찰이 커질수록 결과는 더욱 예측하기 어려워진다.

총서기의 AI체계는 처음부터 마찰의 가능성을 고려했지만, 예상치 못한 장애물들과 적의 뜻밖의 행동들이 추가적인 마찰을 만들어냈다. 매끄러운 바닥 어딘가에 숨겨진 카펫이 있었던 셈이다. 진행 상황이 세부 계획대로 되지 않자 그는 좌절감을 느끼고 있다.

'우연'은 진정으로 예상할 수 없는 무작위 사건들의 발생이다. AI체계는 수천 번의 시뮬레이션을 통해 확률을 계산하고 가능성을 파악할 수 있다. 이것이 우연의 모든 요소를 설명할 수 있을지도 모르지만, 우연은 종종 논리적 계산과 반대 방향으로 흘러간다.

유능한 기획자들은 우연성을 반드시 고려해야 한다는 점을 잘 알고 있다. 하지만 그렇게 하려면 기획자들이 사실상 자신의 판단을 의심해야 한다. 과연 AI 알고리즘에게 자신의 답을 믿지 말라고 가르치는 것이 가능할까? 컴퓨터에게 자기 자신을 의심하라고 훈련시키는 것이 얼마나 어려울까? 아직까지 누구도 이를 성공적으로 해내지 못했으며, 이는 나중에 더 자세히 다룰 문제다.

더 많은 예상치 못한 사건들이 발생한 후 AI 정보체계들은 이제 총서기 군대의 패배 가능성이 높다고 예측한다. 그는 전쟁을 끝낼 것인가? 만약 패배한다면 전통적인 중국 문화에서 그는 더 이상 통치할 정당성을 잃을 수 있고, 다른 이들이 그의 권위에 도전할 시기가 올 것이다. 이는 전통 문화와 관계없이 일어날 가능성이 높다. 아니면 자신의 패배가 거의 확실하다는 것을 알면서도 계속 싸울 것인가?

이것이 바로 1942년 말 일본 제국 정부가 내린 결정이었다. 미국과 그 동맹국들을 패배시킬 현실적인 방법이 없다는 것을 인식한 후에도 말이다. 일본은 적군들이 그냥 전투를 멈출 것이라는 희망으로 계속 싸웠다. 적군들이 멈추지 않을 것이 명백해졌을 때 절망적인 작전들이 실행되었다. 가미카제, 자살 돌격, 그리고 포로가 되기보다는 스스로 목숨을 끊는 민간인들이 그것이다. 일본 제국군이 전투를 멈추도록 설득하는 데 두 개의 핵폭탄이 필요했다.

아이러니하게도 가미카제는 궁극적인 인간-기계 협업으로 볼 수 있다. 조종사가 폭탄 안에서 유도 시스템 역할을 했기 때문이다. 이것은 현재 AI 활용에서 구상하는 것과 정확히 일치하지는 않지만, 깊이 생각해볼 만한 흥미로운 관점이다.

시나리오 대 범용인공지능(AGI, Artificial General Intelligence)

우리가 강조하고자 하는 핵심은 AI 그 자체만으로는 전쟁을 방지하거나 종료할 수 있다는 설득력 있는 근거가 존재하지 않는다는 것이다. 더욱 중요한 점은 AI 그 자체만으로는 아무것도 할 수 없다는 사실이다. 군사화된 AI는 결국 인간이 다른 인간을 통제하기 위한 도구에 불과하다.

우리는 범용인공지능이 가까운 미래에 등장하지 않을 것이라고 보지만, 다른 이들은 동의하지 않을 수도 있다. 따라서 이런 가정적 질문을 던져볼 필요가 있다. 만약 범용인공지능, 즉 인간의 개입을 전혀 필요로 하지 않는 극도로 발전된 AI가 의사결정권을 갖는다면 어떨까? 과연 전쟁이 끝날 것인가? 아니면 전쟁이 아예 일어나지 않을 것인가?

범용인공지능의 극단적 지지자들 중에는 모든 의사결정을 기계에 맡기는 것을 고려하는 이들이 있다. 한 지지자의 주장에 따르면, AI는 "인간이 지금까지 할 수 있었던 것보다 세상을 더 잘 운영할 수 있다"고 한다.[1] 그렇다면 이것이 AI가 인간보다 전쟁을 더 효과적으로 시작하고, 수행하고, 종료할 수 있다는 의미일까? AI는 잠재적으로 인간보다 전쟁을 더 효과적으로 끝낼 수 있을 것이다. 목표를 달성할 수 없다고 계산하면, 패배가 임박했다고 판단하면, 소요되는 비용이 이익을 초과한다고 분석하면, AI는 감정적인 이유로 전쟁을 지속할 근거가 없기 때문이다.

물론 범용인공지능 지지자들 대부분은 그러한 AI 기계가 영화 속 할(HAL)처럼 자각, 의식, 또는 '특이점'을 개발할 수 있다고 믿는다('특이점'은 그들이 선호하는 용어다). 그렇다면 오히려 더 위험한 상황이 벌어질 수 있다. AI가 실수를 인정하는 것을 피하기 위해 전투원이 한 명도 남지 않을 때까지 전쟁을 끝내지 않을 수도 있다. 자율체계든 인간이든 상관없이 말이다. 더 나쁜 시나리오는 AI가 모든 논리에 따라 인간 전투원들을 제거함으로써 전쟁을 '끝내는' 것이다.

이러한 우려는 일론 머스크, 스티브 워즈니악, 고 스티븐 호킹 및 다른 전문가들이 범용인공지능의 미래에 관해 제기해온 잠재적 위험과 일맥상통한다.

시나리오: 더 먼 미래의 AI와 자율성

갑작스러운 공격이 인간과 기계 모두를 놀라게 했다. 권위주의 국가들과 민주주의 국가들 모두 군사 AI에 대한 투자를 극대화했다. 그들은 자율 무인항공기, 무인지상 플랫폼(함정과 전차), 무인잠수정, 그리고 무인 위성 네트워크와 기계 속도 사이버전 도구와 같은 무인체계들로 구성된 함대를 편성했다. 자율체계에 거의 전적으로 의존하는 것에 대한 정당화 근거는 다음과 같았다.

- 자율체계와 성공적으로 교전하기 위해 필요한 OODA 루프(관찰-판단-결심-행동, Observe-Orient-Decide-Act)를 완료하는 데 필요한 속도
- 인명 손실을 줄이기 위해 인간을 전장에서 배제하려는 의도
- 자율체계가 성공적으로 전쟁을 억제하거나 신속한 승리를 제공할 것이라는 기대
- 군 복무 연령 인구의 부족이나 병력 모집의 어려움
- 기계가 "정치적으로 더 신뢰할 만하다"는 판단
- 자율체계 간의 전쟁이 민간 사회로부터 격리되어 민간인의 생명과 재산을 보호할 것이라는 전제
- 자율체계 간의 전쟁이 덜 살상적일 것이라는 인식
- 전쟁이 인간의 감정과 분리되어 더 이상 개인의 공포, 명예심, 또는 야망에 의해 추진되지 않게 되어 전쟁 발발 가능성이 낮아질 것이라는 희망
- 한쪽의 로봇 지상군과 해군이 패배하면, 패배한 쪽이 억압적인 체제를 강요하지 않을 적의 온건한 요구에 평화롭게 굴복할 것이라는 착각

이러한 정당화들은 군사혁신(RMA)의 궁극적인 형태, 즉 인간 전투

원을 거의 완전히 기계로 대체하는 혁명적 변화를 불러왔다. 이것은 평화로운 세계라는 더 큰 목표를 향한 분명한 진전으로 여겨졌다. 하지만 전투원이 인간이든 기계든 상관없이 교전국들의 전략적 목표는 변하지 않는다. 전쟁을 시작한 국가들은 궁극적으로 평화를 추구하지만, 자신들의 목적이 실현되고 우위를 점하는 평화를 원한다.

이 시나리오에서도 전략 목표는 동일했다. 총서기는 중국 내전의 종료만이 가져올 수 있는 평화를 원했다. 그의 거대한 자율무인 함대가 대만해협의 100해리(185km) 폭을 신속히 건너 공격할 태세를 갖추고 있다. 이 함대는 무인 함정, 항공기, 미사일, 상륙 전력, 지상 전투 차량으로 구성되어 있었다.

억제력으로 배치된 것은 미국, 일본, 호주 및 기타 동맹국의 무인 잠수정과 무기체계로 구성된 수중 전력이었다. 하지만 이 부대는 더 많은 자율무인 무기체계가 작전 지역에 전개될 때까지 해협 도하를 지연시키는 '트립와이어(trip-wire)' 역할을 하도록 설계되었다. 그런데 모든 기계 장비와 마찬가지로 자율 무기도 정비, 전면 정비, 개보수, 업그레이드를 받아야 한다. 이러한 활동의 비용은 상당히 높고, 긴축 예산이나 과도하게 확장된 국방예산 기간에 종종 연기된다. 현재의 유인 함정과 항공기도 이라크와 아프가니스탄 작전에 국방비 대부분이 투입된 후 수년간 연기된 정비로 정비 적체에 직면한 채 전투준비태세를 유지하고 있다.

미래에도 유사한 상황을 감지한 총서기의 AI 의사결정 지원체계는 적의 정비 적체가 최대이고 전투준비태세가 최저인 시점을 예측했다. 이러한 계산은 침략자가 공격할 논리적 시점을 제시했고, 그 결과 적의 기계뿐만 아니라 인간도 기습을 당했다.

하지만 그러한 기습이 반드시 장기적 우위를 제공하지는 않는다. 아마도 전세를 기울일 정도로만 충분할 뿐이다. 많은 동맹국의 자율체계가 교전 지역에 진입하기 위해 장거리 이동을 해야 하기 때문이다. 장거리 이동은 AI에 의해 최적화된 위성정찰 타격네트워크가 유도하는 장사정 공격에 더 취약하게 만든다. 기술적으로 대등한 자율체계간 교전에서 전투는 소모전이 된다. 체계들이 복잡하지만 AI에 의해 정밀하게 계산된 작전계획에 따라 적 체계를 파괴하는 것이다.

하지만 전쟁의 어느 시점에서 자율체계들은 소모된다. 체계가 체계를 파괴했기 때문이다. 양국의 방위산업이 대체품을 제작하려고 시도하지만 체계들은 복잡하다. 적시적인 생산 방식은 창고에 대체 부품의 대량 재고가 없다는 것을 의미한다. 사실 원래 사용된 부품과 전자회로는 본래 적국에 의해 공급된 것이었다. 공급량은 적당한 수요조차 충족시킬 수 없다.

그렇다면 어떻게 종료되는가? 양측이 그냥 교전을 중단하고 현상유지를 수용하는가? 아니면 전쟁이 인간이 다시 인간과 교전하는 제2단계로 진입하는가?

시나리오를 더 전개해 보면, 인간 해병대원들이 100해리 해협 횡단 작전을 위해 인간이 조종하는 상륙함정에 탑승하기 시작한다. 위험에 처한 섬의 주민들은 제2차 세계대전에서 윈스턴 처칠(Winston Churchill) 영국 총리가 다짐했듯이 “해변에서 싸우고... 상륙지점에서 싸우고, 들판과 거리에서 싸우며 결코 항복하지 않을” 것인지 결정해야 한다. 아니면 항복을 선택한다면, 자국민을 대상으로 완성한 AI 사회 통제체계로 무장한 점령군이 그들의 사회에 무엇을 가할지 이해할 수 있을까?

전쟁의 안개 수용하기: 의심과 불완전한 정보

'의심'은 오늘날 AI체계가 보여주지 못한 인간의 고유한 능력이다. AI는 과거 데이터를 기반으로 예측하고, 방대한 데이터를 처리하여 인간이 모두 처리할 수 없는 환경에서 의사결정을 지원하도록 설계되었다. 그렇다면 이러한 체계가 의심을 경험하도록 프로그래밍할 논리적 이유가 있을까? AI의 목적은 기계에 가까운 속도로 의사결정을 돕는 것이다. OODA 루프(관찰-상황판단-결심-행동)는 OODDA 루프(observe-orient-decide-doubt and think again-act, 관찰-상황판단-결심-의심 및 재고-행동)가 아니다. 의심은 AI를 사용하는 본래 목적과 모순되는 것처럼 보인다.

여기서 인간-기계 협업이 기계 단독보다 더 큰 가치를 발휘한다. 앞서 언급한 첫 번째 시나리오에서 우리는 '전쟁의 안개' 영향을 살펴봤다. 이는 두 대립 세력이 서로 다른 계획을 가지고 만날 때 발생하는 마찰을 의미한다. 특히 인간이 비논리적인 행동을 할 때 우연도 요인이 된다. 일부 군사 분석가들은 센서 네트워크, 컴퓨터 간 데이터 전송 통신체계, AI 의사결정 도구와 같은 현대 기술이 전쟁의 안개를 실제로 걷어낼 수 있다고 주장했다. 하지만 1990년대에 그 가능성을 제안한 사람들은 이후 20년 동안 실망했을 것이다. 상당한 기술 발전에도 불구하고 안개는 여전히 존재한다. 그들의 대답은 "더 많은 기술이 필요하다"는 것일 수 있다. 결국 우리는 올바른 역량을 갖추게 될 것이라고 말이다.

하지만 그 대답은 두 가지 중요한 질문을 제기한다. AI체계가 제한된 정보 접근으로도 효과적으로 작동할 수 있는가? 정보가 너무 제한되어 있는 상황에서 인간이 전쟁의 안개를 받아들이고 자신의 계획을 의심할 수 있다면, AI보다 가용 정보를 더 효과적으로 연결하고 이해할 수 있는 시점이 있는가?

현재 AI체계는 방대한 양의 정보에 대한 자유로운 접근을 전제로 운영된다. 즉 제한없는 빅데이터 환경에서 작동한다는 뜻이다. 딥블루(Deep Blue), 딥마인드(DeepMind), IBM의 왓슨(IBM Watson)과 같은 시스템은 TV 퀴즈쇼 제퍼디!(Jeopardy!), 체스, 바둑에서 인간을 이겼다. 이들은 모두 완전한 정보 조건하에서 운영되었다(그리고 여전히 그렇게 하고 있다). 게임의 모든 규칙이 알려져 있고, 경쟁 중 규칙 변경은 없으며, AI는 모든 가능한 움직임을 배우고 알도록 훈련된다. AI를 활용하는 목적은 규칙에 따라 허용되는 모든 조합을 식별하고, 수천 번, 아마도 수백만 번의 움직임을 통해 모든 가능성을 결정하는 것이다. 사실상 완벽할 때까지 연습하는 셈이다.

아무도 그것을 할 수 없다. 노암 촘스키(Noam Chomsky)는 이것을 불도저가 역도 선수와 경쟁하는 것에 비유했다. 운이 작용할 수 있는 텍사스 홀덤 포커에서도 플레이된 카드의 수는 유한하다. 컴퓨터는 어떤 카드가 플레이되었고 어떤 카드가 남아 있는지를 알고 있으며, 모든 가능한 다음 수를 계산할 수 있다. 또한 인간보다 '카드 카운팅'을 더 잘 할 수 있다.

하지만 게임 도중에 규칙이 바뀌면 어떻게 될까? 체스에서 폰이 단순한 도구가 아니라 왕만큼 가치 있게 된다면? 동일한 알고리즘이 적응할 수 있을까? 더 복잡한 상황을 생각해보자. 인간 플레이어가 체스 게임 중에 갑자기 체커판을 꺼내면 어떻게 될까? AI 기계는 체커를 한 번도 해본 적이 없다. 모든 가능한 체커 조합을 계산하도록 훈련되지 않았으며, 게임 자체를 인식하지 못한다. 이제 불완전한 정보의 환경에 직면하게 된다. 인간이 다른 인간과 경기를 한다면 체커는 잘 알려진 인간 게임이기 때문에 적응할 가능성이 높다. 인간은 완전히 예상치 못한 움직임에 대응할 수 있다.

현재까지 그러한 일을 할 수 있는 AI체계는 개발되지 않았다. 이론적으로는 각각 개별 게임에 대해 개별적으로 훈련된 여러 AI체계를 결합하여 모든 알려진 게임을 처리할 수 있는 통합 AI 엔진을 만들 수 있을 것이다. 하지만 각 게임에는 고정된 규칙 세트가 있다. 경기 중에 규칙은 바뀌지 않아야 한다.

부수적인 질문을 하자면 실제로 그러한 기계를 만드는 것이 가능하더라도, 총 비용—코딩, 부품, 인력, 대출과 벤처 자본, 잃어버린 재정적 기회까지 포함하여—을 감안할 때 누가 그것을 감당할 수 있을까? 바둑 고수를 이기기 위해서만 10억 달러가 들었다.

그러나 전쟁은 불완전한 정보의 환경에서 싸우는 노력이다. 고급 센서를 사용하더라도 상대방의 마음속에 무엇이 있는지 완전히 알 수는 없다. 전쟁에는 다음과 같은 특징이 있다. 상대방은 예상대로 행동하지 않을 수도 있다. 고정된 규칙은 없다. 상대방은 특정 전쟁 법규를 따를 필요조차 없다(테러리스트 그룹에 속한 전투원들은 그것을 따르지 않는다).

자율 AI체계의 사용은 인간에게 전쟁 법규를 조정해야 한다고 설득할 수도 있지만, 조정을 하는 것은 인간이며 다른 인간이 그 조정을 따를 것이라는 보장은 없다.

기만 추가하기

기술적으로 유사한 두 세력이 서로 싸울 때 어떤 일이 발생할까? 두 세력이 모두 전쟁의 안개를 걷어내려 하면서 동시에 기만 기술을 사용하여 더 많은 안개를 만들어낸다. 안개를 걷어내려는 시도가 단순히 더 많은 기만을 초래할 수도 있다.

고대 중국의 위대한 현자이자 손자병법의 저자인 손자는 "모든 전쟁은 기만이다"라고 단언한다. 기만은 AI 연구에서 아직 충분히 탐구되지 않은 요소이다. 대부분의 상업적 AI 사용자들은 기만을 다룰 인센티브가 없다. 예를 들어 구글(Google)은 사용자가 클릭하는 웹사이트에 실제로 관심이 있다고 가정한다. 사용자가 알고리즘을 혼란시키기 위해 관심 없는 사이트를 클릭한다고는 가정하지 않는다. 구글은 한 명의 사용자가 그렇게 하는 것을 처리할 수 있다. 이는 방대한 데이터 바다에서 한 방울에 불과하기 때문이다. 하지만 수백만 명의 사용자가 그렇게 한다면 어떨까? 구글은 광고주에게 구매 가능성이 있는 고객을 제공한다고 어떻게 보장할 수 있을까? 잘못된 고객에게 도달할 가능성이 있다면 왜 구글에 광고를 해야 할까? 구글이 기만이 문제라고 인정한다면, 그것은 사업 모델이 결함이 있음을 인정하는 것이 된다. 따라서 기만을 깊이 조사할 인센티브가 거의 없다.

구글이 위 상황을 고려했는지는 알 수 없지만, 우리는 AI체계에 대한 기만의 영향을 AI 커뮤니티의 여러 리더들과 논의했다. 일부는 AI 알고리즘이 패턴을 찾고 이상치를 식별하도록 설계되었기 때문에 기만이 사실상 불가능하다고 주장했다. 기만을 뚫기 위해 필요한 것은 더 많은 빅데이터일 뿐이다. 충분히 정확한 데이터가 있으면 '진정한' 패턴에 맞지 않는 이상치를 찾을 수 있다는 것이다.

이론적으로는 그럴 수 있지만, 이는 전쟁 시작 시 가장 큰 양의 정확한 데이터를 가지고 있다는 전제를 깔고 있다. 적이 기만 데이터를 생성하고 모든 데이터가 불완전한 상황에서 어떻게 더 '정확한' 빅데이터를 얻을 수 있을까?

다른 사람들은 상업 세계가 자신들의 사업에 영향을 미치지 않는다고 가정하는 문제를 해결하기 위해 많은 자원을 쓸 인센티브가 없다고 인정했다. 문제를 해결하는 데는 비용이 들기 때문이다. 그러나 이는 정보 커뮤니티가 많은 관심을 가져야 할 문제임에 틀림없다.

AI의 전쟁에서의 영향력 합산하기

마지막 장에서는 AI의 군사적 활용과 전쟁에서의 역할에 관한 모든 문제를 요약할 것이다. 그러나 여기서는 AI가 대대적으로 사용되는 제3차 세계대전이 어떻게 끝날 것인가에 대한 특정한 질문에 초점을 맞추고자 한다.

인간-기계 협업을 통해 의사결정을 지원하는 형태의 AI는 스스로 전쟁을 시작하지 않을 것이다. 단독으로 의사결정 권한을 주는 것이 아니기 때문이다. 마찬가지로 전쟁을 끝내지도 않을 것이다. AI가 점점 더 중요한 역할을 할 수 있는 여러 가지 가능한 시나리오들이 있다. 중국의 대만 침공 외에도 다음과 같은 경우들을 생각해볼 수 있다. 예를 들어 푸틴화된 러시아가 우크라이나 정복을 계속 시도하는 경우, 이란이 사우디아라비아와 충돌하는 경우(예멘의 후티족과 같은 대리인을 사용할 수도 있음), 파키스탄이 다시 인도와 싸우는 경우 등이다. 이 외에도 너무 많은 시나리오들이 있어 여기서 모두 언급할 수 없다. 그러나 어떤 경우에서도 AI의 분석 때문에 의사결정자들이 전쟁을 멈출 것 같지는 않다. 내부 정치적 요인과 감정이 너무 크게 작용하기 때문이다.

자율체계 형태의 AI는 미래 전쟁에서 점점 더 중요한 역할을 할 것이다. 그렇다면 이러한 전쟁이 인간이 다른 인간과 직접 싸우지 않는 자율체계 간의 충돌이 될 수 있을까? 수많은 공상과학 이야기에서 그려진 이 이미지는 당분간 공상과학으로 남을 것이다. 소수의 기계 간 교전이 전장이나 바다에서 벌어질 수는 있지만, 이는 (대부분) 인간 대 인간 싸움의 맥락에서 이루어질 것이다.

스타워즈 시리즈 영화와 다른 미디어에서처럼 가장 가능성 있는 먼 미래의 전투 시나리오는 자율체계와 함께 인간이 다른 인간과 싸우는 것이다. 우리가 논의한 개념 중 하나는 미 공군이 개발 중인 '충성스러운 윙맨(loyal wingman)' 프로그램이다. 이 프로그램에서는 무인 '협업 전투항공기' 편대가 공군 F-35 전투기의 윙맨 역할을 하게 된다.[2)]

인간이 기계를 윙맨으로 두고 리드할지(현재 개발 중인 방식) 아니면 기계가 리드하고 인간이 윙맨으로서 적의 첫 번째 목표가 될지는 AI의 미래 능력에 달려 있다. 하지만 어떤 경우든 이는 확실히 전사와 무기간의 지속적인 협력을 의미한다.

자율 무기와 방위산업 및 혁신 기반

기계-기계 전투나 인간-기계 협업 전투에서 나타나는 한계 중 하나는 방위산업이 전쟁 중 발생하는 손실을 얼마나 빨리 보충할 수 있느냐 하는 문제이다. 이는 현재 미국이 직면한 심각한 문제로 방위산업이 대규모로 통합되고 동시에 부품 제조를 해외로 아웃소싱했기 때문이다. 냉전 종료 이후 미국 항공우주 및 주요 방위 계약업체의 수가 51개에서 5개로 급격히 감소했다고 미 국방부는 발표했다.[3] 이러한 생산 능력 감소 문제는 우크라이나 상황에서 더욱 명확히 드러났다. NATO 국가들이 러시아와 맞서 싸우는 우크라이나의 높은 탄약 소비량을 따라잡지 못하고 있는 현실이 이를 보여준다.

더 먼 미래의 시나리오를 생각해볼 때 중요한 질문이 있다. 기계-기계 전쟁에서 높은 소모율을 보이는 자율체계에 대한 수요를 과연 어느 국가가 충족할 수 있을 것인가 하는 것이다. 비용 관점에서 보면 정교한 AI로 제어되는 전투 플랫폼이 반드시 유인 차량보다 저렴하지 않을 수 있다. 실제로 프레데터(Predator)와 트리톤(Triton) 같은 가장 성능이 뛰어난 무인항공기들은 기존의 유인항공기와 비슷한 크기를 가지고 있다. 국방부가 AI 도입을 추진하는 이유 중 하나는 장기적으로 인건비를 절감하기 위해서이다. 이는 상업 분야에서 AI를 사용하는 주된 목적, 즉 인력을 줄이려는 것과 동일하다.

손상되거나 파괴된 자율체계를 얼마나 빨리 교체할 수 있느냐가 기계-기계 전쟁에서 결정적인 요소가 될 수 있다. 손실을 더 빨리 보충할 수 있는 측이 점차적으로 우위를 차지하게 될 것이다. 따라서 방위산업 기반 자체가 전쟁에서 가장 중요한 무기 역할을 하게 될 것이다. 반대로 자율체계의 생산 속도가 소모 속도를 따라가지 못한다면 전쟁 양상은 다시 인간 병력 간의 전투 형태로 되돌아갈 것이다.

오늘날 가장 현실적인 결과는 다음과 같다. 분석가들은 중국과의 전쟁이 발발할 경우 미국이 보유한 정밀무기 재고를 단 2주 만에 소진할 것이라고 예측해왔다. 이러한 스마트 무기들은 미래의 AI 제어 자율 무기를 대변하는 것으로 볼 수 있으며, AI 무기 역시 비슷한 소모율에 직면할 것이다. 하지만 어느 쪽도 모든 정밀무기(또는 대부분의 정밀무기)가 떨어졌을 때 전투를 중단할 것임을 시사하지는 않는다. 오히려 전투는 '덜 똑똑한' 폭탄을 사용하는 방향으로 전환될 것이다. 이는 자율 무기 재고가 고갈되었을 때 미래에 일어날 가능성이 높은 상황일 것이다. 전쟁은 계속될 것이다.

일부에서는 러시아와의 전쟁에서 우크라이나 정부에게 스타링크(Starlink) 인터넷 서비스를 제공한 사례에서 교훈을 찾으려 하고 있다.[4] 스페이스X는 전 세계 외딴 지역에 인터넷 브로드밴드 서비스를 제공하기 위해 수천 개의 소형 스타링크 위성을 발사했다. 스페이스X/스타링크의 CEO인 일론 머스크(Elon Musk)는 우크라이나 정부에 스타링크 수신기를 제공하기 시작하면서 상당한 언론의 관심을 받았다.[5] 이후 그는 비용 문제를 이유로 서비스를 중단하겠다고 경고했으나, 대중의 반발에 부딪혀 결국 서비스를 계속 제공하게 되었다.

논리는 스타링크 위성 배치와 유사한 방식으로 소형 자율 무기체계인 나노무기(nanoweapons)를 전쟁 이전에 대량으로 생산하고 배치하여 적대 행위 중 생산량 증대 부담을 줄일 수 있다는 것이다.[6] 2022년 11월 기준으로 궤도상에는 각각 573파운드(260kg)의 무게를 갖는 3,271개의 스타링크 위성이 있었다. 스페이스X는 총 42,000개의 이러한 위성들을 발사할 계획이다. 그러나 본질적으로 인터넷 중계 반사체와 트라이튼(Triton)과 같은 정교한 무인항공기(UAV) 간의 규모 역량과 비용을 비교할 때 이 논리는 설득력을 잃는다. 2023년 2월 스페이스X 관계자는 우크라이나의 스타링크 '무기화'를 규탄했는데, 이는 명령 전달과 정보 데이터 송신에 사용된 것으로 추정된다.[7]

우리의 분석은 상당한 성능을 갖춘 자율 무기체계가 단기간 내에는 비교적 높은 비용을 유지할 것이며 보유 수량 또한 제한된 수준을 유지할 것이라고 결론짓는다. 하지만 대립하는 양측이 방위산업 역량에서 대등하다면, 기계 대 기계 전쟁이 문자 그대로 영원히 지속될 수 있을까? 이러한 발상은 최소 1세기 전까지 거슬러 올라가는 공상과학 소설들의 줄거리다.

전쟁은 반드시 끝나야 하는가?

프레드 이클레(Fred Iklé)는 모든 전쟁은 반드시 끝나야 한다고 제안했지만, AI가 핵심적인 역할을 하는 전쟁은 과연 어떨까? 이클레의 분석은 1980년대에 완료되었는데, 이는 공공 인터넷이 폭발적으로 성장하고 사이버 공간이라는 매체에 대한 상업적 의존도가 증가하기 이전 시기였다. 그 이후 사이버 공간은 갈등의 영역이자 첩보 활동의 수단이 되었다. 사이버 전쟁은 다른 국가들뿐만 아니라 다양한 범죄 집단을 포함한 악의적인 행위자들로부터 국가 사이버 기반시설, 특히 국가안보체계를 보호하는 것을 포함한다. 에스토니아 정부와 금융체계에 대한 대규모 러시아 사이버 공격은 NATO로 하여금 2022년 에스토니아 수도인 탈린(Tallinn)에 합동사이버방어센터(Cooperative Cyber Defence Centre of Excellence)를 창설하도록 촉발했다. NATO 사무총장 옌스 스톨텐베르그(Jens Stoltenberg)는 NATO 회원국에 대한 미래의 사이버 공격이 적에 대한 NATO 군사작전의 서막이 되는 제5조 발동 선언으로 이어질 수 있음을 시사했다.

1996년 이래 미국 국방망과 민간 기반시설은 러시아 군사정보기관과 연계된 팬시 베어(Fancy Bear), 러시아 대외정보청과 연계된 코지 베어(Cozy Bear), 그리고 중국 인민해방군(PLA, People's Liberation Army) 61398부대와 연계된 비잔틴 캔더(Byzantine Candor)와 같은 조직들로부터 거의 지속적인 사이버 공격을 받아왔다. 국방부 네트워크에 대한 사이버 공격은 중국 베이징과 광둥에서 발생했다. 그러한 공격들은 단순한 첩보활동을 넘어 컴퓨터 메모리를 삭제하도록 설계된 악성코드 공격까지 포함했다.

이러한 지속적인 투쟁이 과연 전쟁을 구성하는 것일까? 만약 그렇다면, 이 전쟁은 결코 끝나지 않을 것처럼 보인다. 자율 무기체계의 재고가 고갈되는 것과는 달리 사이버 공간에서의 작전은 무한한 것으로 보인다. 전쟁이 선포되지 않았고, 대부분 은밀하지만, 끝없는 전쟁이다. AI는 사이버 공간에서 작전을 수행하는 데 필요한 고도의 컴퓨팅 능력이 자연스럽게 진화한 결과로서 사이버 전쟁에 의심할 여지없이 사용된다. 또한 기계 속도로 코드를 암호화하고 해독하는 암호학적 작전을 위한 자연스러운 도구처럼 보인다.

이러한 관점에서 AI를 활용한 전쟁은 결코 끝나지 않을 수 있다. 사이버 전투체계들은 영원히 자율적으로 운영될 수 있다. 승리는 결국 상대보다 더 빠른 OODA 루프를 가진 우수한 AI 능력을 보유한 측에게 돌아갈 수 있다. 아니면 AI에 의해 지속되는 전쟁에서는 승리가 결코 오지 않을 수도 있다.

CHAPTER

11

군사 AI에 관한 국가적 담론을 향하여

앞으로 다가올 AI 시대는 전쟁의 시대가 아니라,

깊은 연민과 비폭력, 사랑의 시대가 될 것이다.

아밋 레이(Amit Ray)[1]

AI는 우리를 암흑시대로 되돌릴 수 있는 힘을 지니고 있다.

데보라 L. H. 마리야 박사(Rev. Dr. Deborah L. H. Mariya)[2]

CHAPTER 11

군사 AI에 관한 국가적 담론을 향하여

앞선 장들을 읽고 AI의 군사적 활용에 대한 이해를 얻었다면, 이제 질문은 다음과 같다. 우리는 국가로서 무엇을 해야 하는가? 미 국방부는 AI를 정보체계와 전투체계에 통합하려고 시도하고 있으며, 이를 책임감 있는 방식으로 수행하고 있다. 국방부의 의도는 치명적인 무력 사용에 관한 모든 결정에서 인간을 의사결정 과정에 포함시키는 것이다. 모든 국방부 지침서는 바로 이 원칙을 명시하고 있으며, 현재 또는 향후 AI에 의해 작동되는 자율체계들 중 어느 것도 이 원칙을 위반하도록 설계되지 않은 것으로 보인다.

소설이나 영화 그리고 일부 사람들의 우려와는 달리, 국방부 어딘가에서 '터미네이터'를 몰래 개발하는 '스트레인지러브 박사(Dr. Strangelove)'와 같은 인물은 존재하지 않는다. 우선, 현재 기술 수준으로는 불가능하다. 또한 모든 대규모 국방 프로그램은 의회에 보고되며(현재 체계의 시제품 개발이나 개선을 위한 연구개발은 제외), 기밀 분류와 보안 조치에도 불구하고 결국에는 대중에게 알려지게 된다. 실제로 이러한 프로그램의 예산은 의회의 승인을 받아야 한다. 터미네이터를 만들려면 수십억 달러가 필요할 것이며, 이를 오랫동안 비밀로 유지하는 것은 불가능하다.

최고 기밀로 분류된 블랙 프로그램 - 특수 구획정보(SCI, Special Compartmented Information) 또는 특수접근(SA, Special Access) 수준의 프로그램조차도 선별된 의회 의원들과 대통령 행정부의 최고위 민간 관료들의 감독을 받는다. 이러한 프로그램의 세부사항은 일부 소수를 제외한 대중이나 대다수의 군 복무자들에게 알려지지 않으며, 그래야만 한다. 하지만 분석가들과 시민들은 연구 자료와 논리적 추론을 통해 비밀리에 진행되는 프로그램의 대략적인 성격을 파악할 수 있다(구체적 내용이 아니지만). 현재까지 AI 무기 분야에서 예상을 뛰어넘는 획기적인 발전이 있었다는 징후는 없다.

현재 군사 AI는 새로운 전투 방식을 개발하기보다 기존 방식을 개선하는 데 중점을 두고 있다. AI는 의사결정 보조 도구로서 OODA 루프(관찰-상황판단-결심-행동, Observe-Orient-Decide-Act)를 단축하기 위해 전투원에게 더 많은 정보를 신속하게 제공하는 것을 목표로 한다. 또한 자율체계의 제어장치로서 기존의 원격조종체계를 더욱 완벽하게 만들어가고 있다.

서두에서 살펴본 철학적 관점들처럼 AI가 인류에게 미칠 영향에 대한 기대는 매우 다양하다. 우리가 취해야 할 행동에 대한 공개적 논의를 시작하는 최선의 방법은 먼저 사실관계를 파악하고 이를 다루는 것이다. 모든 사람이 이러한 사실을 받아들이지는 않을 것이므로 바로 여기서부터 논의가 시작되어야 한다. 또한 일부는 이러한 사실이 두렵기 때문에 인정하지 않으려 한다. 어떤 경우든 군사 AI의 가능성과 취약점, 실현 가능성에 대해 공통된 이해가 필요하다. 이것이 바로 우리가 이 책을 쓴 목적이다. 의미 있는 논의는 사실에 기반해야만 가능하다.

앞선 장들의 내용을 요약하기 위해 우리는 사실들을 세 가지 범주로 구분할 것이다. AI에 관한 기본 사실, 전쟁에서의 AI, 그리고 우리가 함께 논의해야 할 위험과 쟁점들이다. AI 용어로 표현하자면 우리는 이러한 사실들에 라벨을 붙이고 세 가지 범주로 분류할 것이다. 다만 모든 데이터(사실)가 서로 연관되어 있다는 점을 염두에 두어야 한다. 이러한 범주화는 우리 인간의 사고를 돕기 위한 인위적인 구분임을 알아야 한다.

AI에 대한 기본 사실들

AI는 장점과 취약점을 지닌 첨단 컴퓨팅 기술이다. 이는 이미 알려진 사실이지만 AI를 소프트웨어, 하드웨어, 칩 등 다른 컴퓨팅 기술 발전과 무관한 마법처럼 여기는 인식을 바로잡기 위해 반복해서 강조할 필요가 있다. 모든 컴퓨터가 가진 다음과 같은 취약점들이 AI에도 똑같이 존재한다는 사실을 인정해야 한다.

- 해킹 위험에 노출되어 있다.
- 전력망이나 지속적인 전원 공급이 필수적이다.
- 악의적 의도를 가진 자들이 개발 과정과 공급망에 쉽게 침투할 수 있다.
- 소수의 전문가만이 다룰 수 있어 그들의 주장을 검증하기 어렵다.
- 다른 상업용 컴퓨팅 기술처럼 과대 광고와 홍보의 대상이 된다.

이러한 취약점들은 AI체계 도입으로 얻는 이점과 함께 균형 있게 고려되어야 한다. 예를 들어 현재 대중의 가장 큰 관심을 받는 AI 연구 도구이자 챗봇인 챗GPT와 그 경쟁 제품들은 데이터를 쉽게 수집하고 정보 문서를 손쉽게 작성할 수 있는 뛰어난 도구다. 도서관에서 오랜 시간을 보낼 필요가 없다. 하지만 이러한 프로그램들도 어딘가에서 정보를 가져와야 하는데, 가장 접근하기 쉽고 저렴한 정보원인 인터넷을 활용할 경우 부정확하거나 거짓 정보가 결과물에 포함될 수 있다. 누구나 웹사이트를 통해 진실이든 거짓이든 정보를 올릴 수 있고, 이는 결국 검색엔진이 찾아내게 된다. 기업들의 웹사이트는 현실과 다소 차이가 있는 장점들을 내세운다. 웹이 본질적으로 광고 수단이라는 점에서 이는 특별히 해로운 행위는 아니지만, 많은 사용자들이 검색엔진의 편리함에 매료되어 이 사실을 잊어버린다.

전문가들의 테스트 결과, AI 정보 도구에 더 자세한 정보를 요구할수록 부정확성이 증가하는 것으로 나타났다. 이는 인간이든 기계든 모든 연구에서 나타나는 현상이지만, 과대 광고로 인해 이러한 도구들이 실제보다 더 정확하다고 잘못 인식되고 있다. 대규모 투자와 수익이 예상될 때마다 과대 광고는 더욱 심해진다.

예를 들어 챗GPT는 기업별 맞춤형 앱을 10만~50만 달러에 개발하여 큰 수익을 낼 것으로 기대된다. 마이크로소프트(Microsoft)는 챗GPT를 개발한 오픈AI(OpenAI, 현재 기업가치 200억 달러 이상)에 최소 110억 달러를 투자했다. 오픈AI는 챗GPT 서비스 운영에만 하루 70만 달러(연간 2억 5,500만 달러)를 쓰는 것으로 추정되며, 여기에는 개발비와 운영비는 포함되지 않는다. 이처럼 천문학적인 자금이 투입되면서 그에 상응하는 과대 광고도 이루어지고 있다.

하지만 고급 챗봇을 포함한 모든 AI도 일반 컴퓨팅과 동일한 취약점을 가진다는 점을 인정해야 한다. AI가 '일반' 컴퓨터와 소프트웨어 개발과 구분되어 왔지만, 이는 다소 인위적인 구분이다. 쓰레기를 입력하면 쓰레기가 나온다는 원칙은 그 양이 더 많고 처리가 더 빠르더라도 여전히 유효하다. AI 기반 데이터 수집 도구들은 점차 더 정확해질 것이다. 하지만 '가짜 뉴스' 탐지 프로그램 개발 노력에도 불구하고 인터넷의 거짓말을 가려낼 수 있는 보편적인 도구는 없다. 이는 최대한 거짓 정보를 생산하려는 적과 맞서 군사 AI를 활용할 때 어떤 의미를 갖는지 생각해볼 필요가 있다.

AI는 마치 생각하는 것처럼 보이게 하여 우리를 착각하게 만든다. 이는 튜링 테스트, 즉 '튜링의 속임수'를 떠올리게 한다. 튜링은 기계가 인간처럼 실제로 생각할 수 있다고 주장한 적이 없다. 단지 인간이 기계를 지능적이라고 믿는다면 그것으로 충분하다고 했을 뿐이다. 이는 AI의 미래를 평가할 때 반드시 기억해야 할 중요한 관점이다. 많은 사람들은 AI가 인간처럼 의식을 갖게 되어 인류에게 찬란한 새 시대를 열어줄 것이라 기대한다. 반면 일부는 할(HAL)이나 더 무서운 터미네이터 같은 존재가 될 것이라 우려한다. 하지만 이는 개인의 희망이나 두려움에 근거한 추측에 불과하다.

범용인공지능(AGI, Artificial General Intelligence)은 내일 당장 실현되지 않을 것이며 영원히 실현되지 않을 가능성도 있다. 범용인공지능은 자율성을 필요로 하며 수많은 AI 프로세스와 생체공학 기술을 결합하여 인간처럼 보이게 할 수는 있지만, 기계에 의식을 만들어낼 수 있다는 증거는 전혀 없다. 우리는 아직 의식의 본질조차 제대로 이해하지 못하는데 그것을 어떻게 만들어낼 수 있겠는가. 의식이란 생명체로서의 자아 인식이며, 이는 생화학적 과정을 필수적으로 필요로 한다. 여기에는 영적인 측면도 포함된다. 만약 생화학적 과정을 통해 기계에 자아 인식이 생긴다면, 그것은 더 이상 기계라고 볼 수 없다. 우리가 계속 강조해온 인간-기계 협업의 관점에서 볼 때, 범용인공지능보다는 인간에게 AI를 내장하는 사이보그 개발이 더 현실적이다(물론 이것도 시간이 더 필요하고 많은 윤리적 문제를 수반한다). AI 과학자들 중에서도 상당수는 범용인공지능이 실현 불가능하다고 보고 있다.

이는 AI 전반, 특히 군사 AI에 대한 공개적 논의를 시작하는 데 중요한 시사점을 던진다. 만약 AI가 '인간을 대체'하게 된다면 그것은 순수하게 AI가 인간을 대체하는 것이 아니라, 인간이 AI를 이용해 다른 인간을 '대체'하는 것이며 이는 폭력적인 방식으로 이루어질 수 있다. 이는 AI의 미래를 통제하려는 노력이 사실상 AI를 넘어서는 더 큰 인류의 문제를 해결하려는 시도임을 의미한다. 이는 자율체계와 같은 군사적 적용 분야 개발의 필요성에 대한 근본적인 질문을 제기한다. 우리를 통제하려는 군사 AI를 가진 세력을 억제하기 위해 우리도 군사 AI를 개발해야 하는가? 우리에게 다른 선택지가 있을까?

민주주의 국가에서 AI는 수익 창출을 위해 개발되지만 다른 곳에서는 수익은 부차적인 문제다. 민주주의 국가에서 AI 개발은 현재 수익성에 좌우되며 돈을 벌거나 더 많은 자원을 확보하기 위해 과대 광고된다. AI는 분명 일부 일자리를 없애고 새로운 일자리를 만들 것이다. 일자리와 고용에 미치는 영향은 그 자체로 광범위한 공개 토론이 필요하지만 이는 다른 이들의 몫으로 남겨두자.

우리는 서로 연관된 두 가지 중요한 점을 인식해야 한다. 첫째, 권위주의 국가들은 AI를 돈벌이만을 위해 개발하지 않는다. 심지어 그것이 주목적도 아니다. 이들은 사회 통제와 공격적 목적으로 AI를 개발한다. 이 점에 의문을 제기하는 사람이라면 중화인민공화국 국무원의 '2017년 차세대 인공지능 발전계획(2017 Next Generation Artificial Intelligence Development Plan)'을 읽어보기 바란다. 또는 AI의 미래 중요성에 대한 블라디미르 푸틴(Vladimir Putin)의 견해와 그의 우크라이나 침공을 살펴보라. 물론 이들도 돈을 벌고 싶어하지만 그것이 AI를 강력한 도구로 보는 주된 이유는 아니다.

이는 민주주의 국가들을 어려운 선택의 기로에 서게 한다. 어떻게 대응해야 할까? AI 개발의 우선순위를 자유시장 중심에서 국가안보 중심으로 바꿔야 할까? 그렇다면 민주주의 정부가 지키고자 하는 자유롭고 개방된 시장을 훼손하지 않으면서 어떻게 이를 실현할 수 있을까?

최상위 AI 기업들이 국방을 진지하게 지원하도록 하는 방법은 무엇일까? 이는 애국심의 문제일까? 스스로를 글로벌 기업이라고 여기는 회사들에서는 애국심을 유지하기 어렵다. 아니면 수익성의 문제일까?

최고 수준의 AI 개발자들이 왜 엄청난 상업적 이익 가능성을 포기해야 할까? 고도로 규제된 환경에서 단일 고객을 위해 그것도 법적으로 낮은 이익률이 정해진 상태로 애플리케이션을 개발해야 하는 이유가 뭘까? 국방 분야의 많은 사람들은 미래 AI 혁신이 정부의 지원을 받는 소규모 스타트업이나 연구자들에게서 나올 것이라고 생각한다. 국방부는 실리콘밸리에 국방혁신단(Defense Innovation Unit)을 두고 있다. 이 작은 조직은 군사용 AI와 컴퓨팅 제품을 만들 수 있는 소규모 회사들을 찾아내고 격려하며 자금을 지원한다. 하지만 대부분의 AI 혁신은 대학 실험실에서 시작되더라도 최소 10억 달러의 벤처캐피털을 유치할 수 있는 회사들이 완성시킨다. 아마도 유일한 해답은 정부가 상업 AI에 직접 개입하는 것이다. 중국이나 러시아 수준은 아니더라도 지금보다는 훨씬 크게 말이다.

2018-21년 인공지능국가안보위원회(National Security Commission on Artificial Intelligence) 위원장을 맡은 전 구글 CEO 에릭 슈미트(Eric Schmidt)는 국가안보의 핵심 요소로서 AI에 대한 미국정부 투자를 적극 장려했다. 그는 비정부 위원회와 연구에 자금을 지원하며 이런 노력을 계속하고 있다. 우리가 보기에 이는 다른 하이테크 회사의 전현직 CEO들이 따라야 할 공공 서비스의 모범이다.

하지만 여전히 필요한 것은 1960-70년대 우주경쟁 시기에 보여준 미국 정부의 의지다. 앞선 장의 인용문은 AI를 단순한 기술이 아닌 우주경쟁에 비유했다. 당시 미 항공우주국(NASA, National Aeronautics and Space Administration)은 수익을 내지 못했다. 우주 탐사를 위한 군사적 지원도 비용만 발생했다. 그러나 태양광 패널, 전자레인지, 노트북 컴퓨터, GPS(Global Positioning System), 인터넷, 휴대폰 등 이런 노력에서 파생된 제품들을 민간 회사들이 발전시키고 상용화했다. 아마도 이것이 우리가 따라야 할 모델일 것이다. 실제로 중국이 따르고 있는 모델도 이와 유사해 보인다.

자율성은 하나의 기술이 아니라 여러 기술의 융합체다. 자율주행차가 완전히 개발되면, 그것은 단순히 AI 발전만의 결과가 아닐 것이다. AI체계가 필요하겠지만 AI에 데이터를 공급하는 센서, AI의 명령에 반응하는 제어 장치, AI와 통합되는 전력체계 등 다양한 기술들이 결합된 결과다. 발전기나 동력원이 작동하지 않으면 AI도 제 기능을 할 수 없다. 이 모든 기술들은 AI가 운전 작업을 최적으로 수행할 수 있도록 개선되어야 한다.

군사 자율체계 개발도 마찬가지다. 우리는 센서가 AI에 연료를 공급하는 빅데이터를 제공하는 핵심 요소라고 주장해왔다. 전투에서 적을 무력화하려면 AI 제어체계를 파괴하는 것보다 센서를 파괴해서 눈을 멀게 하는 것이 더 중요해 보인다.

자율주행 분야의 상업적 발전은 군사용 지상자율 체계 발전에 도움이 될 것이다. 다만 다른 환경의 자율체계는 그렇지 않을 수도 있다. 예를 들어 수중전은 고속도로에서 안전 운전하는 것과는 전혀 다른 영역이기 때문이다.

전쟁에서의 AI

한 가지 예외를 제외하고는 전쟁에서의 AI에 관한 사실들을 더 이상 자세히 다루지 않겠다. 현재 AI의 주된 군사적 용도는 정보의 신속한 수집과 분석이다. 미군은 민간 당국의 지침에 따라 책임감 있는 방식으로 자율성을 추구하고 있으나, 현재는 OODA 루프의 가속화에 중점을 두고 있다.

AI보다는 빅데이터가 가장 핵심적인 요소인데 이는 아무리 강조해도 지나치지 않다. 전투 현장에서는 지휘관이 처리하기에는 정보가 너무 많을 수 있는 반면, AI가 효과적으로 작동하기에는 정보가 부족할 수 있다. 기만은 빅데이터의 유용성을 해치는 주된 요인이다.

AI는 자율체계 개발에 더욱 많이 활용될 것이며 이는 당연해 보이지만 주목할 만한 사실이다. 효과적인 자율체계에는 AI가 필수적이며 AI는 최소한 과거 데이터를 기반으로 한 예측이라도 기계에 일정 수준의 자율성을 부여하도록 설계되어 있다.

AI는 무인체계에 더 높은 자율성을 부여할 것이다. 특히 미 해군의 트라이튼(Triton) 무인항공기 사례에서 이는 확실히 논의되었다. AI 활용이 반드시 완전한 자율성으로 이어질 필요는 없으며, 인간-기계 협업의 효율성을 높이는 데 필요한 수준의 자율성만 제공하는 용도로 사용할 수 있다.

실제로 인간-기계 협업은 군사 AI의 가장 이상적인 활용 방안으로 여겨진다. AI 체계는 다른 모든 기계처럼 독자적으로 효과적으로 기능하기 위한 유연성, 창의성, 주도성, 의심능력이 부족하며, 인간 팀원을 보조할 때 가장 효과적으로 작동한다. AI는 장점과 함께 취약점도 동반하는데 이러한 취약점을 보완하는 것은 인간의 역할이다.

군사 AI는 상업용 AI보다 더 많은 비용이 소요될 것이다. 고객 수가 제한적이기 때문이다. 군대와 소수의 동맹국 정도만이 고객이 될 것이다. 이 책에서 AI의 재정적 비용에 대해서는 막대할 수 있다는 점을 언급하는 것 외에는 논의하지 않았다. 이러한 비용은 기존 군산복합체를 넘어서는 기업들이 군사 활용 분야 진출을 꺼리게 만드는 장벽으로 남아 있다. 이 부분을 좀 더 깊이 살펴볼 필요가 있다.

AI 관련 군사혁신 기반을 구축하는 것은 전통적인 방위산업체 외에는 여전히 어려운 과제다. 국방부가 상용 AI 체계를 쉽게 구매할 수 있지만, 이는 군사작전에 최적화되어 있지 않다. 기업들이 체스와 바둑 프로그램 개발에 투자하는 것은 잠재 고객들에게 실용적 문제 해결 능력을 입증하기 위한 것으로 이는 일종의 광고다. 그들은 체스나 바둑으로 수익을 내려는 것이 아니라, 미래의 큰 수익을 기대하며 최대 10억 달러까지 투자할 의향이 있다. 이는 기초 연구를 수행하는 대학과 연구소에 자금을 지원하는 이유이기도 하다. 성공과 실패가 공존하기에 벤처캐피털 투자는 모든 참여자에게 위험이 될 수 있다.

이러한 대규모 투자의 수익 창출을 위해서는 충분한 고객 확보가 필수적이다. 고객이 많을수록 수입도 증가하며 수백만 명의 잠재 고객이 예상된다면 AI 탑재 휴대폰 생산도 충분히 도전해볼 만하다. 대량 판매로 투자금을 회수할 수 있고 경쟁 시장에서는 가격 인하도 가능하기 때문이다.

그러나 방위산업체는 이와는 전혀 다른 현실에 놓여있다. 이들은 의회가 수익률을 면밀히 감시하는 고도로 규제된 환경에서 단일한 주요 고객에 의존한다. 대부분 생산비용 절감을 위한 규모의 경제 달성이 어렵다. 비판론자들은 민간 고객에게는 더 저렴하다고 여겨지는 것에 대해 펜타곤이 과도한 비용을 지불한다고 종종 질책한다. 단순한 소모품에 대해서는 타당한 비판일 수 있지만, 민간에서 거의 또는 전혀 사용되지 않는 체계에 대해서는 그렇지 않다. 낭비, 사기, 남용을 제외하고도 단순한 경제 논리가 왜 비용이 더 높은지 설명한다. AI의 군사적 활용도 마찬가지다.

군사적 활용은 더 많은 비용이 소요될 것이다. 아마도 초기 예상보다도 더 많이 들 것이다. 언론에서 크게 다루는 대규모 군사 프로그램의 예산 초과는 정말로 수행하기 어려운 일들의 비용을 과소평가한 결과인 경우가 많다. 예를 들어 적의 공격을 회피하면서 임무를 수행하고 전투에서 생존할 수 있는 무인차량을 제작하는 것은 도심 거리용 자율주행차 개발이라는 도전을 상대적으로 작아 보이게 만든다. 실제로도 그렇다.

의회와 비판론자들은 국방부가 기업처럼 운영되기를 요구한다. 하지만 국방부는 기업이 아니다. 수익을 추구하지 않는다. 일반 상업 기업이 하는 방식으로 구성요소를 선택할 수 없다. 오히려 국방부는 국가안보를 위한 필수 기관이다.

AI는 인간이 허용하지 않는 한 전쟁을 시작할 수 없다. 이는 충분히 논의된 사항으로 핵심은 AI가 의사결정을 위한 정보(빅데이터) 분석을 지원할 수는 있지만, 전쟁 개시를 결정하는 것은 인간이라는 점이다. 만약 인간이 이 결정권을 기계에 넘긴다면 전쟁 가능성은 인류가 직면한 여러 문제 중 하나에 불과할 것이다. 자율체계가 의도치 않게 작동하거나 통제 불능 상태가 될 수 있지만, 과거의 치명적 사고 사례를 보면 독자적으로 전쟁을 일으킨 적은 없다. 전쟁의 구실은 될 수 있어도 직접적 원인이 된 적은 없으며, 이른바 '아마겟돈 알고리즘'은 전쟁의 필연적 결과가 아닌 위험 요소일 뿐이다.

AI는 인간이 허용하지 않는 한 전쟁을 중단시킬 수도 없다. AI 방법론을 활용하여 빅데이터를 수집하면 지휘관에게 자신이 패배하고 있다고 알려줄 수도 있다. 하지만 많은 국가, 반란군, 폭력 집단들이 패배가 눈앞에 닥쳤는데도 계속 전투를 벌여왔다. 따라서 AI를 통해 승리 가능성이 희박하다는 것을 안다고 해서 자동으로 전쟁이 종료되지는 않는다. AI가 제어하는 자율 무기체계들로 구성된 전체 편대가 실패할 수도 있다. 하지만 그렇다고 해서 실패를 경험하는 측이 단순히 포기한다는 의미는 아니다.

일부는 인류를 위해 모든 군대의 패배가 명백할 때 즉시 적대행위를 중단하는 AI 체계를 채택해야 한다고 주장할 수 있다. 그렇게 되면 더 적은 유혈사태와 고통이 발생할 것이다. 하지만 기만이라는 변수를 어떻게 처리할 것인가? AI 체계가 어떻게 패배를 확실히 판단할 수 있을까? 군 지휘관이 AI의 권고를 신뢰할 수 있을까? 결국 지휘관들은 자신의 판단에 의존할 수밖에 없을 것이다. 여기에 인간의 감정이 개입된다면 - 실제로 항상 그렇듯이 - 그 결정은 논리적이지 않을 수 있다. 알고리즘들에게만 맡겨진다면 아마겟돈 알고리즘은 단지 알고리즘일 뿐이다.

기만은 충분히 검토되지 않은 문제다. 손자는 모든 전쟁이 기만이라고 말한다. 즉 기만이 전쟁 수행의 모든 측면에서 하나의 요소라는 뜻이다. 전사들과 전쟁을 연구하는 사람들 모두 일반적으로 이에 동의한다. AI를 군사작전에 적용할 때는 기만을 반드시 고려해야 한다. 하지만 이는 역설을 만들어낸다. AI는 모두 빅데이터를 분석하여 결정을 내리는데, 빅데이터가 거짓이라면 잘못된 결정이 권고될 것이다. 그리고 이용 가능한 데이터가 적다면 AI는 의사결정 도구로서의 우위를 잃을 것이다.

기만을 간파하려면 다른 사람들이 제시하는 사실을 의심해봐야 한다. 인간은 분석 과정에서 스스로의 판단을 재검토하고 다른 가정으로 새롭게 시작할 수 있다. AI는 체스에서 수천 가지 가능한 수를 식별할 수 있는 것과 같은 방식으로 수천 가지 분석 옵션을 계산할 수 있을지도 모른다. 하지만 훈련받은 정보를 의심할 수 있을까? 거북이일 수도 있고 총일 수도 있는 것을 보고 불완전하고 모순적인 정보를 바탕으로 선택을 내릴 수 있을까? 이론적으로는 가능하다. 하지만 상업용 AI 업계 리더들이 지적했듯이, 기만 패턴을 해독하는 데 필요한 것은 더 많은 빅데이터다.

그렇다면 전쟁 중에 지휘관은 어디서 더 많은 빅데이터를 구할 수 있을까? 센서와 정보 노드들이 전투에서 파괴된다면 지휘관이 얻을 수 있는 빅데이터의 양은 점점 줄어들 가능성이 크다. 더 많은 데이터를 확보하더라도 그것은 부정확한 정보일 가능성이 크고, 적이 의도적으로 조작한 정보일 수도 있다. 이런 상황을 감안하면 특정 시점에서 AI는 효용성을 잃게 된다. 현명한 지휘관이라면 자신이 받는 분석 결과가 신뢰할 만한지에 대해 점점 더 의구심을 갖게 될 것이기 때문이다.

상업용 AI는 이런 딜레마를 해결할 필요가 없다. 고객과 부품 공급업체들은 보통 기만을 하지 않는다. 고객 대부분이 거짓말을 한다면 그 사업은 망하게 된다. 부품 공급업체가 고의로 가짜 부품을 공급한다면 처벌받을 수 있다. 그 결과 기만 문제를 해결하려는 상업적 인센티브는 거의 존재하지 않는다. 국방부와 정보기관들이 이 문제에 적극적으로 앞장서지 않는다면, 이에 대한 해결책이 실리콘밸리에서 저절로 생겨나지는 않을 것이다.

논의해야 할 위험들과 중요한 이슈들

이제 문제의 핵심에 도달했다. 위에서 제시한 사실들로부터 도출된 위험들과 이슈들, 즉 모든 미국인들이 논의해야 할 문제들 말이다.

AI는 독재를 더욱 효과적으로 만든다. 이는 모든 기업, 모든 프로그래머, 모든 과학자, 그리고 모든 시민들이 알아야 할 현실이다. 중국 '파트너사'들과 데이터나 기술을 공유하거나 중국 본토에 자회사를 운영하는 기업들이 있다. 이런 기업들은 중국공산당 독재 체제를 영속화하는데 일조하고 있다. 물론 수많은 변명이 있을 수 있다. "우리는 중립적이다", "우리는 주주들에게만 책임이 있다", "우리는 글로벌 기업이다", "어차피 다른 누군가가 할 것이다", "그들은 스스로 이러한 능력을 개발할 수 있다", "우리 경제는 중국과 너무 밀접하게 얽혀있어서 할 수 있는 일이 없다" 등등. 하지만 결국 현실은 이것이다. 억압의 도구를 제공하는 자들이 그 억압에 한몫하고 있다는 것이다. CEO들과 주주들은 자신들의 양심을 돌아봐야 한다. 대중은 그들이 그렇게 하도록 압력을 가해야 한다. 이 문제는 AI 개발 여부에 관한 것이 아니라, 대부분의 인간이 악한 목적으로 여길 용도로 그 지식을 활용해온 이력이 있는 자들과 중요한 지식을 어떻게 공유할 것인가에 관한 것이다.

1990년대 세계화의 전성기에 민주주의 국가들의 지도자들과 영향력 있는 인물들 사이의 일반적 합의는 정보기술 혁명 즉 인터넷, 무선통신, 소셜미디어의 전 세계적 확산이 자연스럽게 중국과 다른 권위주의 국가들에 민주주의를 가져다줄 것이라는 것이었다. 시간문제일 뿐이었다.

그러나 시간이 흘렀지만 정반대의 결과가 나타났다. 첨단기술이 개인에 대한 더욱 강력한 권위주의적 통제를 가능하게 만든 것이다. AI는 이런 통제에 필요한 빅데이터 처리를 쉽게 만들어 이 과정에서 핵심적인 역할을 담당하고 있다. 이제 문제는 미국 시민으로서 우리가 이에 대해 무엇을 해야 하느냐는 것이다. 모든 AI 개발 또는 대부분의 AI 개발을 규제하고 통제해야 하는가? 알고리즘을 기존의 미국 국제무기거래규정(ITAR, International Traffic in Arms Regulations) 체제하에 두어야 하는가? 이 체제에서는 국무부와 국방부가 규정에 해당하는 제안된 수출이 국가안보나 미국 법률에 해를 끼치는지 판단하여 제한 여부를 결정한다. ITAR는 동맹국과 우방국을 제외하고는 무기와 무기기술의 수출을 막기 위해 만들어졌다. 동맹국에 수출할 때도 ITAR 제한은 여전히 적용된다. 수령국은 미국의 허가 없이는 해당 기술을 제3국에 이전할 수 없다. 군사력이 약한 국가들이 AI에 대해 더 큰 우려를 갖고 있으므로 이는 미국만의 문제가 아니다.

AI에 관한 전 세계적 합의는 불가능하다. 미국과 동맹국들의 적대 세력들은 우리의 관점에 관심이 없다. 우리도 그들이 관심을 가질 것이라고 기대해서는 안 된다. 중국공산당은 중국 인민에 대한 자신들의 통제를 영속화하려는 독재 체제다. 만약 그렇지 않다면 소수민족 등록부터 시작하는 AI 기반 사회통제 시스템을 개발하지 않았을 것이다. AI와 관련해서 중국공산당에게는 인권 문제에 대한 우려가 전혀 없다.

서구의 기업들처럼 중국 AI 기업들도 돈을 벌고 싶어 한다. 하지만 서구 기업들과 달리 중국 AI 기업들은 중국공산당이 요구할 때 국가의 대리인 역할을 한다. 인민해방군과 공유되지 않는 AI 개발은 존재하지 않는다. 인민해방군이 제공받은 어떤 기술이든 효과적으로 적용하는 데는 시간이 걸릴 수 있지만, 인민해방군은 개방된 접근권을 갖고 있다.

어떤 수사적 정당화가 제시되든 상관없이 중국에 기반을 둔 기업이나 대학들과 알고리즘이나 데이터를 공유하는 서구 AI 기업들은 독재 체제의 영속화를 돕고 있다. 13억 명이 넘는 인구를 가진 중국은 서구 기업들이 갈망하는 잠재 시장이다. 하지만 진입 요건으로서 기술 공유를 요구하는 국가정책 때문에 현재와 같이 구조화된 중국 시장에 의존하게 되는 서구 기업들은 결국 파산하게 된다. 월드컴과 노텔시스템즈가 그 사례다. 중국 시장을 공략하는 것은 장기적 도박에 대한 단기적 사고방식이다.[3)]

1980년대 중국공산당 지도자 덩샤오핑이 국가자본주의를 수용한 이후 많은 사람들이 중국이 민주주의 국가로 변모할 것이라고 기대했다. 서구 이론에 따르면 민주적 사상의 유입과 늘어나는 부가 자연스럽게 정부 의사결정 과정에서 더 큰 국민 참여를 이끌어낼 것이라고 보았다. 하지만 그런 일은 일어나지 않았다. 현재의 흐름을 보면 앞으로도 그렇게 되지 않을 것이다. AI는 그런 변화가 일어나지 않도록 막는 데 핵심적인 역할을 할 것이다.

자율 무기체계의 수량을 셀 수 있다고 주장할 수도 있다. 하지만 정밀검사 없이는 무인장비가 AI에 의해 자율적으로 제어되는지 아니면 인간이 원격으로 조종하는지 어떻게 구분할 수 있을까? 아마 장비를 해체해야 알 수 있는데, 자국 안보를 걱정하는 국가들은 이를 허용하지 않을 것이다. 또한 하나의 무기체계를 검사했다고 해서 동급의 수백 개의 체계가 모두 같은 방식으로 제어된다는 것을 검사관이 어떻게 확신할 수 있을까? 조약 이행 여부는 효과적으로 검증이 불가능하다. AI가 들어있다고 해서 무인장비의 외관이 달라지는 것은 아니기 때문이다.

군사 AI를 통제하는 군비통제(arms control) 노력 외에 다른 대안이 있는가? 이런 질문이 "킬러 드론을 금지하라"는 강한 요구가 아니라 국가적 대화의 출발점이 되어야 한다. 그런 극단적 요구들은 이 문제에 대한 건설적인 국가 논의를 만드는 데 오히려 방해가 된다. 이미 판도라의 상자는 열렸다. 누구도 이를 되돌릴 순 없다. 권위주의 체제들은 애초에 되돌리려 하지도 않는다.

실리콘밸리는 국방 문제에 애매한 입장을 보이는 듯하다. 이는 그들이 우리의 국가안보에 대해서도 애매한 태도를 취한다는 의미다. 이러한 태도는 비판의 대상이지만 반드시 필요한 지적이다. 에릭 슈미트와 소수의 하이테크 기업 전직 CEO들 그리고 다수의 AI 과학자들이 AI가 야기하는 국가안보 문제들을 대중에게 알리는 데 상당한 노력을 기울여왔다. 슈미트는 자신의 재정적 자원을 활용해 이런 노력에서 공개적으로 선도적 역할을 해왔다. 하지만 현직 CEO들이나 벤처캐피털리스트들, AI 주요 투자자들이 그를 따라 나서고 있다는 징후는 보이지 않는다. 오히려 전직 국방 관계자들과 과학계 일부 인사들이 이 대열에 동참해왔다.

물론 펜타곤에 기술을 팔려는 AI 개발자들은 존재한다. 대부분 아직 전체 상업 시장에 진입하지 못했거나 방산업계에서 자신만의 영역을 찾고자 하는 스타트업들이다. 이런 회사들 중 다수는 결국 기존 방산업체에 매각된다. 하지만 수익 증대를 목표로 하는 상업 AI 개발의 전반적인 분위기에서는 위기의식이나 절박함을 찾아보기 어렵다. 아마도 국가안보는 순전히 정부만의 책임이라고 여기는 것 같다. 하지만 민간의 개별적 노력들도 국가안보에 기여한다. 적대적이거나 잠재적으로 적대적인 권위주의 국가들에 민군겸용 기술(dual-use technologies)을 판매하지 않는 것이 첫걸음이다.

주요 AI 개발자들이 아무것도 하지 않으면 결국 그들이 피하고 싶어하는 바로 그 규제가 자신들의 시장 활동에 가해질 것이다. 한 벤처캐피털리스트가 우리에게 솔직히 말했듯이, "나는 미국 법에 따라 중국 기술 회사들에 투자하고 있다. 미국 정부가 내가 이런 일을 하는 것을 원하지 않는다면, 이를 금지하는 법을 만들어야 한다." 우리가 제시한 위험들을 진지하게 받아들이는 것이야말로 실리콘밸리의 현명한 자기 이익이다.

미국은 직접적이고 대대적인 노력 없이는 군사 AI 경쟁에서 패배할 것이다. 이것이 우리의 마지막에서 두 번째 관찰이다. 중국과 러시아는 AI 군비경쟁이 이미 진행 중이라고 확신한다. 우리가 참여하든 하지 않든 그들은 이 경쟁을 계속할 것이다. 그들은 자국의 세력 확장이 필요하다고 결정하는 순간마다 미국을 이기기 위한 핵심 무기로 군사 AI를 바라본다.

현재 블라디미르 푸틴은 우크라이나 침공에서 어려움을 겪고 있다. 러시아의 첨단무기 재고가 부족할 뿐만 아니라 러시아 군인들 중 다수가 공격적인 작전에 필요한 위험을 기꺼이 감수하려 하지 않는 것으로 보인다. 대부분은 명령을 받으면 싸우지만 승리에 대한 확신 없이 그렇게 한다. 그 결과 푸틴은 전투의 상당 부분을 바그너 용병회사에 외주를 맡기고 러시아 교도소에서 전투원들을 끌어와야 했다. 주요 강대국이 용병에 의존해야 한다는 것은 불과 몇 년 전만 해도 상상할 수 없는 일이었다. 기존 용병회사들은 충분한 군사 자산이 없는 정부나 정권 장악을 목표로 하는 세력들의 돈으로 주로 반란세력을 상대로 소규모 전쟁을 수행하는 데 초점을 맞춘다. 대규모 용병군은 중세 시대로 되돌아간 것 같은 느낌을 준다.

푸틴이 분명히 깨닫고 있는 교훈은 AI 주도 자율체계들과 더 많은 핵무기가 기꺼이 싸우려는 러시아 군사력을 만들어내는 해답이라는 것이다. 그가 이미 언급했듯이 AI를 통제하는 자가 세계를 통제할 것이다. 러시아에 대한 현재 제재는 단기적으로 그의 노력을 방해할 것이다. 외부 기술과 자본에 대한 접근이 거의 차단되어 있기 때문이다. 하지만 제재가 푸틴으로 하여금 우크라이나 전쟁을 끝내도록 하지 못한 것과 마찬가지로, 제재가 군사 AI 체계에 대한 러시아의 추구를 멈추게 하지는 못할 것이다.

중국은 군사 AI 개발에 대해 전 세계에서 가장 강한 의욕을 보이는 국가다. 역사상 가장 성공적인 전체주의 국가인 북한이 예외가 될 수 있지만 다행히 북한은 자원이 부족하다. AI는 중국공산당이 중국 사회를 통제하는 데 사용하는 매우 중요한 도구다. 중국공산당은 군사 AI 투자가 상업 AI를 자극하는 효과를 낸다고 본다. 이는 미국의 상업 중심 접근법과 완전히 반대되는 방식이다.

이 책을 쓰는 시점에서 중국 군사 문헌들은 미국이 여전히 우수한 군사 능력을 유지하고 있다고 인정한다. 특히 수중전과 합동군 지휘통제 같은 하이테크 집약적 영역에서 그렇다. 이런 문헌들은 AI 투자가 미국의 우위에 대응하는 최선의 방법으로 여겨진다는 점을 분명히 보여준다. 특히 중국이 대만해협을 건너려고 할 때 더욱 그렇다.[4] 일부 분석가들은 중국이 결코 그런 시도를 하지 않을 것이라고 믿는다. 하지만 다른 한편으로는 일부 분석가들이 블라디미르 푸틴도 결코 우크라이나를 전면 침공하지 않을 것이라고 믿었던 것이 사실이다.

반면 미국은 이 분명한 경쟁에 상당히 무질서하고 일관성 없는 방식으로 대응하고 있다. 각 군은 어느 정도 열정을 가지고 AI와 자율체계를 추진하고 있다. 하지만 전반적인 미국의 AI 혁신은 국가안보 강화를 주된 목표로 하지 않고 있다. 그리고 AI 기술은 군사적 요구사항에 대해서는 민간 기술이 군사 분야로 이전되는 스핀온(Spin-on) 구조다. 우리의 잠재적 적국들이 같은 방식을 따르고 있다면 이는 전혀 문제가 되지 않을 것이다. 하지만 그들은 그렇지 않다.

이런 문제들을 어떻게 해결할 수 있을까?

공개적인 논의가 필요하며 우리는 이를 적극적으로 장려한다. 이 책의 주요 목적은 군사 AI에 대한 공개 토론을 자극하는 것이다. 하지만 대립적이거나 대결적인 방식이 아닌 책임감 있는 방식으로 접근해야 한다. 그러나 우리 자신의 최종적인 결론은 그 이상으로 나아간다. 간단히 말해서 미국은 단순한 AI 정책이 아닌 국가 AI 프로그램이 필요하다.

이 결론은 인공지능국가안보위원회(National Security Commission on Artificial Intelligence)에서 활동한 전문가들의 권고와 일치한다. 그러나 대부분의 연구들은 미국 정부가 미래 AI 개발의 촉진자이자 규제자 역할을 하는 것으로만 구상해왔다. 우리는 더 강력한 조치들을 구상한다.

1962년 존 F. 케네디(John F. Kennedy) 대통령은 의회 합동회의에서 한 가지 목표를 공개적으로 발표했다. "이 10년이 끝나기 전에 인간을 달에 착륙시키고 지구로 안전하게 귀환시키겠다"는 것이었다. 미국은 그 목표를 달성하기 위해 정부와 상업 자원을 모두 집중시켰다. 이제 우리가 비슷한 국가 프로그램을 추진할 때가 되었다. 이를 통해 미국 정부는 두 가지 역할을 수행해야 한다. AI의 책임 있는 개발을 장려하는 동시에 기준을 설정하고 결과를 규제하는 것이다. 지금까지 자유방임적인 상업 AI 시장과 그 개발 방식은 큰 성과를 거두었다. 개별 기업가들과 벤처 캐피털리스트들 그리고 주식시장 투자에 의존하는 많은 퇴직자들에게 엄청난 수익을 안겨주었다. 그러나 현실을 직시해야 한다. 우리의 AI 연구 성과가 권위주의 국가들에게 흘러들어가 그들의 군사 AI 개발을 촉진하고 있다. 이런 상황을 고려할 때 더 이상 무분별하고 규제 없는 AI 개발을 허용해서는 안 된다.

이미 AI 산업을 통해 충분한 수익이 창출되었다. 이제는 국가안보를 최우선으로 고려해야 할 시점이다. 만약 그렇게 하지 않으면 어떤 일이 일어날까? 미국이 자율화된 군사 환경에서 더 이상 세계 질서를 수호할 수 없다는 인식이 확산될 것이다. 그러면 달러의 기축통화 지위가 흔들리고 결국 기업들의 수익도 자연히 하락할 것이다. 새로운 정부-산업 협력 체제에서는 현재의 규제 없는 AI 시장만큼 큰 수익을 얻지 못할 수 있다. 하지만 과거 우주개발 경쟁 시대처럼 접근한다면 어떨까? 비록 수익은 작더라도 안정적인 성장이 가능할 것이다.

AI 프로그램의 네 가지 핵심 목표는 다음과 같다.

1. 상업용 및 군사용 AI의 책임 있는 개발을 보장한다.
2. NATO와 아시아태평양 지역의 강력한 미국 동맹국들을 제외한 어떤 국가에도 민군겸용 AI 기술의 이전을 방지한다.
3. AI와 자율체계의 공급망을 모니터링하여 해외 공급업체에 대한 의존도를 없애고 미국 생산시설에 대한 외국의 침투를 방지한다.
4. 잠재적 적국의 수준에 맞추거나 이를 능가하는 자율체계를 개발한다.

자율 군사체계를 개발한다고 해서 인간 중심의 국방체계를 포기하는 것은 아니다. 이러한 시스템의 개발과 운용은 여전히 인간의 영역이다. 더욱 중요한 점이 있다. 전쟁의 승패와 전후 질서 확립은 오직 인간만이 결정할 수 있다는 것이다. 이것이 군비경쟁임은 분명하다.

하지만 현실적으로 우리가 참여하지 않으면 어떻게 될까? 중국공산당과 러시아 정부가 독자적으로 경쟁할 것이다. 그들은 이를 멈출 의도가 전혀 없기 때문이다.

만약 우리가 그런 프로그램을 갖는다면, 어떤 지침을 채택할 수 있을까?

AI 제어 자율 무기체계를 운용할 때 인간이 직접 제어(Human in the loop)하는 방식을 채택할 것인가? 아니면 인간 감독(Human on the loop) 방식을 채택할 것인가? 후자는 언제 어디서 사용할지는 결정하되 그들의 활동을 직접 통제하지는 않는 방식이다. 이 논쟁은 백악관, 국방부, 의회 내에서 계속되어 왔다. '킬러 로봇'이 치명적인 행동을 하는 것을 좋아하는 사람은 거의 없다. 하지만 우리는 이제 현실과 마주해야 한다. 인간의 직접 제어가 없는 적대적 시스템들과 맞서야 하는 시점에 있다는 현실 말이다.

치명적 무력 사용의 모든 결정에 인간을 필수로 하는 엄격한 규칙은 윤리적으로 보이며 매우 타당해 보인다. 만약 당신이 무인체계를 운용하는 유일한 측이라면 말이다. 이 규칙은 민간인 사상자를 방지하기 위해 설계되었다. 무고한 민간인이 있는 환경에서 드론으로 테러리스트를 추적할 때는 매우 적절하다. 이는 주로 적이 제한된 반격 수단을 가진 상황에서, 즉 소화기 대 무인차량의 상황에서 효과적이다. 그러나 AI 기술이 발달한 대등한 군사 강국들 간의 분쟁에서는 어떨까? 인간 전투원은 기계의 속도로 이루어지는 대규모 집중 공격에 효과적으로 대응하기 어려울 것이다.

1946년에 출간되어 핵전쟁의 과정과 핵 억제전략에 대해 쓴 최초의 책 중 하나인 이 책은, "시간과의 전쟁: 전략의 혁명(There Will Be No Time: The Revolution in Strategy)" 이라는 매우 적절한 제목을 가지고 있다.[5] 이 책은 AI 제어 자율체계가 지배하는 전쟁에 대해 적절히 묘사하고 있다. 앞으로는 지난 30년간 해왔던 것처럼 무력 사용 각각에 대해 신중히 결정할 시간적 여유가 없을 것이다. 이는 전략 차원의 새로운 혁명을 요구한다. 군사 기술이 대등한 수준의 '강대국'과 전쟁이 발발할 가능성 때문에 우리는 불가피하게 자율체계와 의사결정 권한을 공유해야 하는 상황에 직면하고 있다. 이는 우리의 선택이 아닌 필수불가결한 요구사항이다.

케네스 페인(Kenneth Payne)은 그의 저서 "나, 워봇(I, Warbot)"에서 모든 AI가 제어하는 자율체계에 통합되어야 할 세 가지 규칙을 제시한다.[6]

- 워봇(자율 무기체계)은 우리가 원하는 대상만을 제거해야 하며, 가능한 한 인도적으로 해야 한다.
- 워봇은 (인간)지휘관의 의도를 이해하고 오직 그 의도하에서만 작동해야 한다.
- 워봇은 우리 편 인간을 보호해야 하며, 이를 위해 자신을 희생해야 한다. 단, 임무 수행을 저해하지 않는 선에서다.

우리는 이 모든 원칙들에 동의한다. 이것은 이미 미군과 다른 국가들(모든 국가는 아님)의 군을 지도하는 원칙들이다. 이는 현존하는 전쟁법에도 부합한다.

그러나 우리는 이러한 원칙들이 AI체계에 직접 프로그래밍할 수 있는 규칙이라기보다는 인간이 자율체계를 운용할 때 따라야 할 지침이라고 본다. 기계가 스스로 인도적으로 행동하고 있는지를 어떻게 판단할 수 있겠는가? 현실적으로 가까운 미래의 자율체계들은 대부분 단일한 공격 방식만을 가질 것이다. 예를 들어 자율전차가 적을 사격하거나 차체로 공격하는 두 가지 선택지를 가질 수 있다고 가정해볼 수 있지만, 실제 전장에서는 이것이 단순한 선택의 문제가 아니라 전술적 상황에 따라 결정되는 것이다. 무엇이 인도적인지 아는 것은 의식을 필요로 하며, 우리는 이를 예측할 수 있는 범용인공지능(AGI, Artificial General Intelligence)에 근접하지도 못했다. 아마도 이번 세기에는 불가능하거나 아예 불가능할 수도 있다.

자율체계가 지휘관의 의도에 따라 운용되는 것은 이미 현실이 되었다. 자율체계는 특정 임무가 아닌, 지휘관이 요구하는 구체적 기능을 수행하도록 프로그래밍된다. 여기서 '의도'란 지휘관이 이러한 시스템을 어떻게 전술적으로 운용할 것인가에 대한 것이다. 작전 결과에 대한 최종 책임은 여전히 지휘관에게 있다. 전쟁법은 시대에 따라 변할 수 있지만, 인간의 책임 소재는 변함없이 유지되어야 하며 그것이 바람직하다.

AI 기반 자율체계의 발전 자체가 전쟁의 빈도, 군인과 민간인 사상자의 수, 전쟁의 잔혹성, 국방비의 증감을 직접적으로 결정하지는 않는다. 이 모든 것은 결국 인간이 자율 군사체계를 어떻게 활용하기로 결정하느냐에 달려있다. 다만 한쪽만 자율 무기를 보유한 상황이라면 전장에서의 우위는 압도적일 수밖에 없다.

문제적 결론

다시 말하지만 AI의 진정한 문제는 AI가 인간을 통제하는 것이 아니다. 문제는 인간이 AI를 이용해 다른 인간들을 통제하는 것이다. 매우 교묘한 방식으로 AI는 인간의 구매 행태를 조작하는 데 상업적으로 활용되어 왔다. 매우 노골적인 방식으로 AI가 인간에 대한 독재적 지배를 지속시키는 데 사용되고 있다.

많은 과학자, 유명인사, 그리고 여론 주도층 인사들이 범용인공지능이 인류에게 가할 미래의 위험성에 대해 공개적으로 경고해 왔다. 이는 논의할 가치가 있는 주제일 수 있지만, 아직은 이론적 차원에 머물러 있으며, 정부 규제 강화를 요구하는 것 외에는 실질적인 대응책은 제시되지 않았다. 다행히도 우리는 범용인공지능 실현과는 아직 거리가 멀다(실현 가능성도 불확실하다). 하지만 좁은(특화형) AI(narrow AI)가 전쟁에서 본격적으로 활용되는 시점은 사실상 코앞에 다가와 있다. 이것이 바로 우리가 현재 직면한 실질적 위험이다.

AI는 전쟁에서 의사결정 도구로서 그리고 자율 무기체계를 통제하는 수단으로서 사용될 것이다. 판도라의 상자는 이미 열렸다. 물리적 무기를 세는 방식에 의존했던 기존의 군비통제 체제는 AI의 군사적 활용을 규제하는 데 적용하기 어려워 보인다.

우리는 하나의 방안을 제시했다. 이는 진지하게 검토되어야 한다. 우리는 아마겟돈 알고리즘과 마주하는 상황을 바라지 않는다. 하지만 동시에 다른 국가들이 군사 AI를 이용해 우리를 지배하는 것도 용납할 수 없다.

이것이 바로 미국인으로서 우리가-그리고 우리의 민주주의 동맹국들과 함께-논의하고 해결해야 할 딜레마다.

결론

결론

대부분의 사람들은 전쟁이 끔찍한 일이라는 데 동의한다. 인류의 오점이라고 말이다. 러시아의 우크라이나 침공에 대한 보도만 읽어봐도 전쟁의 참상을 이해할 수 있다. 전투원들뿐만 아니라 민간인들에게도 말이다. 안타깝게도 플라톤(Plato)의 말처럼 "오직 죽은 자들만이 전쟁의 끝을 본다(Only the dead have seen the end of the war)". 후에 로마의 장군 베게티우스(Vegetius)는 "평화를 원한다면, 전쟁을 준비하라(If you want peace, prepare for war)"고 했는데, 이는 냉전시기 대부분의 미국 대통령들이 채택한 격언이다.

국가들이 전쟁을 준비하는 방법 중 하나는 자국 군대가 신흥 신기술을 보유하도록 하는 것이다. 이 책을 통해 우리가 입증한 바에 따르면, 미국과 군사적으로 대등한 경쟁력을 갖춘 중국과 러시아가 AI 기반 시스템의 개발과 군사적 활용에 막대한 자금을 투자하고 있다는 사실이다. 이 책 앞부분에서 인용된 중국과 러시아 지도자들의 발언은 단순한 허세가 아니라, 이 두 권위주의 국가들이 실제로 추진하고 있는 확고한 국가 전략을 보여준다.

인공지능국가안보위원회(National Security Commission on Artificial Intelligence)의 최종보고서가 제시한 결과들을 계기로 미국의 국가안보 책임자들은 군사 플랫폼, 시스템, 센서, 무기 등 군사 분야 전반에 빅데이터, 인공지능, 기계학습 기술을 도입하는 것이 필수불가결하다는 점을 공식 인정했다. 또한 그들은 기존의 전통적인 국방 계약업체들을 넘어서, 첨단기술 기업들과의 새로운 협력체계를 구축해야 한다는 것을 인식했다. 이러한 인식에 따라 국방부는 실리콘밸리의 심장부인 캘리포니아 주 산호세(San Jose) 등 주요 기술 혁신 중심지에 국방혁신단(DIU, Defense Innovation Units)을 설립했다.

국방부가 군사 시스템에 AI를 도입해야 할 필요성에 대해서는 체계적인 공론화가 필요한 시점이다. 그러나 현재 구체적이고 실질적인 논의는 AI 기술 전반의 위험성을 둘러싼 감정적이고 산만한 논쟁 속에 묻혀가고 있다. 많은 영향력 있는 인사들이 AI의 무분별한 개발이 초래할 위험과 이익에 대한 재검토가 필요한다고 주장하고 있지만, 이는 군사 AI 활용이라는 당면한 현실적 문제에서 주의를 분산시키고 있다.

이러한 우려들은 주로 군사적 용도보다는 AI의 상업적·사회적 활용과 범용인공지능 즉, 영화 '2001 스페이스 오디세이'의 할(HAL)과 같은 미래의 초지능 AI가 가져올 위험성에 초점을 맞추고 있다. 딥러닝의 아버지로 불리는 제프리 힌튼(Geoffrey Hinton)은 'AI의 위험성에 대해 자유롭게 발언하기' 위해 구글(Google)에서의 직책을 사임했다. 그는 여러 발언 중에서 다음과 같이 경고했다. "AI 기술은 사회와 인류에게 근본적인 위협이 된다. 미래의 AI는 방대한 데이터를 분석하면서 우리가 예측할 수 없는 행동을 학습하게 될 것이며, 나아가 스스로 코드를 작성하고 실행할 수 있게 될 것이다. 이런 상황에서 악의적인 집단이 AI를 파괴적인 목적으로 악용하는 것을 저지하기는 거의 불가능할 것이다."[1)]

예상대로 힌튼 박사는 자신이 '로봇 전투원'이라 지칭하는 AI의 군사적 활용에 반대하며, 완전자율 무기체계 이른바 '치명적 자율 무기체계(LAWS, Lethal Autonomous Weapons Systems)' 또는 '킬러 로봇' 의 등장을 심각하게 우려한다. 본질적으로 그는 영화 '터미네이터'식 시나리오가 현실화되는 것을 경계하는 것이다. 하지만 현실적인 문제는 적대적 국가들이 이미 상당한 AI 기술을 확보했다는 점이다. 이들은 실리콘밸리의 혁신 속도를 따라잡지는 못하더라도 자체적인 AI 개발 능력을 꾸준히 키워가고 있다. 더욱이 이들은 이미 AI 기반 자율 무기 개발에 착수했으며, 이 과정에서 힌튼, 일론 머스크, 스티브 워즈니악 등 서방 민주주의 국가 전문가들이 제기하는 윤리적 우려를 전혀 고려하지 않고 있다.

AI의 위험성을 가장 강력하게 경고해 온 기술계 리더를 꼽자면 단연 일론 머스크일 것이다. 그는 다양한 미디어 채널을 통해 경고의 메시지를 전하고 있다. 잘못된 방향으로 개발된 AI가 인류에게 돌이킬 수 없는 재앙을 초래할 수 있으며, 오픈AI(OpenAI)의 챗GPT와 같은 대화형 AI도 결국에는 인간의 통제를 벗어날 만큼 강력해질 수 있다는 것이다.[2] 이러한 우려를 가장 극적으로 표현한 것이 바로 "인공지능으로 우리는 악마를 소환하고 있다"라는 그의 발언이다.[3]

우리도 범용인공지능(AGI)이 가져올 수 있는 이러한 위험들에 대해 우려하지만, AI 자체를 넘어서는 훨씬 더 복잡한 기술적 진보 없이는 그러한 시나리오가 현실화되기는 어렵다고 본다. 그러나 현재 우리가 실질적으로 우려해야 할 것은, 자국민의 기본권마저 억압하는 권위주의 국가들이 AI를 이용해 다른 나라들을 통제하려 시도할 가능성이다.

AI 개발에 대한 경계의 목소리는 힌튼과 머스크 외에도 많은 기술계 리더들이 내고 있다. 구글의 CEO 순다르 피차이(Sundar Pichai)는 최근 한 심층 인터뷰에서 'AI 개발 경쟁' 상황을 우려하며, 약 200명의 기술계 리더와 연구자들이 서명한 'AI 개발 6개월 중단' 촉구 공개서한에 대해 '필요했던 경고성 메시지'라고 평가했다. 그는 또한 인터뷰 후반부에서 'AI는 인류에게 근본적인 위협이 될 수 있는 잠재력을 가진 기술'이라고 강조했다.[4]

하지만 역설적인 것은 이처럼 AI의 위험성을 경고하는 인물들 중 상당수가 여전히 AI 개발을 지속하거나 관련 기업들에 투자를 이어가고 있다는 점이다. 우리가 가장 우려하는 것은 구글을 비롯한 AI 기업들이 중국과 기술적 지식을 공유하거나 판매하는 행위이며, 이는 즉각 중단되어야 한다.

미국 정부도 AI 규제 방안을 적극 검토하고 있다.[5] 이러한 정부 규제 논의는 특히 챗GPT와 같은 AI 애플리케이션의 잠재력과 위험성이 널리 알려지면서 가속화되었다. 주목할 점은 이러한 AI체계의 개발자들조차 자신들이 만든 AI가 특정한 결정을 내리는 이유를 완전히 파악하지 못하고 있다는 점이다.

뉴욕타임스(New York Times)의 보도에 따르면, 바이든 행정부는 '급속도로 확산되는 AI 기술이 공공 안전, 개인정보 보호, 민주주의 체제에 미치는 위험을 인식하고 있으나, 이를 효과적으로 규제할 법적 권한이 제한적인 상황'이다.[6] 이에 상무부(Commerce Department)는 새로운 AI 모델의 출시 전 인증 의무화 등 책임성 강화 방안에 대한 공개적인 의견 수렴에 착수했다. 연방거래위원회(Federal Trade Commission)의 리나 칸(Lina Khan) 위원장은 AI 기업들의 '이용자 대량 착취형 비즈니스 모델과 관행'을 규제하겠다는 강력한 의지를 표명했다.[7] 그녀는 "규제 당국은 AI 기술의 위험성을 감시하는 동시에, 해당 산업의 건전한 발전을 위한 공정 경쟁 환경을 조성해야 하는 두 가지 과제를 안고 있다"고 설명했다.[8]

백악관은 주요 AI 기업 경영진들과의 회의 이후 다음과 같은 합의사항을 발표했다. 기업들은 AI 개발에 따른 위험을 적극적으로 관리해야 하며, AI 제품 개발 과정의 투명성을 높이고, 독립적인 외부 검증을 수용해야 한다. 특히 악의적 목적으로 AI가 활용되는 것을 방지하기 위한 안전장치 마련이 시급하다는 데 의견을 모았다. 이에 백악관은 AI 기업들에게 '책임감 있는 선도적 역할'을 수행할 것과 '혁신 과정에서의 적절한 안전조치 도입 및 인권 보호'를 위한 구체적 행동에 나설 것을 요구했다.[9] 그러나 여기서 핵심적인 의문이 제기된다. 우리의 이러한 노력에도 불구하고 권위주의 체제 국가들이 동일한 수준의 안전조치와 윤리적 기준을 준수하도록 만들 수 있는 방법은 무엇인가?

AI의 미래 위험성에 대한 우려에 대해 일부 전문가들은 다른 시각을 제시하고 있다. 에릭 슈미트(Eric Schmidt)는 보다 균형 잡힌 접근을 주장한다. 그는 미국이 민주주의 가치를 지키면서도 기술 패권을 유지할 수 있다고 보며, "미국의 창의성, 과학 기술력, 정부와 기업의 역량이 결합한다면 우리가 바라는 이상적인 미래에 도달할 수 있다"고 강조한다.[10)]

한편 오픈AI의 CEO 샘 알트만(Sam Altman)은 AI에 대한 과도한 기대와 공포를 경계한다. 그는 'AI체계가 장기적으로는 우리의 기대에 부응할 수 있겠지만, 현 시점에서의 과대 광고는 비현실적'이라고 지적한다.[11)] 이러한 관점은 광범위한 지지를 얻고 있으며, 다수의 전문가들은 'AI가 인간의 통제를 벗어날 것'이라는 우려가 지나치게 과장되었다고 판단한다.[12)]

이러한 낙관적 견해들은 우리가 이 책의 여러 장에서 제시한 구체적 증거들을 간과하고 있다. 그 증거들 중 상당 부분은 인공지능국가안보위원회 최종보고서의 연구 결과들로 뒷받침된다. 미국의 경쟁국들이 전쟁에서의 결정적 우위를 확보하기 위해 AI 군사화 경쟁에서 앞서 나가고 있다는 것이다.

이러한 상황에서 국방부 고위 지도자들은 만약 미군이 AI 기반의 군사 시스템(플랫폼, 시스템, 센서, 무기 등)을 경쟁국들과 동등한 수준으로 확보하지 못한다면, 이는 국가 존립을 위협할 수 있는 심각한 안보 위험이 될 것이라고 지적해왔다. 이에 로이드 오스틴(Lloyd Austin) 국방장관은 레이건 국방포럼(Reagan National Defense Forum)에서 '국방부가 AI 혁명을 선도해 나갈 것'이라고 천명했으며,[13)] 캐슬린 힉스(Kathleen Hicks) 국방부 부장관도 '전장 지휘관들에게 AI, 기계학습, 자

동화 등 데이터 기반 기술들을 제공하기' 위해 미군에게 AI 기술이 중요하다고 강조했다.[14)]

뉴욕타임스(New York Times) 1면에서는 국방부 최고정보책임자(CIO, Chief Information Officer) 존 셔먼(John Sherman)의 경고성 발언을 다음과 같이 전했다. "만약 우리가 AI 개발을 중단한다면 누가 이득을 볼 것인가? 바로 우리의 잠재적 적국들이다. 그렇기에 우리는 개발을 계속해야만 한다." 이어서 기사는 중국과 러시아가 자체 개발을 멈추지 않을 것이기에, 챗GPT와 같은 첨단 AI체계의 개발을 6개월간 중단하자는 제안을 국방부가 강력히 반대한다고 보도했다.[15)]

본서 11장에서 언급했듯이, 미국은 AI 개발에 따른 위험과 혜택을 종합적으로 평가하는 국가 차원의 논의가 필요하다. 특히 이 논의는 국가안보와 국민의 번영을 위해 군이 첨단 AI 기술을 확보해야 하는 현실적 필요성에 중점을 두어야 한다. 이때 중요한 것은 막연한 미래의 위험성이 아닌, 이미 우리 앞에 놓인 구체적 위협과 확인된 사실에 기반하여 토론을 진행해야 한다는 점이다.

폴 샤레(Paul Scharre)는 최근 저서 '네 개의 전장: 인공지능 시대의 권력(Four Battlegrounds: Power in the Age of Artificial Intelligence)'의 결론에서 다음과 같이 지적한다. "권위주의 정권들이 감시, 허위정보 유포, 국민 억압을 위해 AI를 활용하는 것은 전 세계의 자유를 위협하는 심각한 도전이다. 민주주의 국가들은 이러한 경쟁에서 분명한 우위를 점하고 있지만, 이런 이점들을 효과적으로 활용할 구체적 전략을 개발해야 한다."[16)]

이 중대한 문제에 대해 여러분이 어떤 입장을 취할지는 개인의 판단에 맡긴다. 그러나 한 가지 분명한 사실은 전쟁 알고리즘이 이미 우리의 현실이 되었다는 점이다. 인류는 AI를 통해 다른 인간을 통제하려 할 것이며 이는 단순한 우려 표명이나 경고만으로는 저지할 수 없다. 적대국들의 전쟁 알고리즘이 우리에게는 종말적 파멸을 가져오는 아마겟돈 알고리즘이 되지 않도록, 우리는 미국이 그러한 위협을 억제할 수 있는 능력을 보유해야 한다고 믿는다.

미주

서론

1) "'Whoever Leads in AI Will Rule the World': Putin to Russian Children on Knowledge Day," RT, September 1, 2017, https://www.rt.com/news/401731-ai-rule-world-putin/.
2) Elon Musk, comments at National Governors Association 2017 Summer Meeting, Providence, RI, July 15, 2017, https://www.c-span.org/video/?c4676772/user-clip-elon-musk-national-governors-association-2017-summer-meeting.
3) The theme of AI inevitably transforming every aspect of warfare is expounded throughout National Security Commission on Artificial Intelligence, Final Report, March 2021, https://nscai.wpenginepowered.com/wp-content/uploads/2021/03/Full-Report-Digital-1.pdf.
4) Andrew Eversden, "Autonomy on a Stryker? 'It Will Be Challenging,' General Says," Breaking Defense, June 16, 2022, https://breakingdefense.com/2022/06/autonomy-on-a-stryker-itll-be-challenging-general-says/.
5) Margarita Konaev and Samuel Bendett, "Russian AI-Enabled Combat: Coming to a City Near You?" War on the Rocks, July 31, 2019, https://warontherocks.com/2019/07/russian-ai-enabled-combat-coming-to-a-city-near-you/.

6) People's Republic of China, Notice of the State Council Issuing the Next Generation of Artificial Intelligence Development Plan, State Council Document (2017) no. 35, trans. Foundation for Law and International Affairs, https://flia.org/wp-content/uploads/2017/07/A-New-Generation-of-Artificial-Intelligence-Development-Plan-1.pdf.
7) Apoorva Komarraju, "China Will Become the AI Superpower Surpassing the U.S. How Long?" Analytics Insight, February 19, 2021, https://www.analyticsinsight.net/china-will-become-the-ai-superpower-surpassing-u-s-how-long/.
8) E. Glen Weyl and Jaron Lanier, "AI Is an Ideology, Not a Technology," Wired, March 15, 2020, https://www.wired.com/story/opinion-ai-is-an-ideology-not-a-technology/.

CHAPTER 01

1) Shana Lynch, "Andrew Ng: Why AI Is the New Electricity," Insights by Stanford Business School, March 11, 2017, https://www.gsb.stanford.edu/insights/andrew-ng-why-ai-new-electricity.
2) Orison Swett Marden, How They Succeeded: Life Stories of Successful Men Told by Themselves (New York: Lothrop Publishing Company, 2015).
3) 모든 새로운 기술은 예상치 못한 부정적 파급효과를 초래할 수 있다. 전기는 제2차 산업혁명의 동력이 되었지만, 그 시대는 도시의 참혹한 노동 환경과 생활여건, 아동 착취 노동 등의 문제들로 넘쳐났다(찰스 디킨스(Charles Dickens)와 다른 작가들의 소설에서 생생히 묘사된 바와 같이).

예를 들어, “Industrial Revolution,” History.com, October 29, 2009, https://www.history.com/topics/industrial-revolution/industrial-revolution을 참고하라. 시간이 지나면서 이러한 문제들은 결국 개선되었다. 하지만 AI는 현재 이미 여러 부작용을 드러내고 있으며, 향후 더욱 심각한 문제들을 야기할 것으로 예상된다. 이러한 부작용들이 AI가 가져다주는 혜택보다 더 클 것인가 하는 점이 핵심 쟁점이다.

4) Lt. Cdr. Connor S. McLemore, remarks at “Beyond the Hype: Artificial Intelligence in Naval and Joint Operations” conference, U.S. Naval War College, Newport, RI, October 24, 2019.
5) Aliya Ram, “Europe's AI Start-Ups Often Do Not Use AI, Study Finds,” Financial Times, March 4, 2019, https://www.ft.com/content/21b19010-3e9f-11e9-b896-fe36ec32aece.
6) Skymind Inc., “Artificial Intelligence (AI) vs. Machine Learning vs. Deep Learning,” A.I. Wiki, https://skymind.ai/wiki/ai-vs-machine-learning-vs-deep-learning.
7) 포트란(FORTRAN, Formula Translation)은 최초의 컴퓨터 프로그래밍 언어였다.
8) Aaron Ricardela, “Best Way to Realize AI Benefits: Don't Shoot the Moon,” Forbes, October 2, 2019, https://www.forbes.com/sits/oracle/2019/10/02/best-way-to-realize-ai-benefits-dont-shoot-the-moon/. 이 인용문은 클라이브 스완(Clive Swan)의 발언이다.
9) AI체계가 인간을 인간만의 전문 영역에서 압도하는 사례들이 지난 10년간 대중문화의 주요 화두로 자리잡았다. IBM의 왓슨(IBM Watson) AI가 퀴즈쇼 제퍼디!(Jeopardy!) 챔피언들을 격파했고, 인공지능 프로그램들이 체스와 바둑에서 인간 최고수들을 연이어 물리쳤다. 가장 최근의 AI 승리 사례는 2019년에 발생했는데, 플루리버스(Pluribus) AI 알고리즘이 무제한 텍

사스 홀덤 포커에서 6명의 프로 포커 플레이어들을 동시에 상대하여 승리를 거두었다. 포커가 체스나 바둑 AI보다 훨씬 더 고도화된 인공지능 기술을 필요로 하는 이유에 대한 개괄적 설명은 Noam Brown and Tuomas Sandholm, "Superhuman AI for Multiplayer Poker," Science 365 (August 30, 2019): 885-90, https://science.sciencemag.org/content/365/6456/885 참고.

10) A Framework for Developing a National Artificial Intelligence Strategy (Geneva, Switzerland: World Economic Forum, August 2019).

11) Nathan Strout, "Intelligence Agency Takes Over Project Maven, the Pentagon's Signature AI Scheme," C4ISRNET, April 27, 2022, https://www.c4isrnet.com/intel-geoint/2022/04/27/intelligence-agency-takes-over-project-maven-the-pentagons-signature-ai-scheme/.

12) 프로젝트 매이븐(Project Maven, 공식명칭 '알고리즘 전쟁 통합기능팀(Algorithmic Warfare Cross-Functional Team)')에 대해서는 후속 장에서 다시 다루겠다. 이 프로젝트는 미국 국방부(U.S. Department of Defense)와 미국 기술산업계 간의 현재 진행형 관계에서 상징적인 위치를 차지하고 있다. 구글 직원들이 회사 경영진에게 '킬러 로봇(killer robots)' 개발 작업을 중단하라고 압력을 가한 대표적인 공개 사례였기 때문이다. 예를 들어 Daisuke Wakabayashi and Scott Shane, "Google Will Not Renew Pentagon Contract That Upset Employees," New York Times, June 1, 2018, https://www.nytimes.com/2018/06/01/technology/google-pentagon-project-maven.html 참고.

13) "if-then-else" 구문은 컴퓨터 프로그래밍에서 가장 기초가 되는 제어 구조이다. 이 구문은 두 개 이상의 데이터 집합을 서로 비교하여 그 결과를 검

사한다. 결과가 참(true)이면 "if" 조건에 따른 "then" 부분의 명령이 실행되고, 결과가 참이 아니면 "else" 부분의 명령이 실행된다.

14) 딥러닝(deep learning) 개념을 이해하는 것은 비전문가에게 상당히 어려운 과제이며, 저자들은 독자들에게 이 복잡한 개념을 완전히 습득하도록 요구하는 것을 주저한다. 그러나 심화 학습에 관심이 있는 독자들에게는 Maxim Lapan, Deep Reinforcement Learning Hands-On (Birmingham, UK: Packt Publishing, January 2020), is one of the more readable books on the subject을 추천한다. 이 서적은 해당 주제를 다룬 책들 중에서 비교적 이해하기 쉽게 작성된 교재 중 하나이다.

15) Such as "Aud the Deep Minded," a wise woman in Norse sagas. See "Aud the Deep Minded," The Lone Medievalist, https://lonemedievalist.hcommons.org/women-of-the-middle-ages/aud-the-deep-minded/.

16) Skymind Inc., "A Beginner's Guide to Automated Machine Learning & AI," A.I. Wiki, https://skymind.ai/wiki/automl-automated-machine-learning-ai.

17) Skymind Inc., "A Beginner's Guide." 스카이마인드사(Skymind Inc.)는 자사의 홍보 자료에서 다음과 같이 언급하고 있다. "여러분이 듣고 싶어 하는 말을 알고 있습니다. '당신도 회사에서 AI를 자동화할 수 있고, 성가신 데이터 사이언티스트들에 대해 다시는 걱정할 필요가 없습니다!' [하지만] 그렇게 간단하지 않습니다."

18) Matt Bevilacqua, "Uber Was Warned before Self-Driving Car Crash that Killed Woman Walking Bicycle," Bicycling, December 18, 2018, https://www.bicycling.com/news/a25616551/uber-self-driving-car-crash-cyclist/.

19) Will Knight, "The Dark Secret at the Heart of AI," MIT Technology

Review 120, no. 3 (May/June 2017): 54-61, https://www.technologyreview.com/s/604087/the-dark-secret-at-the-heart-of-ai/.

20) Stephanie Pappas, "AI Has Created a 3D Replica of Our Universe. We Have No Idea How it Works," Space.com, July 3, 2019, https://www.space.com/ai-creates-modeluniverse-mysteriously.html.

21) National Security Commission on Artificial Intelligence, Final Report.

CHAPTER 02

1) "Artificial Intelligence Is Not a Technology," Forbes, November 1, 2018, https://www.forbes.com/sites/cognitiveworld/2018/11/01/artificial-intelligence-is-not-a-technology/?sh=71a30b6b5dcb.

2) Noam Chomsky, Language and Thought (New York: Moyer Bell, 1993), 92-93.

3) Patrick Sullivan and the OCEANIT Team, "Theory and Conceptual History of Artificial Intelligence," in AI at War: How Big Data, Artificial Intelligence, and Machine Learning Are Changing Naval Warfare, ed. Sam J. Tangredi and George Galdorisi (Annapolis, MD: Naval Institute Press, 2021), 27에서 인용.

4) Sullivan, 25.

5) Sullivan, 27.

6) 컴퓨터가 그 자체로 완결된 기술이 아니라 더 큰 목표를 실현하기 위한 도구로서 사회에 영향을 미쳤다는 사실을 보여주는 한 가지 사례로, AMC 드라마 시리즈 『정지 후 발화(Halt and Catch Fire)』의 인상적인 대사를 들 수 있다. 이 시리즈는 1980년대 초반 개인용 컴퓨터 혁명 시대를 배경으로

하드웨어 및 소프트웨어 개발자들과 기업가들, 그리고 끊임없이 혁신을 추구하는 인물들의 이야기를 다룬다. 시리즈 종료를 앞둔 에피소드에서 주인공 중 한 명인 기업가가 동료들에게 자신이 깨달은 핵심 통찰을 이렇게 전한다. "컴퓨터 그 자체가 중요한 게 아니야. 컴퓨터는 정말 중요한 것에 도달할 수 있게 해주는 매개체일 뿐이야."

7) 이 컴퓨터 과학 선구자에 관해서는 수많은 전기와 연구서들이 출간되었다. 그중에서도 특히 추천할 만한 작품으로는 James Essinger, Ada's Algorithm: How Lord Byron's Daughter Ada Lovelace Launched the Digital Age (Brooklyn: Melville Publishing, October 2014)이 있다.

8) Walter Isaacson, The Innovators: How a Group of Hackers, Geniuses, and Geeks Created the Digital Revolution (New York: Simon and Schuster, 2014), 29.

9) Michael Smith, The Emperor's Codes: The Thrilling Story of the Allied Code Breakers Who Turned the Tide of World War I (New York: Arcade Publishing, 2011).

10) 알란 튜링(Alan Turing)의 생애와 연구 업적에 관한 우수한 서적들이 다수 출간되었다. 그중에서도 최고작으로 평가받는 것은 David Leavitt의 The Man Who Knew Too Much: Alan Turing and the Invention of the Computer (New York: W. W. Norton and Company, 2006)이다. 튜링의 파란만장한 생애는 2014년 아카데미상 후보작에 오른 영화 『이미테이션 게임(The Imitation Game)』의 주제가 되었다. 흥미롭게도 같은 해에 개봉한 또 다른 영화 『엑스 마키나(Ex Machina)』는 한 컴퓨터 프로그래머가 고도로 발달한 인공지능을 탑재한 (외관상 매우 아름다운) 여성형 안드로이드에게 튜링 테스트를 수행하게 되는 과정을 그린 작품이다.

11) 튜링 테스트(Turing Test)는 기계가 인간과 구별되지 않을 정도로 지능적인 행동을 보일 수 있는지를 평가하는 인공지능 판별 시험이다. 튜링이 제

안한 이 테스트에서는 인간 판정자가 실제 인간과 인간처럼 반응하도록 프로그래밍된 기계 간의 자연어 대화를 평가한다. 대화는 컴퓨터 키보드와 화면과 같은 문자 기반 소통 수단으로만 이루어지며, 이는 테스트 결과가 기계의 음성 합성 기술에 좌우되지 않도록 하기 위함이다. 만약 인간 판정자가 대화 상대방이 기계인지 인간인지를 확실하게 구별해낼 수 없다면, 해당 기계는 튜링 테스트를 통과한 것으로 판정된다.

12) Andrew Hodges, Alan Turing: The Enigma (London: Burnett Books, 1983), 152-54.

13) 이 연구가 컴퓨터 과학과 인공지능 역사에서 차지하는 상징적 위치는 아무리 강조해도 지나치지 않다. 실제 제안서를 포함한 이 사건에 관한 설명 논문은 AI Magazine 27, no. 4 (2006)을 참고.

14) Michael Wooldridge, A Brief History of Artificial Intelligence: What It Is, Where We Are, and Where We Are Going (San Francisco: Flatiron Books, 2021).

15) AI 봄(AI Spring) 시작으로부터 15년이 지난 1980년대를 배경으로 하고 있음에도 불구하고 컴퓨터 산업계(하드웨어 및 소프트웨어 분야)의 역동적이고 불안정한 특성과 급성장-급락을 반복하는 순환 패턴은 AMC 드라마 시리즈 Halt and Catch Fire에서 생생하게 묘사되고 있다.

16) 『그녀(Her)』는 비평가들의 찬사를 받았으며 전 세계 박스오피스에서 5천만 달러에 가까운 수익을 올렸다.

17) 예를 들어 SRI International 웹사이트 (https://www.sri.com/?s=Shakey&orderby=post_date&order=desc&post_type=all)에서 확인할 수 있는 빌 게이츠(Bill Gates)와의 인터뷰에서 그는 셰이키(Shakey) 로봇을 자신의 기술 개발에 영감을 준 혁신적 발명품으로 평가하고 있다.

18) 공정하게 평가하자면 이 30년간의 침체기 동안에도 AI 연구가 완전히 중단되지는 않았다. 대부분의 전문가들은 일본의 제5세대 컴퓨터 프로젝

트(Fifth-Generation Project)가 인공지능 연구와 고성능 논리 처리 시스템에 막대한 자금을 투자했던 1980년대 초반에 초보적인 AI 르네상스가 일어났다고 인정한다. 하지만 불행히도 이 야심찬 국가적 프로젝트는 예상했던 기술적 돌파구를 마련하지 못했고, 결국 AI 빙하기가 더욱 강력하게 재등장하게 되었다. 예를 들어 Peter J. Denning and Ted G. Lewis, "Intelligence May Not Be Computable," American Scientist, November-December 2019 참고.

19) Isaacson, The Innovators, 470.
20) Isaacson.
21) Isaacson, 470-71.
22) Cade Metz, "A Tech-Military Revolution Away from Silicon Valley," New York Times, March 3, 2021. 이 기사는 뉴욕타임스 경제면의 헤드라인 기사였으며 다음과 같은 내용을 포함하고 있다. "군부와 정보기관들은 실리콘밸리의 연구기관들과 첨단기술 기업들과 오랜 협력 역사를 갖고 있다. 인터넷의 모체인 ARPANET은 미국 국방부가 자금을 지원했다. 휴렛팩커드(Hewlett-Packard) 공동창립자인 데이비드 팩커드(David Packard)는 리처드 닉슨(Richard Nixon) 대통령 재임 시절 국방부 부장관을 지냈다. 세계 최대 소프트웨어 기업 중 하나인 오라클(Oracle)은 CIA(중앙정보국)를 위한 컴퓨터 프로그램 개발 업무로 사업을 시작했다."
23) "How Big Tech Got Even Bigger," Wall Street Journal, February 6-7, 2021.
24) Max Boot, War Made New: Technology, Warfare, and the Course of History 1500 to Today (New York: Gotham Books, 2006), 318-51.
25) Bruce Berkowitz, The New Face of War: How War Will Be Fought in the 21st Century (New York: The Free Press, 2003), 2-3. 버코

위츠(Berkowitz)는 혁신적 군사기술이 전장에서의 결정적 승리를 가능하게 한 사례들을 단일 전쟁에 국한하지 않고, 다음과 같은 추가적 분석을 제시한다. "미국이 1999년 코소보 전쟁에서 유고슬라비아와 교전했을 때와 2001년 아프가니스탄 침공 작전에서 탈레반 정권을 상대했을 때도 같은 양상이 나타났다. 매 전쟁마다 군사 전문가들과 분석가들은 장기간의 소모전이나 큰 피해를 우려했지만, 결과적으로 미군은 매번 일방적이고 압도적인 승리를 달성했다" (3쪽).

26) James Pethokoukis, "U.S. Federal Research Spending Is at a 60-Year Low. Should We Be Concerned?" American Enterprise Institute, May 11, 2020. 역사적 맥락에서 비교해보면, 미국 연방정부의 연구개발(R&D) 예산이 전체 연방예산에서 차지하는 비율은 냉전 체제와 소련과의 "우주개발 경쟁" 시대가 절정에 달했던 1960년대에 약 12%에 근접하는 최고치를 기록했으나, 현재는 전체 연방예산 지출의 3% 미만 수준으로 급격히 감소한 상태이다.

27) 미 국방부는 캘리포니아주 마운틴 뷰에 국방혁신단(DIU, Defense Innovation Unit)과 같은 전문기관을 설립하여 실리콘밸리의 첨단기술 기업들과 더욱 긴밀한 파트너십을 구축하려는 전략적 노력을 기울여 왔다. DIU는 보스턴과 오스틴에 지역 사무소를 운영하고 있으며, 이러한 지리적 배치는 전국 각지의 혁신적 하이테크 기업들과의 협업을 용이하게 하고 접근성을 극대화하기 위한 목적으로 설계되었다.

28) 현재 진행 중인 AI 투자 격차와 향후 예측되는 기술 패권 경쟁의 심화를 분석하는 수많은 언론 보도 중 대표적 사례로, Jonathan Ponciano, "Google Billionaire Eric Schmidt Warns of 'National Emergency' If China Overtakes U.S. in AI Technology," Forbes, March 7, 2021 참고.

29) 냉전시대 핵무기 군비경쟁과 현재 진행 중인 AI 기술 패권 경쟁 사이의 구조적 유사성과 전략적 함의에 대한 비교 분석이 National Security

Commission on Artificial Intelligence Final Report에서 매우 설득력 있는 논거와 함께 상세히 제시되고 있다.

CHAPTER 03

1) Samuel Bendett et al., Advanced Military Technology in Russia (London: Chatham House/Royal Institute of International Affairs, September 2021), 76, https://www.chathamhouse.org/sites/default/files/2021-09/2021-09-23-advanced-military-technology-in-russia-bendett-et-al.pdf.
2) "China Has Won AI Battle with U.S., Pentagon's Ex-Software Chief Says," Reuters, October 11, 2021, https://www.reuters.com/technology/united-states-has-lost-ai-battle-china-pentagons-ex-software-chief-says-2021-10-11/.
3) Dan Robitzski, "Russia's Semi-Autonomous Tanks Were Utterly Useless in Syria: These Killer Robots Were a Glitchy Mess," Futurism, October 21, 2019, https://futurism.com/the-byte/russia-semi-autonomous-robot-tanks-useless-syria; Sebastien Roblin, "This Is the Robot Tank the Russians Used in Syria," The National Interest, October 21, 2019, https://nationalinterest.org/blog/buzz/robot-tank-russia-used-syria-89866.
4) Paul Scharre, Four Battlegrounds: Power in the Age of Artificial Intelligence (New York: W. W. Norton, 2023).
5) Paul Mozur, "One Month, 500,000 Facial Scans: How China Is Using AI to Profile a Minority," New York Times, April 14, 2019, https://www.nytimes.com/2019/04/14/technology/china-surveillance-

artificial-intelligence-racial-profiling.html.

6) Derek Grossman et al., Chinese Views of Big Data Analytics (Santa Monica, CA: RAND, 2020), 16.

7) Vanessa Caldwell, "With Artificial Intelligence, We Have Nowhere to Hide. Don't You Think It's Horrifying?" CBCDocs, Canadian Broadcasting Corporation, September 27, 2021, https://www.cbc.ca/documentaries/the-passionate-eye/with-artificial-intelligence-we-have-nowhere-to-hide-don-t-you-think-it-s-horrifying-1.6185448.

8) Joyce Huang, "China Boasts of 'Mind-reading' Artificial Intelligence that Supports 'AI-tocracy,'" VOANews.com, July 9, 2022, https://www.voanews.com/a/china-boasts-of-mind-reading-artificial-intelligence-that-supports-ai-tocracy-/6651986.html.

9) "Russian Army to Use Unmanned Ground Robot Taifun-M to Protect Yars and Topol-M Missile Sites," Army Recognition, April 23, 2014, https://www.armyrecognition.com/april_2014_global_defense_security_news_uk/russian_army_to_use_unmanned_ground_robot_taifun-m_to_protect_yars_and_topol-m_missile_sites_2304143.html.

10) Bendett et al., Advanced Military Technology, 52-55.

11) Bendett et al.

12) "아마도 그 정도"라는 추정 표현을 사용하는 이유는 현재 민간에 판매되고 있는 상당수의 상업용 기술 제품들이 실제로는 미 국방부나 미 항공우주국(NASA)이 예산을 투입하여 개발한 연구 프로젝트에서 출발했기 때문이다. 대표적인 사례로는 고속 컴퓨팅 시스템, 위성통신 기술, 인터넷, 휴대용 무선통신 장치, 전자레인지 등이 있다. 수많은 대형 기술기업들이 이러한 정부 주도 연구개발 성과를 민간 상업 영역으로 전환시켜 사업화하는 과정에서 초기 성장 동력을 확보했다. 재정 투입 현황의 관점에서 보면, 현재 진

행 중인 R&D 사업에 어떤 주체의 자금이 투입되고 있는지를 파악하는 것은 비교적 용이하다. 하지만 다양한 첨단기술 제품들에 대해서 민간 기업의 R&D 투자와 정부 기관의 R&D 투자가 각각 얼마나 기여했는지를 정확하게 구분하여 평가하는 것은 매우 복잡하고 어려운 작업이다.

13) Frank Kendall, Getting Defense Acquisition Right (Fort Belvoir, VA: Defense Acquisition University Press, 2017), 95, https://dod.defense.gov/Portals/1/Documents/pubs/Getting-Acquisition-Right-Jan2017.pdf.

14) Gregory C. Allen, Understanding China's AI Strategy: Clues to Chinese Strategic Thinking on Artificial Intelligence and National Security (Washington, DC: Center for a New American Security, February 2019), 1.

15) Ben Wodecki, "China Set to More than Double AI Spending by 2026," Data Center Knowledge, October 14, 2022, https://www.datacenterknowledge.com/investing/china-set-more-double-ai-spending-2026.

16) Grossman et al., Chinese Views of Big Data Analytics, vii.

17) Allen, Understanding China's AI Strategy, 1쪽에서 인용.

18) Emily S. Weinstein and Ngor Luong, U.S. Outbound Investment into Chinese AI Companies (Washington, DC: Center for Security and Emerging Technology, March 2023), 6, https://cset.georgetown.edu/publication/u-s-outbound-investment-into-chinese-ai-companies/.

19) Bendett et al., Advanced Military Technology.

20) Bendett et al.

21) Margarita Konaev and Samuel Bendett, "Russia's AI Disconnect: The

War in Ukraine and the Looming Collapse of Russia's AI Industry," Institute for Technology and Security, April 28, 2022, https://www.youtube.com/watch?v=mFkN7cZnvxo.

22) Yasmin Tadjdeh, "Algorithmic Warfare: Russia Expanding Fleet of AI-Enabled Weapons," National Defense, July 20, 2021, https://www.nationaldefensemagazine.org/articles/2021/7/20/russia-expanding-fleet-of-ai-enabled-weapons.

23) Tadjdeh.

24) Tadjdeh.

25) Mozur, "One Month."

26) Sara Salinas and Jillian D'Onfro, "Google Employees: We No Longer Believe the Company Places Values over Profit," CNBC, November 27, 2018, https://www.cnbc.com/2018/11/27/read-google-employees-open-letter-protesting-project-dragonfly.html.

27) John Ruwitch, "Apple Is Accused of Limiting Crucial AirDrop Function in China Weeks before Protests," NPR, December 26, 2022, https://www.npr.org/2022/12/26/1145509265/apple-is-accused-of-limiting-crucial-airdrop-function-in-china-weeks-before-prot.

28) Katyanna Quach, "While Google Agonizes over Military AI, IBM Is Happy to Pick Up the Slack, Even for the Chinese Military," The Register, April 12, 2019, https://www.theregister.com/2019/04/12/ibm_ai_database/.

29) Melissa Heikkila, "The AI Myth Western Lawmakers Get Wrong," The Algorithm, November 28, 2022, https://www.technologyreview.com/2022/11/29/1063777/the-ai-myth-western-lawmakers-get-wrong/.

30) Heikkila. Quote is from Zeyi Yang.
31) Heikkila.
32) Ryan Fedasiuk, Jennifer Melot, and Ben Murphy, Harnessed Lightning: How the Chinese Military Is Adopting Artificial Intelligence (Washington, DC: Center for Security and Emerging Technology, October 2021), iii, https://cset.georgetown.edu/publication/harnessed-lightning/.
33) Fedasiuk, Melot, and Murphy, 10-11.
34) Fedasiuk, Melot, and Murphy, 37-38; Lyle J. Goldstein, "Beijing Confronts Long-Standing Weakness in Anti-Submarine Warfare," China Brief 11, no. 14 (July 29, 2011): 14-17, https://jamestown.org/program/beijing-confronts-long-standingweakness-in-anti-submarine-warfare; Lyle J. Goldstein and Shannon Knight, "Wired for Sound in the 'Near Seas'," U.S. Naval Institute Proceedings 140, no. 4 (April 2014): 56-61, https://www.usni.org/magazines/proceedings/2014/april/wired-sound-near-seas; Owen R. Cote Jr., "Assessing the Undersea Balance between the U.S. and China," U.S. Navy SSP Working Paper, February 2011, https://www.usni.org/sites/default/files/inline-files/Undersea%20Balance%20WP11-1.pdf; and Eric Heginbotham et al., The U.S.-China Military Scorecard, RR 392 (Santa Monica: RAND Corporation, 2017), 186-200, https://www.rand.org/content/dam/rand/pubs/research_reports/RR300/RR392/RAND_RR392.pdf.
35) Fedasiuk, Melot, and Murphy, Harnessed Lightning, 38.
36) Jeffrey Engstrom, Systems Confrontation and System Destruction Warfare: How the Chinese People's Liberation Army Seeks to Wage Modern Warfare, RR1708 (Santa Monica: RAND Corporation, 2018),

iii, https://www.rand.org/content/dam/rand/pubs/research_reports/RR1700/RR1708/RAND_RR1708.pdf.

37) Fedasiuk, Melot, and Murphy, Harnessed Lightning, 38-39.

38) Jeffrey Edmonds et al., Artificial Intelligence and Autonomy in Russia, DRM-2021-U-029303-Final (Arlington, VA: CNA, 2021), 123-26, https://www.cna.org/reports/2021/05/Artificial-Intelligence-and-Autonomy-in-Russia.pdf.

39) Margarita Konaev and Samuel Bendett, "Russian AI-Enabled Combat: Coming to a City Near You?" War on the Rocks, July 31, 2019, https://warontherocks.com/2019/07/russian-ai-enabled-combat-coming-to-a-city-near-you/.

40) Konaev and Bendett.

41) Konaev and Bendett.

42) Ross Anderson, "The Panopticom Is Already Here," Atlantic, September 2020, www.theatlantic.com/magazine/archive/2020/09/china-ai-survelliance/614197.

43) Matt Shehan, "What China's Algorithm Registry Reveals about AI Governance," Carnegie Endowment for International Peace, December 9, 2022, https://carnegieendowment.org/2022/12/09/what-china-s-algorithm-registry-reveals-about-ai-governance-pub-88606.

44) DL, TT, and YX (identities withheld), "Is China Emerging as the Global Leader in AI?" Harvard Business Review, February 18, 2021, https://hbr.org/2021/02/is-china-emerging-as-the-global-leader-in-ai.

45) Yasmin Tadjdeh, "China Threatens U.S. Primacy in Artificial

Intelligence," National Defense, October 30, 2020, https://www.nationaldefensemagazine.org/articles/2020/10/30/china-threatens-us-primacy-in-artificial-intelligence.

46) National Security Commission on Artificial Intelligence, Final Report, 1.

47) Sharon Weinberger, Robert Wall, and Doug Cameron, "Pentagon Woos Silicon Valley to Join Ranks of Arms Makers," Wall Street Journal, March 26, 2023, https://www.wsj.com/articles/pentagon-woos-silicon-valley-to-join-ranks-of-arms-makers-38b1d4c0?=q819s61u4azb57.

CHAPTER 04

1) Boot, War Made New. 부트(Boot)는 기술을 전쟁의 승패를 좌우하는 단독 결정 요인으로 제시하지는 않으며, 지리적 조건, 인구 구조, 경제력, 문화적 배경, 지도력 등 전쟁 수행에 영향을 미치는 다양한 변수들을 종합적으로 고려한다. 하지만 그는 군사 기술이 전쟁사에 미친 혁명적 영향력에 대해서는 확고한 입장을 견지하며 다음과 같이 강조한다. "일부 군사 분석가들은 개별 전투의 승부 결정에서 기술적 요인의 중요성을 축소해석할 수도 있으나, 근현대 서구 문명의 군사적 패권 확립 과정에서 첨단 무기체계가 발휘한 결정적 역할은 명백한 역사적 사실이다…. 그러므로 진정한 군사적 우위 확보의 핵심은 반드시 혁신적 무기나 장비를 세계 최초로 개발해내는 것에만 있지 않다. 오히려 이미 널리 보급된 기존의 무기나 군사 장비를 다른 어떤 국가나 군대보다도 효과적이고 창조적으로 운용하는 전술적 역량을 확보하는 것이다" (458쪽).

2) Andrew W. Marshall, "Some Thoughts on Military Revolutions—Second Version" (memorandum for record, August 23, 1993), in Owen Daniels, The AI RMA: The Revolution Has Not Arrived (Yet)

(Washington, DC: Andrew W. Marshall Foundation, October 2022).

3) 이 역사적 사건을 군사혁신(Revolution in Military Affairs)의 결과를 실증하는 사례로 규정하는 관점은 P. W. Singer, Wired for War: The Robotics Revolution and Conflict in the 21st Century (New York: Penguin Press, 2009), 219-24쪽에서 제시된다. 당시 역사 기록들은 프란시스코 피사로(Francisco Pizarro)가 이끈 정복군의 규모가 168명인지 180명인지에 대해 상이한 수치를 제시하고 있으나, 모든 사료가 200명 미만의 소규모 병력이었다는 점에서는 일치한다. 또한 8만 명 규모의 잉카 제국 군대 전체가 카하마르카(Cajamarca) 외곽에 주둔하고 있었는지에 대해서도 기록마다 차이를 보이지만, 해당 군대가 "잉카 제국 군사력의 대부분을 차지하는 주력 부대"였다는 점은 공통적으로 전해진다. 잉카 황제 아타우알파(Atahualpa)가 스페인군의 기습 공격 가능성을 미리 예상하고 있었는지 여부에 대해서도 사료들마다 서로 다른 해석을 제시하고 있다. 북아메리카 대륙에서 에르난 코르테스(Hernán Cortés)는 아즈텍 제국 정복 과정에서 유사한 압도적 성과를 거두었으나, 그는 수만 명에 달하는 현지 원주민 동맹 세력들의 군사적 지원을 받을 수 있었다는 점에서 차이가 있다.

4) 현대 군사 조직이 남녀 군인들로 혼성 구성되어 있다는 현실을 반영하여 전통적으로 사용되던 'unmanned(무인)'라는 용어는 점진적으로 성별 중립적 표현인 'uncrewed(무승무원)'로 교체되고 있는 추세이다. 하지만 'unmanned' 용어가 아직까지 일반 대중과 언론 매체에서 널리 통용되고 있는 관용적 표현이므로 본서에서는 독자들의 이해도와 접근성을 고려하여 기존 용어를 계속 사용하기로 한다.

5) Thomas Wildenberg, "Crewless Ghost Ships of the Inter-War Navy," Naval History (April 2014): 56-62, https://www.usni.org/magazines/naval-history-magazine/2014/march/crewless-ghost-ships-interwar-navy.

6) 또한 DASH 시스템은 냉전시기 급격히 확산되고 있던 소련 해군 잠수함 위협에 효과적으로 대응하기 위해 대잠수함전(ASW, Anti-Submarine Warfare) 전용 어뢰로 무장하였다. 기본 작전개념은 DASH가 적 잠수함의 어뢰 공격 사정거리를 벗어난 안전 거리에서 Mk-44 음향 유도 어뢰나 Mk-57 핵탄두 폭뢰를 사용하여 소련 잠수함을 선제 타격한다는 것이었다. 미 해군의 DASH 무인 헬리콥터 프로그램에 대한 가장 포괄적이고 상세한 분석 자료로는 Benjamin Armstrong, "Unmanned Naval Warfare: Retrospect and Prospect," Armed Forces Journal, December 20, 2013, http://armedforcesjournal.com/unmanned-naval-warfare-retrospect-prospect/ 참고. 추가로 Thomas Pinney, "UAVs: Before Fire Scout There Was Dash," U.S. Naval Institute Proceedings 144, no. 8 (August 2018), https://www.usni.org/magazines/proceedings/2018/august/uavs-fire-scout-there-was-dash도 참고할 것.
7) Douglas Main, "Robots to the Rescue," Popular Science, April 8, 2013, https://www.popsci.com/trp-sponsored-article-slideshow/.
8) Tangredi and Galdorisi, AI at War 전반에 걸쳐 논의된 바와 같다.
9) Norman Polmar, "Historic Aircraft—The Pioneering Pioneer," Naval History, September 2013, https://www.usni.org/magazines/naval-history-magazine/2013/september/historic-aircraft-pioneering-pioneer.
10) Department of Defense, Office of the Under Secretary for Acquisition, FY 2017-2042 Unmanned Systems Integrated Roadmap, August 28, 2018, https://apps.dtic.mil/sti/citations/AD1059546.
11) Paul Scharre, Army of None: Autonomous Weapons and the Future of War (New York: W. W. Norton and Company, 2018), 313.

12) FY 2017-2042 Unmanned Systems Integrated Roadmap.
13) National Security Commission on Artificial Intelligence, Final Report.
14) Harry Hillaker, "John Boyd, Father of the F-16," Code One Magazine, July 1997, George Galdorisi, "Warfighting Demands Better Decisions," U.S. Naval Institute Proceedings 146, no. 6 (June 2020): 32-35에서 인용. 존 보이드(John Boyd)의 OODA 루프 개념은 본래 공대공 전투에서의 전술적 우위 확보를 위한 항공 전투 이론으로 개발되었으며, 그의 에너지-기동성 이론(Energy-Maneuverability Theory)과 한국전쟁 중 소련제 MiG-15 전투기와 미군 노스 아메리칸 F-86 세이버(North American F-86 Sabre) 간의 실제 공중 교전 상황에 대한 면밀한 분석에서 도출되었다. F-16 파이팅 팰콘의 수석 설계 엔지니어였던 해리 힐레이커(Harry Hillaker)는 OODA 이론의 핵심에 대해 다음과 같이 설명했다. "시간 요소가 결정적 변수이다. OODA 사이클을 가장 신속하게 실행하는 조종사가 승리를 거둔다. 그 이유는 상대방 조종사가 이미 변화해버린 전술 상황에 뒤늦게 대응하려다 주도권을 상실하게 되기 때문이다."
15) Amir Husain, "AI Is Shaping the Future of War," Prism 9, no. 3 (November 2021): 50-61. 이 연구 논문은 전 세계 각국 군대들이 현재 실전 배치하여 운용 중인 자율 무기체계(Autonomous Weapons Systems)들—치명적 자율 무기체계(Lethal Autonomous Weapons Systems, LAWS)를 포함한—의 구체적인 10가지 실용화 사례들을 상세히 분석하고 제시한다.
16) Scharre, Army of None, 47-48.
17) Husain, "AI Is Shaping the Future," 56.
18) Karl Capek, R. U. R. (Rossum's Universal Robots) (New York: Samuel French, 1923), https://www.gutenberg.org/files/59112/59112-h/59112-h.htm.

19) 인공지능이 현대 군사작전에 미치는 전략적 영향과 파급효과에 관한 가장 종합적이고 심층적인 분석 보고서로는 The Militarization of Artificial Intelligence (New York: United Nations, August 2019) 참고.
20) Department of Defense Directive 3000.09, "Autonomy in Weapon Systems," updated January 25, 2023.
21) Ralph Peters, "Bloodless Theories, Bloody Wars: Easy Win Concepts Crumble in Combat," Armed Forces Journal, April 1, 2006, http://armedforcesjournal.com/bloodless-theories-bloody-wars/.

CHAPTER 05

1) Paul Scharre, "Centaur Warfighting: The False Choice between Humans vs. Automation," Temple International and Comparative Law Journal 30, no. 1 (Spring 2016): 152, https://sites.temple.edu/ticlj/files/2017/02/30.1.Scharre-TICLJ.pdf.
2) John Arquilla and Peter Denning, "Automation Will Change Sea Power," U.S. Naval Institute Proceedings 145, no. 6 (June 2019), https://www.usni.org/magazines/proceedings/2019/june/automation-will-change-sea-power.
3) Scharre, Army of None, 321.
4) Jada Rivera, "A Flank Bell: The Importance of Manned-Unmanned Teaming," USNI blog, January 29, 2021, https://blog.usni.org/posts/2021/01/29/a-flank-bell-the-importance-of-manned-unmanned-teaming.
5) Mike Cassidy, "Centaur Chess Brings Out the Best in Humans and Machines," Bloom-Reach blog, December 14, 2014, https://

www.bloomreach.com/2014/centaur-chess-brings-best-humans-machines.

6) 대표적 사례로 J. C. R. Licklider, “Man-Computer Symbiosis,” IRE Transactions on Human Factors in Electronics, vol. HFE-1 (March 1960): 4-11 참고.

7) National Academies of Sciences, Engineering, and Medicine, Human-AI Teaming: State of the Art and Research Needs (Washington, DC: The National Academies Press, 2022), https://doi.org/10.17226/26355. 추가로 Maria Jesus Saenz, Elena Revilla, and Cristina Simón, “Designing AI Systems with Human-Machine Teams,” MIT Sloan Management Review, March 18, 2020, https://sloanreview.mit.edu/article/designing-ai-systems-with-human-machine-teams/ 및 Barry Strauch, “Ironies of Automation: Still Unresolved After All These Years,” IEEE Transactions on Human-Machine Systems, April 2017, 1-15 참고.

8) Berkowitz, The New Face of War. 버코위츠(Berkowitz)는 군사 기술 혁신이 가져온 전술적 우위에 대한 분석 사례를 단일 전쟁에 국한하지 않고, 다음과 같은 추가적 역사적 증거를 제시한다. “미국이 1999년 코소보 전쟁에서 유고슬라비아 연방공화국과 교전했을 때와 2001년 아프가니스탄 침공 작전에서 탈레반 정권을 상대했을 때도 동일한 패턴이 반복되었다. 매 전쟁마다 군사 분석가들과 전문가들은 장기 소모전이나 상당한 인명 피해를 우려했으나, 결과적으로 미군은 매번 일방적이고 압도적인 승리를 달성했다” (3쪽).

9) Robert Work, interview with David Ignatius at “Securing Tomorrow” forum, Washington, DC, March 30, 2016.

10) 인공지능 기술과 자율화 시스템이 현대 사회 전 영역, 특히 군사작전 및 국

가안보에 미치는 전략적 중요성과 변혁적 영향은 국제기구와 주요국 정부 차원에서 광범위하게 연구되고 체계적으로 문서화되어 왔다. 대표적인 공식 연구 보고서로는 Executive Office of the President, National Science and Technology Council, Committee on Technology, Preparing for the Future of Artificial Intelligence, October 2016; Office of the Secretary of Defense for Acquisition, Technology, and Logistics, Report of the Defense Science Board Summer Study on Autonomy, June 2016; 그리고 가장 최근의 종합적 분석인 March 2021 National Security Commission on Artificial Intelligence Final Report 등이 있다.

11) Robert Work, remarks at the Center for New American Security Defense Forum, December 14, 2015.

12) Kris Osborn, "The Strategic Problem of Persistent Surveillance," National Interest, June 7, 2021, https://nationalinterest.org/blog/buzz/strategic-problem-%E2%80%98persistent-surveillance%E2%80%99-187034.

13) George Galdorisi, "UAVs Can Fill the Navy's Scouting Gap," U.S. Naval Institute Proceedings 149, no. 1 (January 2023): 36-37, https://www.usni.org/magazines/proceedings/2023/january/uavs-can-fill-navys-scouting-gap.

14) Audrey Decker, "Navy Eyes Stingray for Future Carrier-Based Aviation," Inside the Navy, September 9, 2022, https://insidedefense.com/daily-news/navy-eyes-stingray-future-carrier-based-unmanned-aviation. 이 기사는 미 해군 고위 지휘관들이 다수의 공식 연설과 브리핑에서 공개한 미래 항공모함 항공단 구성 계획을 보도하면서, 특히 다음과 같은 핵심 내용을 인용하고 있다. "미래 항공모함 탑재 항공기의 40% 이상이 무인항공기(UAV)로 구성될 예정이다."

15) Sherry Sontag, Christopher Drew, and Annette Lawrence Drew, Blind Man's Bluff: The Untold Story of American Submarine Espionage (New York: Public Affairs, 1998).
16) Sam Lagrone and Mallory Shelbourne, "CNO Gilday: 'We Need a Naval Force of over 500 Ships,'" USNI News, February 18, 2022, https://news.usni.org/2022/02/18/cnogilday-we-need-a-naval-force-of-over-500-ships.
17) Department of the Navy, Chief of Naval Operations, NAVPLAN 2022, July 2022, https://news.usni.org/2022/07/26/2022-chief-of-naval-operations-navigation-plan-update; Sam Lagrone, "Updated: Navy's Force Design 2045 Plans for 373 Ship Fleet, 150 Unmanned Vessels," USNI News, July 26, 2022, https://news.usni.org/2022/07/26/navys-force-design-2045-plans-for-373-ship-fleet-150-unmanned-vessels.
18) Lagrone, "Updated: Navy's Force Design 2045."
19) Patrick Tucker, "Soldiers Don't Trust Robot Battle Buddies. Can Virtual Training Fix That?" Defense One, November 30, 2020, https://www.defenseone.com/technology/2020/11/soldiers-dont-trust-robot-battle-buddies-can-virtual-training-fix/170378/.
20) Javier Chagoya, "Researchers, Marines Explore Trust in Human-Machine Teams," Navy News Service, December 4, 2020, https://www.navy.mil/Press-Office/News-Stories/Article/2435883/researchers-marines-explore-trust-in-human-machine-teams/.
21) Megan Eckstein, "Berger: Marines Need to Trust Unmanned, AI Tools for Future Warfare," USNI News, February 2, 2021, https://news.usni.org/2021/02/02/berger-marines-need-to-trust-unmanned-ai-tools-

for-future-warfare.

22) National Security Commission on Artificial Intelligence, Final Report. 추가로 항공 분야에서 축적된 인간-기계 간 신뢰 관계가 AI 기반 무기체계에 대한 군인들의 신뢰 구축에 어떠한 시사점을 제공할 수 있는지에 관한 분석은 Joseph Chapa, "Trust and Tech: AI Education in the Military," War on the Rocks, March 2, 2021, https://warontherocks.com/2021/03/trust-and-tech-ai-education-in-the-military/ 참고.
23) Scharre, Army of None, 229-30.
24) Scharre, "Centaur Warfighting."

CHAPTER 06

1) Gen. John Shanahan, remarks at the U.S. Naval War College Artificial Intelligence Symposium, December 10, 2019.
2) Department of Defense, Deputy Secretary of Defense Memo, "Accelerating Data and Artificial Intelligence for the Warfighter," June 21, 2021, https://media.defense.gov/2021/Jun/23/2002748007/-1/-1/1/MEMORANDUM-ON-ACCELERATING-DATA-AND-ARTIFICIAL-INTELLIGENCE-FOR-THE-WARFIGHTER.PDF.
3) OODA 루프 이론에 관한 가장 권위 있는 원전 자료 중 하나는 John Boyd, Destruction and Creation (Fort Leavenworth, KS: U.S. Army Command and General Staff College, 1976)이다.
4) Galdorisi, "Warfighting Demands Better Decisions."
5) 대표적인 연구서로 Ian Toll, Six Frigates: The Epic History of the Founding of the U.S. Navy (New York: W. W. Norton and Company, 2006) 참고.

6) 명확히 밝혀둘 점은 미 해군이 이 시기 동안 상당한 군사적 패배와 손실을 경험했다는 것이며, 그중에서도 가장 치욕적인 사건들로는 1803년 트리폴리 전쟁 중 USS 필라델피아(USS Philadelphia) 프리깃함의 트리폴리군에 의한 나포 사건과 1812년 전쟁(War of 1812) 중 USS 프레지던트(USS President) 프리깃함의 영국 해군에 의한 나포 사건을 들 수 있다.
7) 미국 해군 창설 당시 건조된 최초 6척의 프리깃함은 USS 컨스티튜션(USS Constitution), USS 컨스텔레이션(USS Constellation), USS 프레지던트(USS President), USS 유나이티드 스테이츠(USS United States), USS 체서피크(USS Chesapeake), USS 콩그레스(USS Congress)였다.
8) 이 영화는 쿠바 미사일 위기(Cuban Missile Crisis) 발발 직전인 1962년 10월, 미 해군 대잠부대가 핵어뢰로 무장한 소련 해군의 폭스트롯급 잠수함 B-59를 추적하고 강제 부상시키려 했던 실제 사건을 각색한 작품이다.
9) 이 참극에 관해서는 수많은 언론 보도와 분석 기사들이 발표되었으나, 그중에서도 가장 신뢰할 만하고 포괄적인 보도 중 하나는 "Iran Plane Crash: Ukrainian Jet Was 'Unintentionally' Shot Down," BBC News, January 11, 2020, https://www.bbc.com/news/world-middle-east-51073621이다.
10) John Cordle, "Design Systems That Work for People," U.S. Naval Institute Proceedings 144, no. 9 (September 2018), https://www.usni.org/magazines/proceedings/2018/september/design-systems-work-people 참고. 저자는 이 두 해상 충돌 사고를 심층 분석한 결과, 해당 구축함들에 탑승한 장교들과 수병들이 상황 판단과 의사결정을 수행하는 데 사용한 전투체계 및 항해 시스템들의 설계 과정에서 인간-시스템 통합 설계(Human Systems Integration) 원칙의 부재가 두 사고 모두의 핵심적인 원인 요소였다고 결론내리고 있다.
11) 대표적인 언론 보도로는 Azmat Kahn, "Hidden Pentagon Records Reveal

Pattern of Failure in Deadly Airstrikes," New York Times, December 21, 2021, https://www.nytimes.com/interactive/2021/12/18/us/airstrikes-pentagon-records-civilian-deaths.html; Azmat Kahn, "The Human Toll of America's Air Wars," New York Times, January 2, 2022, https://www.nytimes.com/2021/12/19/magazine/victims-airstrikes-middle-east-civilians.html; Alex Horton, Dan Lamothe, and Karoun Demirjian, "Botched Drone Strike That Killed 10 Civilians in Kabul Was Not a Result of Criminal Negligence, Pentagon Says," Washington Post, November 3, 2021, https://www.washingtonpost.com/national-security/2021/11/03/kabul-drone-strike-inspector-general-report/ 등이 있다. 이 중 첫 번째 뉴욕타임스 탐사 보도는 "불충분한 정보나 입수된 정보에 대한 오판"과 함께 "정보수집 실패 및 의사결정 과정의 결함"을 이러한 민간인 오폭 사건들의 구조적 원인으로 분석하고 있다.

12) Lee Bennett은 그의 논문 "Fight Information Overload"에서 이러한 정보 처리 과부하 문제를 심층적으로 분석하면서, "중요한 정보를 신속하게 이해하고, 기억에 저장하며, 실제 작전에 적용하는 데에는 명백한 인간 인지능력의 한계가 존재한다"고 지적했다. U.S. Naval Institute Proceedings 143, no. 7 (July 2017), https://www.usni.org/magazines/proceedings/2017/july/fight-information-overload.

13) U.S. Army Training and Doctrine Command, Mad Scientist blog, November 23, 2020, https://madsciblog.tradoc.army.mil/287-artificial-intelligence-an-emerging-game-changer/.

14) Dr. Alexander Kott, keynote address, 22d Command and Control Research and Technology Symposium, Los Angeles, November 7, 2017.

15) Dr. Eric Haseltine, keynote address, Office of Naval Research Applied Artificial Intelligence Summit, San Diego, October 15-18, 2018.

16) Department of the Air Force, Technology Horizons: A Vision for Air Force Science and Technology 2010-2030, September 2011, 156, http://www.defenseinnovationmarketplace.mil/resources/AF_TechnologyHorizons2010-2030.pdf.

17) 미군의 빅데이터, 인공지능, 머신러닝 기술 도입을 가속화해야 한다는 전략적 당위성의 핵심 배경은 중국, 러시아 등 잠재적 경쟁국들이 자국의 무기체계와 군사 플랫폼에 이러한 첨단기술들을 적극적으로 통합하고 있으며, 많은 경우 미군의 도입 속도를 앞서가고 있다는 현실이다. 대표적 분석 자료로는 Naval Research Advisory Committee report Autonomous and Unmanned Systems in the Department of the Navy (Washington, DC: Naval Research Advisory Committee, September 2017) 참고.

18) 앞서 언급한 바와 같이, 인간-기계 통합 시스템이 제대로 작동하지 못한 비극적인 사례는 1988년 7월 USS 빈센스(USS Vincennes) 미사일 순양함이 이란항공 655편 민간 여객기를 격추한 사건이다. Anthony Tingle, "The Human-Machine Team Failed Vincennes," U.S. Naval Institute Proceedings 144, no. 7 (July 2018), https://www.usni.org/magazines/proceedings/2018/july/human-machine-team-failed-vincennes 참고. 저자는 "군사기술은 지휘관에게 충분한 판단 시간을 확보해주어야 하며, 시간적 압박감을 해소하면서 정확한 정보를 전투 요원에게 적절한 시점에 이해하기 쉽고 활용 가능한 형태로 제공해야 한다"고 강조했다.

19) Richard Burgess, "CNO: Precision Era Gives Way to Decision Era," Seapower Magazine, June 13, 2017, http://seapowermagazine.

org/stories/20170613-CNO.html.

20) 존 보이드(John Boyd)의 OODA 루프 이론에 대한 학술적 관심과 논의가 군사 전문 학술지들에서 현저하게 증가하고 있는 추세이다. 대표적인 연구 논문으로는 Carl Governale, "Brain-Computer Interfaces Are Game-Changers," U.S. Naval Institute Proceedings 143, no. 8 (August 2017), https://www.usni.org/magazines/proceedings/2017/august/brain-computer-interfaces-are-game-changers 및 John Allen and Amir Husain, "AI Will Change the Balance of Power," U.S. Naval Institute Proceedings 144, no. 8 (August 2018), https://www.usni.org/magazines/proceedings/2018/august/ai-will-change-balance-power 등이 있다.

21) 2017년 6월 13-14일 미 해군대학교(U.S. Naval War College)에서 개최된 현행 전략 포럼(Current Strategy Forum)의 상세한 회의록과 발표 자료들은 https://www.youtube.com/playlist?list=PLam-yp5uUR1ZUIyggfS_xqbQ0wAUrGoSo에서 확인할 수 있다. 해당 웹사이트에는 미 해군참모총장(CNO, Chief of Naval Operations)의 기조연설 전체 영상(1시간 분량)이 포함되어 있다.

22) TADMUS(Tactical Decision Making Under Stress) 시스템의 개발 배경과 운용 원리를 상세히 분석한 권위 있는 연구서로는 Janis Cannon-Bowers and Eduardo Salas, Making Decisions Under Stress (Washington, DC: American Psychological Association, October 1998)이 있다.

23) Jeffrey Morrison, "Decision Support Displays for Military Command Centers: Enabling Knowledge-Centric Warfare for Fleet Decision-Makers," Human Systems IAC Gateway 11, no. 4 (2000).

24) 관련 연구 자료로는 Glenn Osga et al., " 'Task-Managed' Watchstanding:

Providing Decision Support for Multi-Task Naval Operations," Space and Naval Warfare Systems Center San Diego Biennial Review, 2001 및 Jeffrey Morrison, Global 2000 Knowledge Wall, http://all.net/journal/deception/www-tadmus.spawar.navy.mil/www-tadmus.spawar.navy.mil/GlobalKW.pdf 등이 있다.

25) 이는 Bryan Clark, Dan Pratt, and Harrison Schramm, Mosaic Warfare: Exploiting Artificial Intelligence and Autonomous System to Implement Decision-Centric Operations (Washington, DC: Center for Strategic and Budgetary Assessments, 2020), https://csbaonline.org/uploads/documents/Mosaic_Warfare_Web.pdf 연구 보고서의 핵심 결론 중 하나였다.

26) Rear Admiral Dietrich Kuhlmann, remarks, AFCEA/U.S. Naval Institute WEST Conference, February 6, 2018.

27) The Honorable James Geurts, Assistant Secretary of the Navy for Research, Development, and Acquisition, keynote remarks, AFCEA/U.S. Naval Institute WEST Conference, February 6, 2018.

28) Admiral Michael Gilday, remarks on Project Overmatch, AFCEA/U.S. Naval Institute WEST Symposium, June 30, 2021.

29) Richard Burgess, "Adm. Trussler: Information Warfare 'All about Speed for Advantage,'" Seapower Magazine, November 13, 2020, https://seapowermagazine.org/adm-trussler-information-warfare-all-about-speed-for-advantage/.

30) Edward Lundquist, "DMO Is Navy's Operational Approach to Winning the High-End Fight at Sea," Seapower Magazine, February 2, 2021, https://seapowermagazine.org/dmo-is-navys-operational-approach-to-winning-the-high-end-fight-at-sea/.

31) Department of the Navy, CNO NAVPLAN 2022, January 2023, https://media.defense.gov/2022/Jul/26/2003042388/-1/-1/1/NAVIGATION%20PLAN%202022%20ONE%20PAGER.PDF.

32) Sydney Freedberg, "Military AI Is Bigger Than Just the Kill Chain: JAIC Chief," Breaking Defense, November 4, 2020, https://breakingdefense.com/2020/11/military-ai-is-bigger-than-the-kill-chain-jaic-chief/.

33) U.S. Naval Institute Proceedings는 고강도 해상 전투 작전 환경에서 발생하는 극도의 압박감하에서의 의사결정 능력의 전략적 중요성과 그에 수반되는 현실적 도전 과제들에 관한 심층적이고 다각적인 학술 담론을 지속적으로 제공해 왔다. 대표적인 연구 논문들로는 Lee Bennett, "Fight Information Overload," U.S. Naval Institute Proceedings 144, no. 7 (July 2017), https://www.usni.org/magazines/proceedings/2017/july/fight-information-overload; Governale, "Brain-Computer Interfaces Are Game-Changers"; Gabe Harris, Cynthia Lamb, and Jerry Lamb, "Surf the Data Tsunami," U.S. Naval Institute Proceedings 145, no. 2 (February 2018), https://www.usni.org/magazines/proceedings/2018/february/surf-data-tsunami; Jeff Benson, "Prepare for Decision-Making at Sea," U.S. Naval Institute Proceedings 145, no. 12 (December 2019), https://www.usni.org/magazines/proceedings/2019/december/prepare-decision-making-sea; Kevin Hoadley, "Achieving Decision Superiority in Great Power Competition," U.S. Naval Institute Proceedings 147, no. 2 (February 2021), https://www.usni.org/magazines/proceedings/2021/february/achieving-decision-superiority-great-power-competition; Sam J. Tangredi, "Sun Tzu Versus AI:

Why Artificial Intelligence Can Fail in Great Power Competition," U.S. Naval Institute Proceedings 147, no. 5 (May 2021), 20-25, https://www.usni.org/magazines/proceedings/2021/may/sun-tzu-versus-ai-why-artificial-intelligence-can-fail-great-power 등이 있다.

34) K. C. Miller et al., "Merging Future Knowledgebase System of Systems with Artificial Intelligence/Machine Learning Engines to Maximize Reliability and Availability for Decision Support," Military Operations Research Society, 2021.

35) 대표적 사례로 Tangredi, "Sun Tzu Versus AI"는 빅데이터-인공지능-기계학습으로 이어지는 기술 융합 체계에서 양질의 데이터가 갖는 결정적 중요성을 분석한 군사 전문 학술 문헌 중 하나로, 이러한 주제를 다루는 연구 논문들이 급증하고 있는 추세를 보여준다. 해당 논문은 특히 다음과 같은 핵심 통찰을 제시하고 있다. "정치-군사적 의사결정 과정을 주도하게 될 주체는 가장 우수한 AI 기술을 보유한 자가 아니라, 가장 정확하고 의미 있으며 허위정보나 기만으로부터 자유로운 데이터를 확보한 자가 될 것이다" (24쪽).

36) Office of Naval Research, "Command Decision Making (CDM)," https://www.nre.navy.mil/organization/departments/code-34/division-341/command-decision-making-cdm.

37) Clark, Pratt, and Schramm, Mosaic Warfare, iv.

38) Scharre, Army of None, 244.

39) 관련 자료로는 "R2P2—Rapid Response Planning Process," The Lightning Press, https://www.thelightningpress.com/r2p2-rapid-response-planning-process/ 참고.

40) Christof Koch, "To Keep Up with AI, We'll Need High-Tech Brains,"

Wall Street Journal, October 27, 2017, https://www.wsj.com/articles/to-keep-up-with-ai-well-need-high-tech-brains-1509120930. 이후 더욱 최근의 연구 동향으로는, 뉴욕타임스가 뇌 인지능력 향상을 위한 기술적 자극(cognitive stimulation) 개념이 학계와 의료계에서 어떻게 주목받고 발전하고 있는지를 상세히 보도했다. Kim Tingley, "A Better Way to Zap Our Brains," New York Times, February 28, 2021, https://www.nytimes.com/2021/02/24/magazine/brain-stimulation-mental-health.html 참고.

41) 미 합동참모본부(U.S. Joint Staff) 공식 웹사이트에 따르면, "미 국방부 전략적 다층 평가(Strategic Multilayer Assessment, SMA) 프로그램은 국방부, 각 군, 그리고 연방정부 기관들의 작전 계획 수립 및 실행 과정에서 직면하는 복잡하고 도전적인 문제들을 체계적으로 연구하고 종합적으로 평가하는 다학제 융합적, 다기관 협력적 연구 프로젝트 집합체이다. SMA 프로그램은 합동참모본부 J39 특수활동작전국(Directorate for Special Activities and Operations)의 승인과 조정하에 운영되며, 국방부 연구공학 차관보실 산하 신속전개국 신속대응기술사무소(Assistant Secretary of Defense for Research and Engineering/Rapid Fielding Directorate/Rapid Reaction Technology Office)에서 실제 수행된다." U.S. Joint Staff, SMA Virtual Conference, "The Mind-Tech Nexus: How Will Minds Plus Technology Win Future Wars?" January 31, 2023 참고.

42) U.S. Joint Staff, SMA Virtual Conference, "The Quantified Warrior: Monitoring the Physiology of the Human for War," February 16, 2023.

43) Avi Goldfarb and John Lindsay, Artificial Intelligence in War: Human Judgment as an Organizational Strength and a Strategic

Liability (Washington, DC: The Brookings Institution, November 2020), https://www.brookings.edu/research/artificial-intelligence-in-war-human-judgment-as-an-organizational-strength-and-a-strategic-liability/.

44) Arquilla and Denning, "Automation Will Change Sea Power."

45) 해당 인용문의 현대적 활용 사례로는 Mark Stout, "Are We Winning Yet? Led Astray by Metrics," War on the Rocks, October 2, 2013, https://warontherocks.com/2013/10/are-we-winning-yet-led-astray-by-metrics/이 있다.

CHAPTER 07

1) Robert Work, remarks at the Center for New American Security Defense Forum, December 14, 2015.

2) 국방부 장관실 전략능력청(Strategic Capabilities Office, SCO) 청장 윌리엄 로퍼(William Roper), CBS 60 Minutes 방송, 2017년 1월 8일: "자율 무기체계 기술은 핵무기 개발 이후 군사 기술 분야에서 일어난 가장 혁명적인 변화라고 평가하는 전문가들의 견해를 들었다."

3) Jyoti Narayan, Kristal Hu, and Supantha Mukherjee, "Elon Musk, Others Urge an AI Pause, Citing 'Risks to Society,'" Reuters, https://www.reuters.com/technology/musk-experts-urge-pause-training-ai-systems-that-can-outperform-gpt-4-2023-03-29/.

4) 2004년 이스라엘이 하피(Harpy) 무인공격기의 대중국 수출을 공식 발표한 이후, 이 무기체계는 중국에 대한 서방 첨단 무기 기술 이전과 군사장비 판매를 억제하려는 미국 주도의 국제적 군비통제 노력의 핵심 쟁점으로 부상했다.

5) National Security Commission on Artificial Intelligence, Final Report.
6) Lloyd Austin, remarks at the Reagan National Defense Forum, December 4, 2021.
7) 관련 주요 연구서로는 Singer, Wired for War; Bradley Strawser and Jeff McMahan, Killing By Remote Control: The Ethics of an Unmanned Military (Oxford, UK: Oxford University Press, 2013); William Arkin, Data and the Illusion of Perfect Warfare (New York: Little Brown and Company, 2015); Larry Lewis and Diane Vavrichek, Rethinking the Drone War (Washington, DC: Center for Naval Analyses, 2016); Scharre, Army of None; John Jackson, ed., One Nation Under Drones (Annapolis, MD: Naval Institute Press, 2018) 등이 있다.
8) “Morals and the Machine,” The Economist, June 2, 2012, https://www.economist.com/leaders/2012/06/02/morals-and-the-machine.
9) Bill Keller, “Smart Drones,” New York Times, March 10, 2013, https://www.nytimes.com/2013/03/17/opinion/sunday/keller-smart-drones.html.
10) Alex Garland, “Alex Garland of ‘Ex Machina’ Talks about Artificial Intelligence,” New York Times, April 22, 2015, https://www.nytimes.com/2015/04/26/movies/alex-garland-of-ex-machina-talks-about-artificial-intelligence.html. 이러한 AI의 위험성에 관한 격렬한 논쟁은 실리콘밸리의 주요 기술 기업 CEO들 사이에서도 지속되고 있다. 대표적 사례로 Cade Metz, “Mark Zuckerberg, Elon Musk, and the Feud over Killer Robots,” New York Times, June 9, 2018, https://www.nytimes.com/2018/06/09/technology/elon-musk-mark-zuckerberg-artificial-intelligence.html 참고.

11) "Pause Giant AI Experiments: An Open Letter," Future of Life Institute, March 23, 2023, https://futureoflife.org/open-letter/pause-giant-ai-experiments/.
12) Tom Huddleston, "Elon Musk Wants to Pause 'Dangerous' AI Development. Bill Gates Disagrees—And He Is Not the Only One," CNBC, April 6, 2023, https://www.cnbc.com/2023/04/06/bill-gates-ai-developers-push-back-against-musk-wozniak-open-letter.html.
13) "The World Needs an International Agency for Artificial Intelligence, Say Two AI Experts," The Economist, April 18, 2023, https://www.economist.com/by-invitation/2023/04/18/the-world-needs-an-international-agency-for-artificial-intelligence-say-two-ai-experts.
14) 관련 사례로는 Wakabayashi and Shane, "Google Will Not Renew Pentagon Contract that Upset Employees" 참고.
15) Noah Shachtman, "Inside the Robo-Cannon Rampage," Wired, October 19, 2007.
16) David Sanger, "U.S. Decides to Retaliate against China's Hacking," New York Times, July 30, 2015, https://www.nytimes.com/2015/08/01/world/asia/us-decides-to-retaliate-against-chinas-hacking.html.
17) Dorothy Denning, "Iran's Cyber Warfare Program Is Now a Major Threat to the United States," Newsweek, December 12, 2017.
18) David Kushner, "The Real Story of Stuxnet," IEEE Spectrum: Technology, Engineering, and Science News, February 26, 2013, https://spectrum.ieee.org/the-real-story-of-stuxnet.
19) James Temperon, "When Robots Kill: Deaths by Machines Are Nothing New But AI Is About to Change Everything," Wired, March 17, 2017.

20) 『Wired for War』의 저자 P. W. Singer는 2017년 4월 27일 샌디에고에서 개최된 AFCEA C4ISR 심포지움 기조연설에서 다음과 같이 언급했다. “자율주행차 분야에서 나타나고 있는 윤리적 논란과 기술적 한계는 군사용 무인체계(UxS, Unmanned Systems)에서도 동일하게 발생하고 있다. 군사용 무인체계의 운용과 관련된 모든 윤리적 딜레마를 순수한 ‘공학적 해결책’만으로 완전히 제거할 수 있다고 기대해서는 안 된다.”

21) Neal Boudette, “Tesla to Recall 362,000 Cars for Safety Flaw in Technology,” New York Times, February 17, 2023, https://www.nytimes.com/2023/02/16/business/tesla-recall-full-self-driving.html. 해당 기사에 따르면, 2021년 7월 1일부터 2022년 5월 15일까지 약 10개월간 첨단 운전자 보조 시스템(ADAS, Advanced Driver Assistance Systems) 관련 사고 약 400건에서 6명이 사망하고 5명이 중상을 당하는 피해가 발생했다.

22) Azim Shariff, Iyad Rahwan, and Jean-Francois Bonnefon, “Whose Life Should Your Car Save?” New York Times, November 6, 2016, https://www.nytimes.com/2016/11/06/opinion/sunday/whose-life-should-your-car-save.html. 추가로 Aaron Kessler, “Riding Down the Highway, with Tesla's Code at the Wheel,” New York Times, October 15, 2015, https://www.nytimes.com/2015/10/16/automobiles/tesla-adds-high-speed-autonomous-driving-to-its-bag-of-tricks.html 참고.

23) Cade Metz, “A Warning Signal on Self-Driving Cars,” New York Times, February 16, 2023, https://www.nytimes.com/2023/02/15/business/missy-cummings-tesla-autopilot.html.

24) 이 약어 챗GPT는 생성형 사전훈련 트랜스포머(Generative Pre-trained Transformer)를 의미하며, 이는 대화형 언어 생성 모델이다.

25) Kevin Roose, "Bing's Chatbot Drew Me In and Creeped Me Out," New York Times, February 17, 2023, https://www.nytimes.com/2023/02/16/technology/bing-chatbot-microsoft-chatGPT.html.

26) Department of Defense, "Implementing Responsible Artificial Intelligence in the Department of Defense," May 2021, https://media.defense.gov/2021/May/27/2002730593/-1/-1/0/IMPLEMENTING-RESPONSIBLE-ARTIFICIAL-INTELLIGENCE-IN-THE-DEPARTMENT-OF-DEFENSE.PDF.

27) DoD Directive 3000.09.

28) DoD Directive 3000.09.

29) Mike Corder, "U.S. Launches Artificial Intelligence Military Use Initiative," AP News, February 16, 2023, https://apnews.com/article/russia-ukraine-technology-china-the-hague-artificial-intelligence-d49c5fb442fa825e0a7a7419d6f04469.

30) "How Drones Dogfight above Ukraine," The Economist, February 7, 2023, https://www.economist.com/the-economist-explains/2023/02/07/how-drones-dogfight-above-ukraine.

31) Peter Bergen, "General David Petraeus: How the War in Ukraine Will End," CNN Live, February 14, 2023, https://www.cnn.com/2023/02/14/opinions/petraeus-how-ukraine-war-ends-bergen-ctpr.

32) Scharre, Army of None, 232-33.

CHAPTER 08

1) Barack H. Obama, "Remarks by the President at the National Defense University," Fort McNair, Washington, DC, May 23, 2013, https://

obamawhitehouse.archives.gov/the-press-office/2013/05/23/remarks-president-national-defense-university.

2) Congressional Research Service, Defense Primer: U.S. Policy on Lethal Autonomous Weapons Systems, November 14, 2022, https://crsreports.congress.gov/product/pdf/IF/IF11150.

3) 이 문제를 보다 심층적으로 분석하는 과정에서 자율성 수준에 대한 보완적 분류 체계를 검토해볼 필요가 있다. 이는 미 국방부의 공식 간행물에 수록되어 있으며, 앞서 제시한 3단계 분류보다 더욱 세밀한 구분을 제공하기 때문이다. 리넬 르텐드르(Linell Letendre)는 "Lethal Autonomous Weapon Systems: Translating Geek Speak for Lawyers," International Law Studies 96 (2020)에서 다음과 같이 설명하고 있다.

> 미국 국방부는 2011년 무인시스템 통합 로드맵(Unmanned Systems Integrated Roadmap), https://www.defensedaily.com/wp-content/uploads/post_attachment/206477.pdf 을 통해 4단계 자율성 분류 체계를 제시했다. 이러한 접근 방식은 의사결정 권한이 기계와 인간 중 누구에게 있는지를 핵심 기준으로 설정했다. 2011년 문서는 4단계를 다음과 같이 정의한다. (1) 인간 직접조작(Human Operated) - 인간이 모든 의사결정을 담당 (2) 인간 권한위임(Human Delegated) - 시스템이 인간이 사전 승인한 특정 기능들만을 수행 (3) 인간 감독통제(Human Supervised) - 무인시스템이 인간 조작자의 감독하에 다양한 활동을 수행하되, 시스템 자체의 환경 상황 판단에 기반하여 독립적 행동을 개시할 수 있음 (4) 완전자율운용(Fully Autonomous) - 시스템이 임무의 전략적 목표 설정을 제외하고는 인간 조작자의 개입 없이 완전히 독립적으로 작동.

4) Stanley A. McChrystal, foreword to U.S. Military Operations: Law,

Policy, and Practice, ed. Geoffrey S. Corn, Rachel E. VanLandingham, and Shane R. Reeves (New York: Oxford University Press, 2015).

5) Tate Nurkin and Stephen Rodriguez, A Candle in the Dark: U.S. National Security Strategy for Artificial Intelligence (Washington, DC: The Atlantic Council, 2019), https://www.atlanticcouncil.org/wp-content/uploads/2019/12/AC_CandleinDark120419_FINAL.pdf.
6) Letendre, "Lethal Autonomous Weapon Systems."
7) L. W. King, The Code of Hammurabi (CreateSpace, December 2, 2015).
8) Scharre, Army of None, 331.
9) George Galdorisi and Kevin Vienna, Beyond the Law of the Sea: New Directions for United States Oceans Policy (Westport, CT: Greenwood Press, 1997). 추가로 Orde Kittrie, Lawfare: Law as a Weapon of War (New York: Oxford University Press, 2016) 및 Stephen Schiffman, "Great Power Use of Lawfare: Is the Joint Force Prepared?" Joint Force Quarterly 107 (4th Quarter 2022): 15-20, https://ndupress.ndu.edu/JFQ/Joint-Force-Quarterly-107/Article/Article/3197205/great-power-use-of-lawfare-is-the-joint-force-prepared/ 등이 있다.
10) 국제인도법(International Humanitarian Law) 체계의 핵심은 주로 1949년에 체결된 4개의 제네바 협약(Geneva Conventions)과 1977년에 채택된 2개의 추가 의정서(Additional Protocols)로 구성되어 있다.
11) Charles Dunlap, "Lawfare 101: A Primer," Military Review 97, no. 3 (May-June 2017), 8-17.
12) Scharre, Army of None, 258-61.

13) DARPA website, Collaborative Operations in Denied Environment (CODE), https://www.darpa.mil/program/collaborative-operations-in-denied-environment.
14) Gary Marcus and Ernest Davis, Rebooting AI: Building Artificial Intelligence We Can Trust (New York: Vintage Books, 2019).
15) Lewis and Vavrichek, Rethinking the Drone War, 64-65.
16) Lewis and Vavrichek, 86.
17) Dunlap, "Lawfare 101," 11.
18) "Five-Power Naval Limitation Treaty," Britannica Online, January 30, 2023, https://www.britannica.com/event/Five-Power-Naval-Limitation-Treaty.
19) Valerie Hopkins, "In a Blaring Celebration of the War, Russia Displays and Demands Unity," New York Times, February 23, 2023, https://www.nytimes.com/2023/02/22/world/europe/russia-ukraine-war-rally.html.
20) A nation-by-nation summary of national positions on fully autonomous lethal weapons systems, published by Human Rights Watch in 2020, can be found at https://www.hrw.org/report/2020/08/10/stopping-killer-robots/country-positions-banning-fully-autonomous-weapons-and.
21) Hitoshi Nasu and David Letts, "The Legal Characterization of Lethal Autonomous Maritime Systems: Warship, Torpedo, or Naval Mine?" International Law Studies 96 (2020).
22) Adam Satariano, Nick Cumming-Bruce, and Rick Gladstone, "Killer Robots Aren't Science Fiction. A Push to Ban Them Is Growing," New York Times, December 17, 2021, https://www.nytimes.

com/2021/12/17/world/robot-drone-ban.html.

23) James Kraska, "Command Accountability for AI Weapon Systems," International Law Studies 97 (2021), 407.

24) Defense Primer: U.S. Policy on Lethal Autonomous Weapons Systems.

25) Department of State, "Political Declaration on Responsible Military Use of Artificial Intelligence and Autonomy," February 2023, https://www.state.gov/political-declaration-on-responsible-military-use-of-artificial-intelligence-and-autonomy/.

26) Patrick Tucker, "U.S. Woos Other Nations for Military-AI Ethics Pact," Defense One, February 16, 2023, https://www.defenseone.com/technology/2023/02/us-woos-other-nations-military-ai-ethics-pact/383024/.

27) Chris M. Ford, "Autonomous Weapons and the Law," in One Nation Under Drones, ed. John Jackson (Annapolis, MD: Naval Institute Press, 2018), 150-64.

28) Defense Primer: U.S. Policy on Lethal Autonomous Weapons Systems.

CHAPTER 09

1) P. W. Singer and August Cole, Ghost Fleet: A Novel of the Next World War (New York: Houghton Mifflin Harcourt, 2015).

2) Elliot Ackerman and James G. Stavridis, 2034: A Novel of the Next World War (New York: Penguin, 2021).

3) 1914년(제1차 세계대전 발발 시점)의 군사적 우위를 결정하는 핵심 "시스템"은 대규모 국민 총동원체제와 병력을 역사상 가장 신속하게 전선으로 수송할 수 있었던 철도 교통망이었다. 1939년(제2차 세계대전 발발 시점)에

결정적 우위를 가져다준 시스템은 항공기, 전차, 무선통신의 전술적 통합을 통해 구현된 전격전(Blitzkrieg) 작전 체계였다.

4) 1941년 12월 7일 진주만을 향해 접근하는 일본 제국 해군 항공대의 첫 번째 레이더 탐지는 현지 시간 오전 7시 20분에 이루어졌다. 하지만 이 치명적인 공습에서 레이더 탐지 경보가 상급 지휘부에 보고되지 않았던 이유는 레이더 조작병들이 탐지된 항공기 편대를 캘리포니아에서 비행해오는 미 육군항공대 소속 B-17 폭격기들로 오인했기 때문이었다.

5) Carl von Clausewitz, On War, trans. by O. J. Matthijs Jolles (New York: Random House, 1943), 280.

6) Defense Intelligence Agency, Russia Military Power: Building a Military to Support Great Power Aspirations, DIA-11-1704-161 (2017), 27, https://www.dia.mil/Portals/110/Images/News/Military_Powers_Publications/Russia_Military_Power_Report_2017.pdf.

7) Nicholas Thompson, "Inside the Apocalyptic Soviet Doomsday Machine," Wired, September 21, 2009, https://www.wired.com/2009/09/mf-deadhand/.

8) William J. Broad, "Russia Has 'Doomsday' Machine, U.S. Expert Says," New York Times, October 8, 1993, http://www.nytimes.com/1993/10/08/world/russia-hasdoomsday-machine-us-expert-says.html.

9) Maris Goldmanis, "The Origin of Buzzer Monolyths, the Soviet Nuclear Defense System, and the Myth of the Dead Hand," Numbers Stations, January 24, 2015, http://www.numbers-stations.com/buzzer-monolyths-and-nuclear-defence-system.

10) Ron Rosenbaum, "The Return of the Doomsday Machine?" Slate, August 31, 2007, https://web.archive.org/web/20110907105928/

http://www.slate.com/id/2173108/pagenum/all.

11) "Perimetr 15E601," Global Security.org, February 6, 2018, https://www.globalsecurity.org/wmd/world/russia/perimetr.htm.

12) Roberta Wohlstetter, Pearl Harbor: Warning and Decision (Stanford, CA: Stanford University Press, 1962), 348.

13) Steven E. Pelz, Race to Pearl Harbor (Cambridge, MA: Harvard University Press, 1974), 224.

14) 예를 들어, Adm. William A. Owens, USN, with Ed Offley, Lifting the Fog of War(New York: Farrar, Straus and Giroux, 2000) 참고.

15) The United States Strategic Bombing Surveys, reprint of summary report (Maxwell Air Force Base, AL: Air University Press, October 1987), 13.

16) John T. Correll, "Daytime Precision Bombing," Air and Space Forces Magazine, October 1, 2008, https://www.airandspaceforces.com/article/1008daylight/.

17) Joseph Frantiska, "The Azimuth 'Smart' Bombs of World War II," Warfare History Network, July 2013, https://warfarehistorynetwork.com/article/the-azimuth-smart-bombs-of-world-war-ii/.

CHAPTER 10

1) Dan Robitzki, "Advanced Artificial Intelligence Could Run the World Better than Humans Ever Could," Futurism.com, August 29, 2018, https://futurism.com/advanced-artificial-intelligence-better-humans.

2) Stephen Losey, "U.S. Air Force Eyes Fleet of 1,000 Drone Wingmen

as Planning Accelerates," Defense News, March 8, 2023, https://www.defensenews.com/air/2023/03/08/us-air-force-eyes-fleet-of-1000-drone-wingmen-as-planning-accelerates/.

3) Congressional Research Service, Defense Primer: U.S. Defense Industrial Base, updated April 17, 2023, 1, https://crsreports.congress.gov/product/pdf/IF/IF10548.

4) Tara Copp, "How Ukraine War Has Shaped U.S. Planning for a China Conflict," AP News, February 16, 2023, https://apnews.com/article/russia-ukraine-taiwan-politics-china-8a038605d8dd5f4baf225bdaf2c6396b.

5) Michael Sheetz, "Elon Musk's SpaceX Sent Thousands of Starlink Satellite Internet Dishes to Ukraine, Company President Says," CNBC, March 22, 2022, https://www.cnbc.com/2022/03/22/elon-musk-spacex-thousands-of-starlink-satellite-dishes-sent-to-ukraine.html.

6) 나노무기(nanoweapons)의 개발 가능성과 인류에 대한 잠재적 위협을 경고하는 논증은 Louis A. Del Monte, Nanoweapons: A Growing Threat to Humanity (Lincoln, NE: Potomac Books, 2017)에서 제시되고 있다.

7) Frank Bajak, "Musk Deputy's Words on Starlink 'Weaponization' Vex Ukraine," AP News, February 9, 2023, https://apnews.com/article/russia-ukraine-elon-musk-spacex-technology-business-c79c81ff4e6a09f4a185e627dad858fa.

CHAPTER 11

1) Amit Ray, Compassionate Artificial Intelligence (self-published,

2018).
2) Interview, September 29, 2022.
3) Jonathan E. Hillman, The Digital Silk Road: China's Quest to Wire the World and Win the Future (New York: Harper Business, 2021).
4) Fedasiuk, Melot, and Murphy, Harnessed Lightning, 37-39.
5) William Liscomb Borden, There Will Be No Time: The Revolution in Strategy (New York: Macmillan, 1946).
6) Kenneth Payne, I, Warbot: The Dawn of Artificially Intelligent Conflict (New York: Oxford University Press, 2021), 246-56.

결론

1) Cade Metz, "He Warns of Risks from AI He Helped Create," New York Times, May 2, 2023, https://www.nytimes.com/2023/05/01/technology/ai-google-chatbot-engineer-quits-hinton.html. 제프리 힌튼(Geoffrey Hinton) 박사 발언이 미친 국제적 파장은 그의 AI 위험성 경고가 크리스천 사이언스 모니터(Christian Science Monitor), 포브스(Forbes), 가디언(The Guardian) 등 주요 언론뿐만 아니라 다수의 네트워크 방송사와 스트리밍 플랫폼을 통해 전 세계적으로 광범위하게 보도되었다는 사실에서 확인할 수 있다.
2) Berber Jin and Deepa Seetharaman, "Elon Musk Tries to Direct AI—Again," Wall Street Journal, May 2, 2023, https://www.wsj.com/articles/elon-musk-ai-chatGPT-artificial-intelligence-x-69464a1.
3) Cade Metz, Ryan Mac, and Kate Conger, "Musk's Stance on AI: It's Tricky," New York Times, April 28, 2023, https://www.nytimes.

com/2023/04/27/technology/elon-musk-ai-openai.html.

4) Kevin Roose, "Google Chief Opens Up about AI," New York Times, April 23, 2023, https://www.nytimes.com/2023/03/31/technology/google-pichai-ai.html.

5) Jeremy Roos, "We Don't Know What Will Happen Next," New York Times, April 18, 2023, https://www.nytimes.com/2023/04/18/opinion/global-crisis-future.html.

6) Sabrina Siddiqui and John McKinnon, "Biden Administration Warns of AI's Dangers: There's a Limit to What White House Can Do," New York Times, May 4, 2023, https://www.wsj.com/articles/white-house-warns-of-risks-as-ai-use-takes-off-d4cc217f.

7) Ryan Tracy, "U.S. Weighs Regulating AI Tools," Wall Street Journal, April 12, 2023, https://www.wsj.com/articles/biden-administration-weighs-possible-rules-for-ai-tools-like-chatGPT-46f8257b.

8) Lina Kahn, "The U.S. Needs to Regulate AI," New York Times, May 6, 2023, https://www.nytimes.com/2023/05/03/opinion/ai-lina-khan-ftc-technology.html.

9) David McCabe, "White House Pushes Tech C.E.O.s to Limit Risks of A.I.," New York Times, May 5, 2023, https://www.nytimes.com/2023/05/04/technology/us-ai-research-regulation.html.

10) Tracy, "U.S. Weighs Regulating AI Tools."

11) Cade Metz, "The 챗GPT King Isn't Worried, But He Knows You Might Be," New York Times, April 2, 2023, https://www.nytimes.com/2023/03/31/technology/sam-altman-open-ai-chatGPT.html.

12) Cade Metz, "If Some Dangers Posed by AI Are Already Here, Then What Lies Ahead?" New York Times, May 8, 2023, https://www.

nytimes.com/2023/05/01/technology/ai-problems-danger-chatGPT.html.

13) Secretary of Defense Lloyd Austin, remarks at the Reagan National Defense Forum, December 4, 2021, https://www.defense.gov/News/Speeches/Speech/Article/2861931/remarks-by-secretary-of-defense-lloyd-j-austin-iii-at-the-reagan-national-defen/.

14) Department of Defense, DEPSECDEF Memorandum, "Accelerating Data and Artificial Intelligence for the Warfighter," June 21, 2021.

15) David Sanger, "AI's Potential on the Battlefield Alarms U.S. Defense Experts," New York Times, May 6, 2023, https://www.nytimes.com/2023/05/05/us/politics/ai-military-war-nuclear-weapons-russia-china.html.

16) Scharre, Four Battlegrounds.

찾아보기

ㄱ

ㅁ

ㅂ

ㅅ

ㅇ

ㅈ

ㅊ

ㅋ

ㅌ

ㅍ

ㅎ

A-Z

저자 소개

조지 갈도리시(George Galdorisi)

미 태평양해군정보전센터(Naval Information Warfare Center Pacific)의 전략평가 및 미래기술 국장이다. 이 센터에 합류하기 전 30년간 해군 항공장교로 복무했으며, 그의 군 경력 중 마지막 14년간은 부대장, 지휘관, 참모장 등의 고위 직책을 연이어 역임했다. 글쓰기를 즐기며, 특히 미래 전쟁에 관한 추론 소설 집필에 관심이 많다. 4권의 뉴욕타임스 베스트셀러를 포함해 총 16권의 저서를 출간했다.

샘 J. 탕그레디(Sam J. Tangredi)

미 해군대학교(U.S. Naval War College) 해군전쟁연구센터(Center for Naval Warfare Studies)의 레이도스 미래전 연구 석좌교수이자 국가·해군·해양전략학 교수다. 6권의 단행본과 다수의 학술지 논문, 정부기관 및 학술기관의 연구보고서를 발표했다. 또한 CNN과 히스토리 채널(History Channel)에 전문가로 출연한 적이 있다. 탕그레디 박사는 해군대령 출신으로 수상전 장교로 복무했으며 해군전략학을 전공했다. 해군함정 지휘관을 역임했으며, 국방부 내 여러 전략기획 부서의 책임자로 근무한 바 있다.

역자 소개

김성훈

현역 해군중령으로 1999년 해군사관학교 전산학과를 졸업한 후, 2006년 해군 최초로 일본 방위대학교에서 안전보장학 석사학위를 취득했다. 해군 전투병과 장교로서 30년간 함장 및 핵심 참모직을 역임하며 실전 경험을 축적해왔다.

2022년부터 2025년까지 해군 미래혁신연구단에서 국방전략기술 기획업무를 총괄하며, AI를 포함한 첨단 군사기술을 기술적 차원과 정책적 차원 모두에서 연구하고 실무에 적용해온 국방기술 및 국가안보 전문가다. 현재 합동군사대학교 합동전략교관으로 재직하며 육·해·공군 및 해병대 영관급 학생장교들에게 합동군사전략을 교육하고 있다.

전산학과 안전보장학의 융합적 학문 배경과 국방전략기술 기획 경험을 바탕으로, AI 군사화를 둘러싼 미·중·러 간 경쟁 구도를 체계적으로 분석할 수 있는 독특한 시각을 보유하고 있다. 이를 통해 복잡한 군사기술 이론을 독자의 눈높이에 맞춰 정확하고 명료하게 번역할 수 있는 전문성을 갖추고 있다.

주요 역서로는 『전쟁의 게임체인저, AI』(박영사, 2025), 『도해 세계의 미사일 로켓 병기』(AK 커뮤니케이션즈, 2018), 『바다의 닌자 잠수함』(북스힐, 2017) 등이 있다.

알고리즘 전쟁: AI가 바꾸는 미래 전쟁의 판도
Algorithms of Armageddon: The Impact of Artificial Intelligence on Future Wars

초판발행 2026년 2월 6일

지은이 George Galdorisi · Sam J. Tangredi
옮긴이 김성훈
펴낸이 안종만 · 안상준

편 집 최유라
기획/마케팅 장규식
표지디자인 BEN STORY
제 작 고철민 · 김원표

펴낸곳 (주) 박영사
서울특별시 금천구 가산디지털2로 53, 210호(가산동, 한라시그마밸리)
등록 1959.3.11. 제300-1959-1호(倫)
전 화 02)733-6771
f a x 02)736-4818
e-mail pys@pybook.co.kr
homepage www.pybook.co.kr
ISBN 979-11-303-9715-3 93390

* 파본은 구입하신 곳에서 교환해 드립니다. 본서의 무단복제행위를 금합니다.

정 가 22,000원